数値計算法

改訂第3版

長嶋秀世 著

朝倉書店

まえがき

　21世紀はまさに情報化社会のまっただ中にあり，私たちは空気や電気と同じようにコンピュータなしでは生活できない時代を迎えました．この中で，毎日の生活に関わりのある天気予報，コンピュータグラフィックスを駆使したテレビ画像，自動車や洋服を作るときに用いられるCADなどはすべて数値計算法に基づくものです．

　本書は，このような応用問題でも容易に適応できるように，数値計算法の主な公式の導き方とその考え方に重点を置き，ビジュアルに理解できる図を用いて分かりやすく説明してあります．実際の現場では，教科書にあるような公式をそのまま使えないことも多く，与えられた状況に応じて公式を作らねばならないこともあるので，本書を多いに利用していただければ幸いです．

　末筆となりましたが，本書の改訂にご協力をいただいた工学院大学の長嶋祐二教授，また本書が朝倉書店から継続して出版されることになり，ご尽力いただいた関係者各位に感謝します．

2008年3月

長　嶋　秀　世

目　　　次

1. 数値計算法と誤差
1.1 数値計算法 ……………………………………………………… 1
1.2 数値計算における誤差 ………………………………………… 1

2. 差　分　法
2.1 差　　分 ………………………………………………………… 5
2.2 差分方程式 ……………………………………………………… 8
2.3 差分演算子 ………………………………………………………13

3. 補　間　法
3.1 ラグランジュの補間法 …………………………………………16
3.2 エルミートの補間法 ……………………………………………21
3.3 スプライン関数による補間 ……………………………………24
3.4 アキマの方法 ……………………………………………………27
3.5 逐次補間法 ………………………………………………………30

4. 関 数 近 似
4.1 最小2乗近似 ……………………………………………………35
4.2 直交多項式による最小2乗近似 ………………………………36
4.3 離散的データの最小2乗近似 …………………………………42
4.4 未定係数法による離散的データの最小2乗近似 ……………48

5. 数 値 微 分
5.1 差分表示による数値微分 ………………………………………51
5.2 補間公式を用いる微分 …………………………………………53

5.3 差分商列を用いた数値微分 …………………………………56
   5.4 リチャードソンの補外による微分公式の精度の向上 ……………61

6. 数 値 積 分
   6.1 ニュートン・コーツ形の積分公式 ………………………………65
   6.2 オイラー・マクローリンの積分公式 ……………………………76
   6.3 積分公式の誤差評価 …………………………………………78
   6.4 ガウス形の積分公式 …………………………………………81
   6.5 ロンバーグ積分法 ……………………………………………90

7. 連立1次方程式
   7.1 行列とその古典的解法 ………………………………………97
   7.2 消 去 法 ………………………………………………………99
   7.3 係数行列を分解する方法 ……………………………………103
   7.4 反 復 法 ………………………………………………………107
   7.5 逆 行 列 ………………………………………………………110
   7.6 固 有 値 ………………………………………………………114
   7.7 行列の悪条件 …………………………………………………124

8. 非線形方程式
   8.1 根 の 概 測 ……………………………………………………130
   8.2 反 復 法 ………………………………………………………131
   8.3 逐次2分法と線形逆補間法 …………………………………135
   8.4 条件付きで収束する反復公式 ………………………………139
   8.5 ベイリー法 ……………………………………………………147
   8.6 非線形連立方程式 ……………………………………………148
   8.7 代数方程式の解法 ……………………………………………150

9. 微分方程式の数値解法
   9.1 テイラー法 ……………………………………………………171

9.2 ピカールの解法……………………………………………………173
9.3 オイラー法…………………………………………………………176
9.4 ルンゲ・クッタ法…………………………………………………177
9.5 予測子-修正子法……………………………………………………182
9.6 ２階の微分方程式…………………………………………………187
9.7 偏微分方程式………………………………………………………188

付　　　録 ………………………………………………………………195
参 考 文 献 ………………………………………………………………215
問 題 解 答 ………………………………………………………………217
索　　　引 ………………………………………………………………245

第1章　数値計算法と誤差

ここでは，まず数値計算の必要性と数値計算における各種の誤差について説明する．

1.1　数 値 計 算 法

電子計算機を用いて工学的な問題を処理する場合，物理的な現象や状態をもとに方程式をたて，これを解いて現実的な数値解を得る．解析的に解を求められない代数方程式や微分方程式の数値解を求めるのはもちろん，たとえ解析解が得られたとしても実際的な処理には数値を必要とすることがある．このような場合に，解析的に不可能な方程式の数値解を得るための近似式を求める方法や，計算の速度と精度に留意して与えられた個々の問題に適した計算手法や手順を選択する必要があり，そのような分野を数値計算法という．

1.2　数値計算における誤差

1.2.1　数値計算の誤差

与えられた方程式から計算機を用いて数値解を得ようとするとき，各種の誤差が入り込む．実際に，ある物理的状態を測定し，これを入力データとして数値解を得るまでにはつぎのような誤差を考慮しなければならない．

入力誤差　　ある物理状態を測定したときに生ずる**測定誤差**と計算機にデー

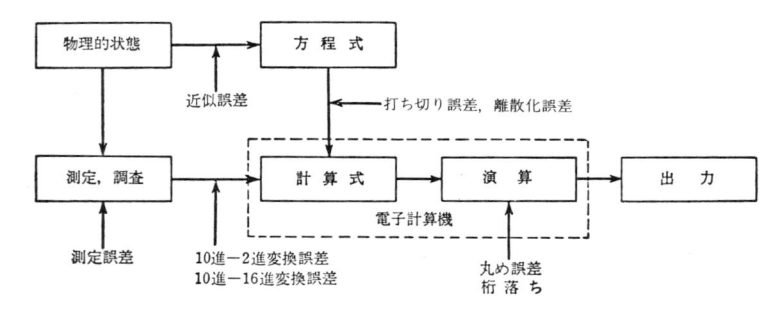

```
┌─────────┐        ┌─────────┐
│物理的状態│───────→│ 方程式  │
└─────────┘        └─────────┘
     │    近似誤差        │←── 打ち切り誤差,離散化誤差
     ↓                    ↓
┌─────────┐        ┌─────────┐    ┌─────┐    ┌─────┐
│測定,調査│───────→│ 計算式  │───→│演 算│───→│出 力│
└─────────┘        └─────────┘    └─────┘    └─────┘
     │           │         電子計算機
  測定誤差    10進-2進変換誤差    丸め誤差
              10進-16進変換誤差   桁落ち
```

図 1.1

タを入力するときに日常使われている 10 進数を，計算機で使用している 2 進数あるいは 16 進数に変換するときに生ずる誤差の両者を**入力誤差**という．

近似誤差　物理状態を完全に表す方程式はめったにない．したがって，状態を表す方程式は近似式でありこのときの誤差を**近似誤差**という．また，この方程式は微分方程式や積分方程式であり，計算機でそのまま計算することはできない．よって，無限級数を有限項で打ち切って計算するために誤差が生ずる．これを**打ち切り誤差**という．さらに，連続変数を離散変数で置き換える，例えば差分近似を行うときなどに生ずる誤差を**離散化誤差**という．

$$\sin x = x - \frac{x^3}{3!} + \frac{x^5}{5!} \underset{\text{ここで打ち切る．}}{\Big|} \underbrace{- \frac{x^7}{7!} + \frac{x^9}{9!} - \frac{x^{11}}{11!} + \frac{x^{13}}{13!} \cdots\cdots}_{\text{ここから以降は打ち切り誤差となる}}$$

図 1.2　打ち切り誤差

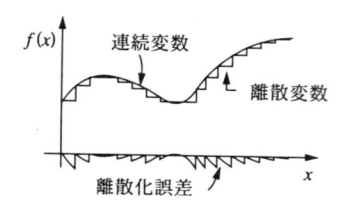

図 1.3　離散化誤差

$A = 3.1415\,|\,9265$
　　　　四捨五入（丸め）による誤差
$A^+ = 3.1416$
図 1.4　丸め誤差

$A = 1.23456$　　有効数字 6 桁
$B = 1.23421$　　有効数字 6 桁
$C = A - B = 0.00035 = 3.5 \times 10^{-4}$　　有効数字 2 桁
図 1.5　桁落ち

丸め誤差　計算機は有限桁の数しか扱わないため，計算の各段階で得られる数値を有限桁で切捨てるかあるいは四捨五入するかによって生ずる誤差を**丸め誤差**という．

桁落ち　非常に近い二つの数値の差をとると有効桁が減少する．これを**桁落ち**という．

1.2.2　絶対誤差と相対誤差

X を真値，x をこれの近似値とするとき
$$e = X - x$$
e を絶対誤差という．真値 X は未知であるが何らかの方法により誤差限界 ε を定めることができれば，X の存在範囲は
$$x - \varepsilon \leq X \leq x + \varepsilon$$
から知ることができる．

また，近似の精度を表すには誤差が小さいというだけでは不明確であるからつぎのような**相対誤差** E_R

$$E_R = \frac{X - x}{X} = \frac{e}{X}$$

が使われる．

1.2.3　誤差の伝ばん

二つの真値を X_a, X_b，その近似値を x_a, x_b，2 数の和の誤差を e_{a+b} とするとき

$$e_{a+b} = X_a + X_b - (x_a + x_b) = (X_a - x_a) + (X_b - x_b)$$

であるから，それぞれの誤差を e_a, e_b とすると

$$e_{a+b} = e_a + e_b$$

したがって，2数の和の誤差は $|e_a|+|e_b|$ を超えない．すなわち

$$e_{a+b} \leq |e_a|+|e_b|$$

差についても同じことがいえるので，

$$e_{a-b} = e_a - e_b \leq |e_a|+|e_b|$$

2数の積の誤差 e_{ab} は

$$e_{ab} = X_a X_b - x_a x_b$$

ここで，$x_a = X_a - e_a$, $x_b = X_b - e_b$ であるから

$$e_{ab} = X_a X_b - (X_a - e_a)(X_b - e_b) = e_a X_b + e_b X_a - e_a e_b$$

となり，相対誤差 E_{ab} は，上式の第3項が小さいとして省略すると

$$E_{ab} \cong \frac{e_a X_b + e_b X_a}{X_a X_b} = \frac{e_a}{X_a} + \frac{e_b}{X_b} = E_a + E_b$$

したがって，2数の積の相対誤差は

$$E_{ab} \leq |E_a| + |E_b|$$

を超えない．2数の商の相対誤差についても同じことがいえるので

$$E_{a/b} \leq |E_a| + |E_b|$$

が成り立つ．

第2章 差　分　法

　この章では**差分**の定義とその性質について述べる．差分は補間法や数値積分法などの基礎になるもので，その性質は微分と対比して考えると理解しやすい．

2.1　差　　　分

　いま，実関数 $f(x)$ が変数 x に対し等しい間隔 h で値をもつものとする．このとき

$$\Delta f(x) = f(x+h) - f(x) \tag{2.1}$$

を $f(x)$ の差分という．Δ は関数 $f(x)$ の差分をとるという線形演算子であり，h を階差という．

　また，**2階差分**は $\Delta f(x)$ をもう一度差分するという意味で $\Delta[\Delta f(x)]$ を $\Delta^2 f(x)$ と書く．これより，2階差分 $\Delta^2 f(x)$ は式 (2.1) を用いて

$$\begin{aligned}\Delta^2 f(x) &= \Delta f(x+h) - \Delta f(x) \\ &= f(x+2h) \\ &\quad - 2f(x+h) + f(x)\end{aligned}$$

となる．

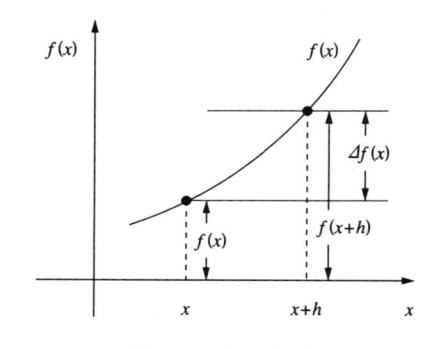

図 2.1　差分の概念

3階差分も同じように

$$\Delta^3 f(x) = \Delta[\Delta^2 f(x)] = f(x+3h) - 3f(x+2h) + 3f(x+h) - f(x)$$

この手続を繰り返すことにより **n 階差分**の式はつぎのようになる．

$$\Delta^n f(x) = \sum_{r=0}^{n} (-1)^{n-r} \binom{n}{r} f(x+rh) \qquad (2.2)^*$$

ここに，$\binom{n}{r}$ は

$$\binom{n}{r} = \frac{n(n-1)(n-2)\cdots(n-r+1)}{r(r-1)(r-2)\cdots 3\cdot 2\cdot 1}$$

である．

つぎに，関数

$$f(x) = 2x^2 - x + 1$$

の差分表を表 2.1 で与える．ここに，差分間隔は 1 である．

表 2.1　$f(x) = 2x^2 - x + 1$ の差分表

x	$f(x)$	$\Delta f(x)$	$\Delta^2 f(x)$	$\Delta^3 f(x)$
0	1			
		1		
1	2		4	
		5		0
2	7		4	
		9		0
3	16		4	
		13		0
4	29		4	
		17		0
5	46		4	
		21		0
6	67		4	
		25		0
7	92		4	
		29		
8	121			

この表では，2階差分は定数，3階差分は零となっている．これは，$f(x)$

---

* 式 (2.2) は，式 (2.40) の関係式を用い，$(E-1)^n$ を二項展開することにより求まる．問題 2.11 参照．

が x の2次の多項式であるからで，$f(x)$ を実際に差分してみればわかる．

いま，差分間隔 h が1のときの差分を

$$\underset{1}{\varDelta} f(x) = f(x+1) - f(x)$$

と書けば，表 2.1 で与えた関数 $f(x) = 2x^2 - x + 1$ の1階差分は

$$\underset{1}{\varDelta} f(x) = [2(x+1)^2 - (x+1) + 1] - [2x^2 - x + 1]$$

$$= 4x + 1$$

また，2階差分，3階差分も同じように

$$\underset{1}{\varDelta}^2 f(x) = [4(x+1) + 1] - [4x + 1] = 4$$

$$\underset{1}{\varDelta}^3 f(x) = 4 - 4 = 0$$

となる．このように，表 2.1 の差分表が確かめられた．

つぎに，主な**差分公式**をあげておく．

(i) $\varDelta c = 0 \quad c : 定数$ \hfill (2.3)

(ii) $\varDelta x = h$ \hfill (2.4)

(iii) $\varDelta [af(x) + bg(x)] = a\varDelta f(x) + b\varDelta g(x)$ \hfill (2.5)

(iv) $\varDelta [f(x)g(x)] = f(x+h)\varDelta g(x) + g(x)\varDelta f(x)$

$\qquad\qquad = f(x)\varDelta g(x) + g(x+h)\varDelta f(x)$ \hfill (2.6)

(v) $\varDelta \left[\dfrac{f(x)}{g(x)}\right] = \dfrac{g(x)\varDelta f(x) - f(x)\varDelta g(x)}{g(x)g(x+h)}$ \hfill (2.7)*

(vi) $\varDelta a^x = (a^h - 1) a^x$ \hfill (2.8)

(vii) $\varDelta \sin(ax+b) = 2 \sin \dfrac{ah}{2} \cos \left[a\left(x + \dfrac{h}{2}\right) + b\right]$ \hfill (2.9)

(viii) $\varDelta \log_e x = \log_e \left(1 + \dfrac{h}{x}\right)$ \hfill (2.10)

(ix) $\varDelta^k \{f(x)g(x)\} = \sum_{j=0}^{k} \binom{k}{j} \varDelta^{k-j} f(x+jh) \varDelta^j g(x)$ \hfill (2.11)

これらのうち二，三の公式についてはつぎの例で示す．

---

* 問題 2.2 参照．

例 1 任意の二つの関数の積 $f(x)g(x)$ の差分を求めよ

$$\Delta\{f(x)g(x)\}=\{f(x+h)g(x+h)\}-\{f(x)g(x)\}$$
$$=f(x+h)g(x+h)-f(x+h)g(x)+f(x+h)g(x)-f(x)g(x)$$
$$=f(x+h)\Delta g(x)+g(x)\Delta f(x)$$

ここで，$f(x+h)g(x)$ のかわりに $f(x)g(x+h)$ を引いて加えれば

$$\Delta\{f(x)g(x)\}=f(x)\Delta g(x)+g(x+h)\Delta f(x)$$

となる．

例 2 a^x の差分を行え．

$$\Delta a^x=a^{x+h}-a^x=(a^h-1)a^x$$

例 3 $\log_e x$ の差分を行え．

$$\Delta \log_e x=\log_e (x+h)-\log_e x$$
$$=\log_e \frac{x+h}{x}=\log_e \left(1+\frac{h}{x}\right)$$

4章で使う階乗関数はつぎのように定義される．

$$x^{(n)}=x(x-1)(x-2)\cdots[x_i-(n-2)][x-(n-1)]$$

この関数の階差1の差分は

$$\Delta x^{(n)}=(x+1)^{(n)}-x^{(n)}$$
$$=\{(x+1)x(x-1)\cdots[x-(n-2)]\}$$
$$-\{x(x-1)(x-2)\cdots[x-(n-1)]\}$$
$$=nx(x-1)(x-2)\cdots[x-(n-2)]$$
$$=nx^{(n-1)}$$

となり，x のべき乗の微分と形が似ている．

2.2 差分方程式

差分方程式とは離散的な変数 x に関する未知関数 $y(x)$ の差分を含んだ方程式で，$g(x)$ を既知として

$$F(x,y(x),\Delta y(x),\Delta^2 y(x),\cdots,\Delta^n y(x))=g(x) \qquad (2.12)$$

である．ここに，$y(x)$ に関する差分が最高 n 次までとすれば n 階差分方程

式といい，右辺の $g(x)$ が 0 の場合を同次，そうでない場合を非同次という．

いま，定数 a を係数とする 1 階の同次差分方程式の解は x に対して等比数列となることを示そう．

(イ)　　$y(x+1) - ay(x) = 0$ \hfill (2.13)

この簡単な解き方は左辺第 2 項を右辺へ移項し，$x=0$ から順次代入してゆき一般項を推測すればよい．

解き方

$$y(x+1) = ay(x)$$

$$x=0 \quad y(1) = ay(0)$$
$$x=1 \quad y(2) = ay(1) = a^2 y(0)$$
$$x=2 \quad y(3) = ay(2) = a^3 y(0)$$
$$\vdots$$
$$y(x) = ay(x-1) = a^x y(0) \tag{2.14}$$

ここに，$y(0)$ は初期値である．

また，非同次差分方程式で $a=1$ の場合，解は x に対して等差数列となる．

(ロ)　　$y(x+1) - y(x) = b$ \hfill (2.15)

解　　$y(x) = y(0) + bx$ \hfill (2.16)

ここに，b は定数である．この解も前と同じような方法で求められる*．

さらに，a, b が定数でない場合はそれぞれ

(ハ)　　$y(x+1) - A(x)y(x) = 0$ \hfill (2.17)

解　　$y(x) = y(0) \prod_{i=0}^{x-1} A(i)$ \hfill (2.18)

(ニ)　　$y(x+1) - y(x) = B(x)$ \hfill (2.19)

解　　$y(x) = y(0) + \sum_{i=0}^{x-1} B(i)$ \hfill (2.20)

これらが組み合わさった定数係数の**線形差分方程式**は，$P_n(x)$ を x の n 次多項式として

$$y(x+1) - ay(x) = b^x P_n(x) \tag{2.21}$$

---

* 問題 2.4 参照．

と表される．この方程式の**一般解**は

$$y(x) = ca^x + y^*(x) \qquad (2.22)$$

で表される．ここに，c は初期条件により決定される定数で，$y^*(x)$ は $Q_n(x)$ を x の n 次多項式として

$$y^*(x) = b^x Q_n(x) \qquad (b \neq a \text{ のとき})$$
$$ = b^x x Q_n(x) \qquad (b = a \text{ のとき}) \qquad (2.23)$$

と表される．

例 4 $y(x+1) - 3y(x) = 2x - 5$ を解け．

一般解は式 (2.22) より

$$y(x) = c\,3^x + y^*(x)$$

与えられた差分方程式の $P_n(x)$ は x の 1 次多項式であるから，k_1, k_2 を未定係数として

$$y^*(x) = k_1 x + k_2$$

と仮定する．これより，$y(x)$ は

$$y(x) = c\,3^x + k_1 x + k_2$$

これを与えられた差分方程式に代入すると左辺は

$$y(x+1) - 3y(x) = c\,3^{x+1} + k_1(x+1) + k_2 - 3(c\,3^x + k_1 x + k_2)$$
$$= -2k_1 x + k_1 - 2k_2$$

となる．これは右辺と等しいはずであるから

$$-2k_1 x + k_1 - 2k_2 = 2x - 5$$

上式は恒等的に成り立つので

$$k_1 = -1, \quad k_2 = 2$$

となる．したがって，解はつぎのようになる．

$$y(x) = c\,3^x - x + 2$$

このように，未定係数を与えて解を求める方法を**未定係数法**という．

例 5 $y(x+1) - 3y(x) = 3^x$ を解け．また，初期条件 $x = 0$ のとき，$y(0) = 2$ であれば c はいくつか．

式 (2.23) の $b = a$ の場合であるから，一般解は

$$y(x) = c\,3^x + k_1 3^x x$$

これを与えられた差分方程式に代入して k_1 を求めると
$$k_1 = 1/3$$
したがって，解は
$$y(x) = c\,3^x + 3^{x-1} \cdot x$$
また，c は初期条件 $x=0$，$y(0)=2$ を上式に代入して
$$y(0) = 2 = c \cdot 3^0 + 3^{-1} \cdot 0$$
より求められる．
$$c = 2$$

つぎに，**定数係数の線形 2 階差分方程式**
$$y(x+2) + ay(x+1) + by(x) = a^x P_n(x) \qquad (2.24)$$
の解を求めてみよう．ここに，上式の a は定数，$P_n(x)$ は x の n 次多項式である．上式の解き方は 2 階の微分方程式の場合と良く似ている．まず上式の同次方程式
$$y(x+2) + ay(x+1) + by(x) = 0 \qquad (2.25)$$
の根は，式 (2.14) の類推から
$$y(x) = c\lambda^x \qquad (c \neq 0,\ \lambda \neq 0) \qquad (2.26)$$
と考えられる．これを式 (2.25) に代入すると
$$c\lambda^{x+2} + ac\lambda^{x+1} + bc\lambda^x = 0$$
c および λ が 0 でないことから，求める**特性方程式**はつぎのようになる*．
$$\lambda^2 + a\lambda + b = 0 \qquad (2.27)$$
ここで，上式の根を**特性根**といい，λ_1, λ_2 とする．これより，式 (2.25) の一般解は特性根の値のとり方によってつぎの三つの場合が考えられる．

1) λ_1, λ_2 が相異なる実根のとき
$$y(x) = c_1 \lambda_1^x + c_2 \lambda_2^x \qquad (2.28)$$

2) $\lambda_1 = \lambda_2$ のとき
$$y(x) = c_1 \lambda_1^x + c_2 x \lambda_1^x \qquad (2.29)$$

3) λ_1, λ_2 が複素根のとき

---

* 簡単に，一番低次の関数を基準にして $y(x) \to 1$，$y(x+1) \to \lambda$，$y(x+2) \to \lambda^2$ と置き換えることにより特性方程式を求めることができる．

$$y(x) = c_1 r^x \cos(x\theta) + c_2 r^x \sin(x\theta) \tag{2.30}$$
$$\lambda_1 = re^{i\theta}, \quad \lambda_2 = re^{-i\theta}$$

ここで，c_1, c_2 は任意の定数とする．

つぎに，式 (2.24) の右辺が 0 でない非同次の 2 階差分方程式

$$y(x+2) + ay(x+1) + by(x) = \alpha^x P_n(x) \tag{2.31}$$

の解を求める．この方程式の**一般解**は前述した 1 階の差分方程式と同じように

$$y(x) = 式(2.25)の解 + y^*(x) \tag{2.32}$$
$$y^*(x) = \alpha^x Q_n(x) \quad (\lambda_1 \neq \alpha, \ \lambda_2 \neq \alpha) \tag{2.33}$$
$$= \alpha^x x Q_n(x) \quad (\lambda_1 \text{ あるいは } \lambda_2 = \alpha) \tag{2.34}$$

となる．ここに，$Q_n(x)$ は x の n 次多項式である．

例 6 $y(x+2) = y(x+1) + y(x)$ の一般解および特解を求めよ．ただし，初期条件：$y(0) = 0, \ y(1) = 1$ が与えられているものとする．

問題の特性方程式は

$$\lambda^2 - \lambda - 1 = 0$$

となるので，根は

$$\lambda = \frac{1 \pm \sqrt{5}}{2}$$

となる．したがって，一般解は

$$y(x) = c_1 \left(\frac{1-\sqrt{5}}{2}\right)^x + c_2 \left(\frac{1+\sqrt{5}}{2}\right)^x$$

となる．また，初期条件を用いて

$$x = 0 \text{ のとき, } y(0) = 0 = c_1 + c_2$$
$$x = 1 \text{ のとき, } y(1) = 1 = c_1 \left(\frac{1-\sqrt{5}}{2}\right) + c_2 \left(\frac{1+\sqrt{5}}{2}\right)$$

上の二式より，c_1, c_2 は

$$c_1 = -1/\sqrt{5}, \quad c_2 = 1/\sqrt{5}$$

したがって，特解は

$$y(x) = -\frac{1}{\sqrt{5}} \left(\frac{1-\sqrt{5}}{2}\right)^x + \frac{1}{\sqrt{5}} \left(\frac{1+\sqrt{5}}{2}\right)^x$$

となる*.

2.3 差分演算子

差分演算にはいくつか種類があり，これまで用いてきた差分

$$\Delta f(x) = f(x+h) - f(x) \tag{2.35}$$

これを**前進差分**と呼ぶ．そのほか，次式で定義される**後退差分**

$$\nabla f(x) = f(x) - f(x-h) \tag{2.36}$$

およびつぎの**中心差分**

$$\delta f(x) = f\left(x + \frac{h}{2}\right) - f\left(x - \frac{h}{2}\right) \tag{2.37}$$

などがある．

さらに，$f(x)$ から $f(x+h)$ をつくる演算子，すなわち**移動演算子** E は

$$E[f(x)] = f(x+h) \tag{2.38}$$

と定義され，他の差分演算子と同じように線形演算子で関数と切り離して形式的に扱うことができる．また，E は繰り返し用いることができ

$$E^n[f(x)] = f(x+nh) \tag{2.39}$$

となる．ここに，n は任意の有理数をとれるものとし，特に $n=0$ の場合は

$$E^0[f(x)] = f(x)$$

とする．

ここで，E と差分演算子との関係は式 (2.35)〜(2.39) よりそれぞれ

$$\Delta = E - 1 \tag{2.40}$$

$$\nabla = 1 - E^{-1} \tag{2.41}$$

$$\delta = E^{1/2} - E^{-1/2} \tag{2.42}$$

と表される**.

このほか，関数の算術平均をとる意味の**平均演算子** μ は

---

* これより求まる数列 0,1,1,2,3,5,8,13,21… をフィボナッチ (Fibonacci) 数列という．
** 問題 2.7 参照．

$$\mu f(x) = \frac{1}{2}\left[f\left(x+\frac{h}{2}\right)+f\left(x-\frac{h}{2}\right)\right] \qquad (2.43)$$

で定義され，E との関係は

$$\mu = \frac{1}{2}(E^{1/2}+E^{-1/2}) \qquad (2.44)$$

一方，関数の微分を行う**微分演算子 D** は

$$Df(x) = \frac{d}{dx}f(x) \qquad (2.45)$$

で定義される．

つぎに，D と E の関係を求めてみよう．まず，$f(x+h)$ を**テイラー級数**[*]
に展開すると

$$f(x+h) = f(x)+hf'(x)+\frac{h^2}{2!}f''(x)+\cdots$$

となり，式 (2.45) の演算子 D で書き改めると

$$f(x+h) = f(x)+hDf(x)+\frac{h^2}{2!}D^2f(x)+\cdots$$

左辺に式 (2.38) を適用し，$f(x)$ でまとめると

$$Ef(x) = \left[1+hD+\frac{(hD)^2}{2!}+\cdots\right]f(x)$$

右辺の [ ] の中は，e^{hD} をマクローリン展開したものにほかならないから

$$E = e^{hD} \qquad (2.46)$$

あるいは逆に

$$D = \frac{1}{h}\log_e E \qquad (2.47)$$

と書かれる．この関係式は5章の数値微分のところで用いられる．

---

[*] 付録 A.7 参照．

演 習 問 題

2.1 つぎの関数を差分せよ．
(1) $2 \cdot 3^x + 4 \cdot 5^x$ (2) $x^2 a^x$ (3) x^{-1}
(4) $5x^{(4)}$ (5) $\cos(ax+b)$ (6) $\dfrac{x+2}{2x^2+1}$
(7) $\Delta^k x^{(m)}$ (8) $\Delta^k (x+a)^{(m)}$

2.2 式 (2.7) を証明せよ．

2.3 つぎの差分方程式を解け．
(1) $y(x+1) - 3y(x) = 4x + 5^x$ (2) $2y(x+1) - 3y(x) = x^2 - 3x + 1$
(3) $(x+1)y(x+1) - 2y(x) = 0$ (4) $\Delta y(x) = 3b$
(5) $y(x+1) - 2y(x) = 2^x + 1$ (6) $3y(x+1) - y(x) = \left(\dfrac{1}{3}\right)^x + 3x$

2.4 式 (2.15) と式 (2.17) の解を導出せよ．

2.5 つぎの差分方程式の解を求めよ．
(1) $y(x+2) + 6y(x+1) + 9y(x) = 0$ (2) $\Delta^2 y(x) = 0$
(3) $y(x+2) - 5y(x+1) + 6y(x) = 3x - 2$ (4) $y(x+2) - y(x) - 2^x = 0$

2.6 与えられた初期条件を用いてつぎの差分方程式を解け．
(1) $2y(x+1) - 3y(x) + 4 = 0,$ $y(0) = 1$
(2) $\Delta y(x) + 2y(x) - 3x + 1 = 0,$ $y(0) = 0$
(3) $\Delta^2 y(x) = 4y(x),$ $y(0) = 1, \ y(1) = 2$
(4) $2y(x+2) + 5y(x+1) - 3y(x) = 3,$ $y(0) = -1, \ y(1) = 0$

2.7 式 (2.40), (2.41) を証明せよ．

2.8 平均演算子 μ を δ で表せ．

2.9 つぎの演算を行え．
(1) $\Delta^3 y(x)$ (2) $\nabla^2 y(x) + \Delta^2 y(x)$ (3) $\mu \delta y(x)$
(4) $\mu^2 \delta^2 y(x+h)$ (5) $\nabla^3 (y(x) + y(x-2h))$ (6) $\mu^2 y(x)$

2.10 式 (2.47) を前進差分の演算子 Δ で表せ．

2.11 式 (2.2) を導出せよ．

第3章　補　間　法

補間法は数値計算法の基礎となるもので，与えられた数個の点とその関数値から，求めようとする点の関数値を計算するものである．あるいは，離散的な数値列から近似関数を求めることでもある．

もともと，補間法は関数表をひいて表にない関数値を求めるときに使われてきたが，計算機の進歩によって，関数値は別の方法で求められるようになった．

現在，補間法は洋服の裁断機の動作を制御するためや自動的な作図を行うための CAD, CAM あるいはコンピュタ・グラフィックスなどに用いられている．また，補間公式はある種の数値積分公式や微分公式を得るための，もとの式として重要である．

3.1　ラグランジュ（Lagrange）の補間法

3.1.1　ラグランジュの補間公式

実関数 $f(x)$ が区間 I で定義されているとき，互いに異なる $n+1$ 個の点 $x_0, x_1, x_2, \cdots, x_n$ とこれに対応する関数値 $f(x_0), f(x_1), f(x_2), \cdots, f(x_n)$ が与えられている（図3.1）．このとき，与えられた $n+1$ 個の点を通る n 次多項式はただ一つで，これを**ラグランジュの補間多項式**と呼び次式のように表す．*

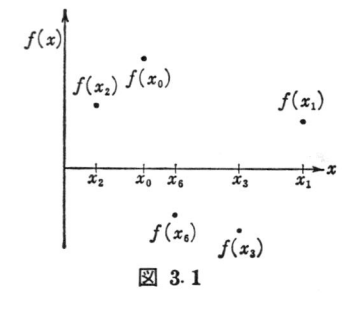

図 3.1

* 式（3.1）の導出は付録 B.1 参照．

3.1 ラグランジュの補間法

$$P(x) = \sum_{k=0}^{n} f(x_k) L_k(x) \tag{3.1}$$

ここに，$L_k(x)$ は**ラグランジュの補間係数**といい

$$L_k(x) = \prod_{\substack{m=0 \\ m \neq k}}^{n} \frac{x - x_m}{x_k - x_m}$$

$$= \frac{(x-x_0)\cdots(x-x_{k-1})(x-x_{k+1})\cdots(x-x_n)}{(x_k-x_0)\cdots(x_k-x_{k-1})(x_k-x_{k+1})\cdots(x_k-x_n)} \tag{3.2}$$

と表される．

$L_k(x)$ の値は式(3.2)へ x_k を代入すればわかるように，x が x_k のときは1，x が x_k 以外のときは0の値をとる（図3.2）．すなわち，

$$L_k(x_j) = \delta_{kj} \tag{3.3}$$

ここに，δ_{kj} はクロネッカーのデルタとしてつぎのように定義される．

$$\delta_{kj} = \begin{cases} 0 & (k \neq j) \\ 1 & (k = j) \end{cases} \tag{3.4}$$

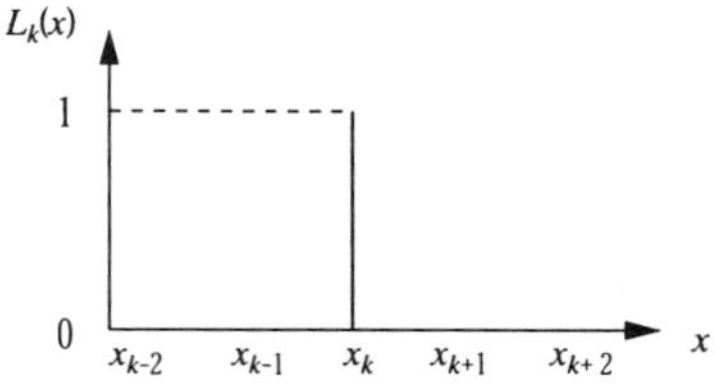

図 3.2

ここで，式(3.1)は $x_0, x_1, x_2, \cdots$ の順序にこだわらなくてもよく，また，これらの間隔は等しくなくてもよい．

いま，あとの便宜をはかるために乗積 $\pi(x)$ をつぎのように定義する．

$$\pi(x) = \prod_{m=0}^{n} (x - x_m) = (x-x_0)(x-x_1)\cdots(x-x_n) \tag{3.5}$$

また，m が k をとらないときは，指標を右下に付けて

$$\pi_k(x) = \prod_{\substack{m=0 \\ \neq k}}^{n} (x - x_m) \tag{3.6}$$

とする．これらの間にはつぎの関係

$$\frac{d}{dx}\pi(x) = \sum_{k=0}^{n} \pi_k(x) \tag{3.7}$$

が成り立ち，数値微分のとき便利である．また，m が $0\sim n$ の間でとらない値が二つ以上あるときにも同じように指標をつぎつぎと付けてゆく．すなわち，$\pi_{kj}(x), \pi_{kjl}(x), \cdots$ のように．これらの間にも式 (3.7) と同じような関係が成立する．そのほか，指標の順序をかえてもその性質は変わらない．

そこで，$L_k(x)$ をこれで表すと

$$L_k(x) = \frac{\pi_k(x)}{\pi_k(x_k)} \tag{3.8}$$

となる．

例 1 $n=1$ のときのラグランジュの補間公式を求めよ．

式 (3.2) より，$L_0(x), L_1(x)$ は

$$L_0(x) = \frac{x-x_1}{x_0-x_1}, \quad L_1(x) = \frac{x-x_0}{x_1-x_0}$$

したがって，多項式は式 (3.1) より

$$P(x) = \frac{x-x_1}{x_0-x_1}f(x_0) + \frac{x-x_0}{x_1-x_0}f(x_1)$$

例 2 右の表のような x_k と $f(x_k)$ に対する補間多項式を求めよ．

k	x_k	$f(x_k)$
0	0	1
1	1	0
2	2	1

与えられた点は3点であるから $n=2$ である．

まず，ラグランジュの補間係数は

$$L_0(x) = \frac{\pi_0(x)}{\pi_0(x_0)} = \frac{(x-x_1)(x-x_2)}{(x_0-x_1)(x_0-x_2)}$$

したがって

$$L_0(x) = \frac{(x-1)(x-2)}{(0-1)(0-2)} = \frac{1}{2}(x-1)(x-2)$$

同じように，$L_1(x), L_2(x)$ も

$$L_1(x) = -x(x-2), \quad L_2(x) = \frac{1}{2}x(x-1)$$

これから

$$P(x) = f(x_0)L_0(x) + f(x_1)L_1(x) + f(x_2)L_2(x)$$

$$= 1 \cdot \frac{1}{2}(x-1)(x-2) + 0 \cdot (-x)(x-2) + 1 \cdot \frac{1}{2}x(x-1)$$
$$= (x-1)^2$$

例3 例2の結果を用いて $x=0.5$ の $f(x)$ の補間値を求めよ．

$x=0.5$ を例2で求めた $P(x)$ に代入すると

$$P(0.5) = 0.25$$

これを計算機で求める場合はラグランジュの補間係数に初めから x の値を代入して $P(x)$ の値を計算する．例えば

$$L_0(0.5) = \frac{(0.5-1)(0.5-2)}{(0-1)(0-2)} = 0.375, \quad L_1(0.5) = 0.75,$$
$$L_2(0.5) = -0.125$$
$$P(0.5) = 1 \times 0.375 + 0 \times 0.75 + 1 \times (-0.125) = 0.25$$

なお，ラグランジュの補間公式は変数が等間隔の場合にも同じように用いることができ，しかも後述のニュートンの補間公式と同じ形の式を得る．

3.1.2 補間多項式の誤差

ここで，関数 $f(x)$ を n 次補間多項式 $P(x)$ で近似したときの誤差評価を行なっておこう．

いま，$f(x)$ を区間 I で $n+1$ 回連続微分可能とし，つぎのような**補助関数**

$$F(x) = f(x) - P(x) - c\pi(x) \tag{3.9}$$

を考える（図 3.3）．ここに，c は定数とする．$f(x) - P(x)$ と式 (3.5) の $\pi(x)$ はともに $x_0, x_1, x_2, \cdots, x_n$ の各点で 0 であるから，$F(x)$ もこれらの各点で 0 となる．さらに，区間 I 上の任意の新しい補間点 x_m で 0 となるように c を

$$c = \frac{f(x_m) - P(x_m)}{\pi(x_m)} \tag{3.10}$$

とする．これより $F(x)$ は $n+2$ 個 $(x_0, x_1, x_2, \cdots, x_n, x_m)$ の零点をもつ．

ここで，$F(x)$ の 1 次導関数 $F'(x)$ は**ロールの定理**[*]から区間 I で $n+1$ 個

---

[*] 付録 A.3 参照．

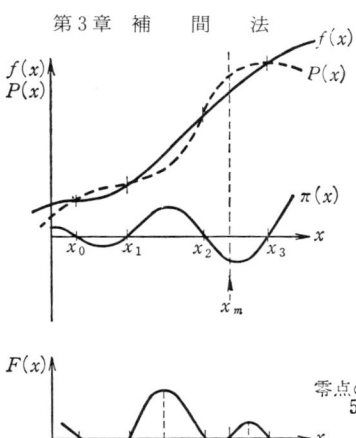

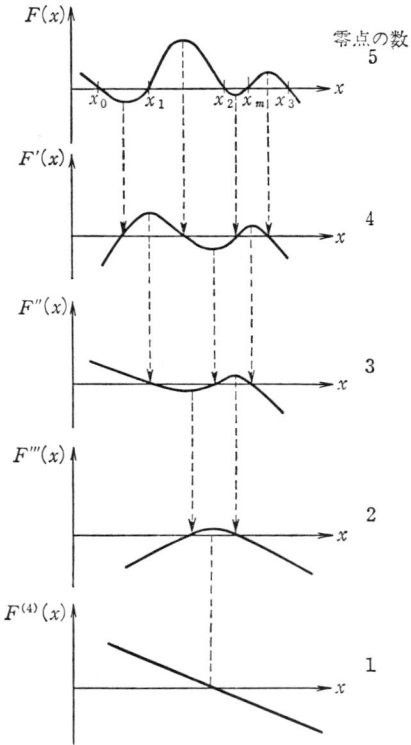

図 3.3 $f(x)$, $P(x)$ と $F(x)$ の零点の数の変化

の零点をもち，$F''(x)$ は n 個の零点をもつ．ロールの定理を繰り返し適用することにより $F^{(n+1)}(x)$ は少なくとも1個の零点をもつ．この点を ξ とすると，$P(x)$ は n 次多項式であるから $n+1$ 階導関数は 0 となり，式 (3.9) は

$$0 = f^{(n+1)}(\xi) - c(n+1)!$$

となる．したがって
$$c = \frac{f^{(n+1)}(\xi)}{(n+1)!}$$
これを式 (3.10) に代入して整理すると
$$f(x_m) - P(x_m) = \frac{f^{(n+1)}(\xi)}{(n+1)!}\pi(x_m)$$
上式の x_m は区間 I 内の任意の点であるから，これを x とすると
$$f(x) - P(x) = \frac{f^{(n+1)}(\xi)}{(n+1)!}\pi(x) \qquad (3.11)$$
これが補間多項式の誤差を評価する式である．誤差を調べるには関数 $f(x)$ の $n+1$ 階導関数の値を知らなければならないが，これを求めるには既知の関数関係を利用すると良い．

例 4 例1の最大誤差を求めよ．

誤差式は式 (3.11) より区間内で $|f''(\xi)|$ の最大値を f''_{max} として
$$|f(x) - P(x)| \leq \left|\frac{(x-x_0)(x-x_1)}{2!}\right| f''_{max}$$
であるから，$|(x-x_0)(x-x_1)|$ が x_0 と x_1 の間でとり得る最大値は $x = (x_0+x_1)/2$ のとき $(x_1-x_0)^2/4$ となり，最大誤差は
$$|f(x) - P(x)| \leq \frac{(x_0-x_1)^2}{8} f''_{max}$$

3.2 エルミート (Hermite) の補間法

区間 I で関数 $f(x)$ が微分可能であるとき，互いに異なる $n+1$ 個の点で関数値と一致し，かつその点の微係数が一致する $2n+1$ 次の多項式を**エルミートの補間多項式**といい，ただ一つ存在する（図 3.4）．これはつぎのように表せる．
$$P(x) = \sum_{k=0}^{n} h_k(x) f(x_k) + \sum_{k=0}^{n} g_k(x) f'(x_k) \qquad (3.12)$$
ここで，係数 $h_k(x), g_k(x)$ を求めるために先の条件を式で表すと
$$\left.\begin{array}{l} P(x_k) = f(x_k) \quad \cdots\cdots 関数一致 \\ P'(x_k) = f'(x_k) \quad \cdots\cdots 微係数一致 \end{array}\right\} \quad (k=0,1,2,\cdots,n) \quad (3.13)$$

第一の条件を満足させるためには，式 (3.12) より，$0, 1, 2, \cdots, n$ であるすべての k, l に対し，δ_{kl} をクロネッカのデルタとすると（式 (3.4) 参照）

$$h_k(x_l) = \delta_{kl}, \quad g_k(x_l) = 0 \tag{3.14}$$

であり，$P'(x_k) = f'(x_k)$ となるには

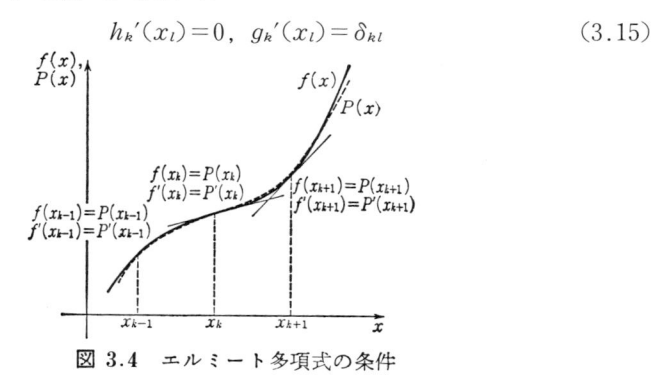

$$h_k'(x_l) = 0, \quad g_k'(x_l) = \delta_{kl} \tag{3.15}$$

図 3.4 エルミート多項式の条件

でなければならない．さらに，式 (3.12) の中で $f(x_k)$, $f'(x_k)$ は与えられた定数であるから，条件より $h_k(x)$, $g_k(x)$ は $2n+1$ 次の多項式となるはずである．そこで，$h_k(x)$ および $g_k(x)$ をラグランジュの補間係数 $L_k(x)$ の 2 乗と x の 1 次関数で

$$h_k(x) = (ax+b)[L_k(x)]^2 \tag{3.16}$$

$$g_k(x) = (cx+d)[L_k(x)]^2 \tag{3.17}$$

と表し，式 (3.14), (3.15) を満足する係数 a, b, c, d を求める．上式で，$x = x_k$ とすると，式 (3.4) より $\delta_{kk} = 1$ であるから，

$$\left.\begin{array}{l} ax_k + b = 1 \\ cx_k + d = 0 \end{array}\right\} \tag{3.18}$$

となる．ここに，上式右辺は式 (3.14) より求められる．

また，式 (3.16), (3.17) を x で微分するとそれぞれ

$$h_k'(x) = a[L_k(x)]^2 + 2(ax+b)L_k'(x)L_k(x)$$

$$g_k'(x) = c[L_k(x)]^2 + 2(cx+d)L_k'(x)L_k(x)$$

前と同様に $x = x_k$ とすると，式 (3.15) より

3.2 エルミートの補間法

$$h_k'(x_k) = a + 2(ax_k+b)L_k'(x_k) = 0$$
$$g_k'(x_k) = c + 2(cx_k+d)L_k'(x_k) = 1$$

となる．上式のそれぞれに式 (3.18) を代入すると

$$\left.\begin{array}{l} a+2L_k'(x_k)=0 \\ c=1 \end{array}\right\} \quad (3.19)$$

式 (3.18), (3.19) より，係数 a, b, c, d は

$$a = -2L_k'(x_k), \quad b = 1 + 2L_k'(x_k)x_k$$
$$c = 1 \qquad , \quad d = -x_k$$

上式を式 (3.16), (3.17) に代入すると

$$h_k(x) = [1 - 2L_k'(x_k)(x-x_k)][L_k(x)]^2 \quad (3.20)$$
$$g_k(x) = (x-x_k)[L_k(x)]^2 \quad (3.21)$$

となる．エルミートの補間多項式を再び書くと

$$P(x) = \sum_{k=0}^{n} h_k(x)f(x_k) + \sum_{k=0}^{n} g_k(x)f'(x_k) \quad (3.22)$$

ここに，エルミートの補間多項式の誤差は，$f(x)$ が $2n+2$ 回微分可能であるとすると

$$f(x) - P(x) = \frac{f^{(2n+2)}(\xi)}{(2n+2)!}[\pi(x)]^2 \quad (3.23)$$

で表される*．ただし，ξ は区間 I 内に存在する．

例 5 $n=1$ のときのエルミートの補間公式を求めよ．

まず，ラグランジュの係数は

$$L_0(x) = \frac{x-x_1}{x_0-x_1}, \quad L_1(x) = \frac{x-x_0}{x_1-x_0}$$

これと，式 (3.20), (3.21) を用いると

$$P(x) = \left(1 + 2\frac{x_0-x}{x_0-x_1}\right)\left(\frac{x-x_1}{x_0-x_1}\right)^2 f(x_0) + (x-x_0)\left(\frac{x-x_1}{x_0-x_1}\right)^2 f'(x_0)$$
$$+ \left(1 + 2\frac{x_1-x}{x_1-x_0}\right)\left(\frac{x-x_0}{x_1-x_0}\right)^2 f(x_1) + (x-x_1)\left(\frac{x-x_0}{x_1-x_0}\right)^2 f'(x_1)$$

---

* 求める方法は，補助関数 $F(x) = f(x) - P(x) - c[\pi(x)]^2$ を用い，ラグランジュの場合と同じようにする．問題 3.5 参照．もう少し精度の高い誤差評価もある [1]．

3.3 スプライン (Spline) 関数による補間

これまでは，閉区間 $[a, b]$ で関数 $f(x)$ を近似するのに一つの多項式を用いてきたが，ここでは，区間 $[a, b]$ を与えられた n 個の分点で分割し，この小区間内をそれぞれ異なった多項式で $f(x)$ を近似する方法について述べる．

いま，x_r における関数値を

$$f_r = f(x_r) \quad (r = 0, 1, 2, \cdots, n) \quad (3.24)$$

と表し，与えられた点を

$$(x_0, f_0), (x_1, f_1), \cdots, (x_n, f_n)$$

とする．また，これらの分点により閉区間 $[a, b]$ を分割した小区間を

$$[x_j, x_{j+1}] \quad (0 \leq j \leq n-1)$$

$$a = x_0 < x_1 < x_2 < \cdots < x_n = b$$

とする．このとき，分割された各小区間で $f(x)$ を近似する m 次多項式の全体は**区分多項式**と呼ばれる．

さらに，区間 $[a, b]$ で2回連続微分可能な3次の区分多項式はスプライン関数と呼ばれ，これを $s(x)$ と表す．

このスプライン関数は分割された小区間 $[x_j, x_{j+1}]$ において以下に述べる条件で各係数が決定される3次多項式

$$s_j(x) = a_{j0} + a_{j1}(x - x_j) + a_{j2}(x - x_j)^2 + a_{j3}(x - x_j)^3$$

$$(0 \leq j \leq n-1) \quad (3.25)$$

で構成される（図3.5）．条件はつぎのとおりである．

$$s_j(x_j) = f_j \quad (0 \leq j \leq n-1) \quad (3.26)$$

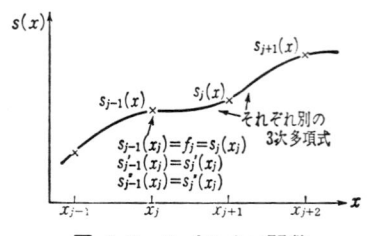

図 3.5 スプライン関数

3.3 スプライン関数による補間

$$s_j(x_{j+1}) = f_{j+1} \quad (0 \leq j \leq n-1) \quad (3.27)$$

$$s_{j-1}'(x_j) = s_j'(x_j) \quad (1 \leq j \leq n-1) \quad (3.28)$$

$$s_{j-1}''(x_j) = s_j''(x_j) \quad (1 \leq j \leq n-1) \quad (3.29)$$

これらの条件式は全部で $4n-2$ 個であり，未知数は $4n$ 個であるから条件が2個不足する．したがって，端点条件として

$$s_0''(x_0) = \alpha, \quad s_{n-1}''(x_n) = \beta \quad (3.30)*$$

あるいは

$$s_0'(x_0) = \alpha_1, \quad s_{n-1}'(x_n) = \beta_1 \quad (3.31)$$

を用いる．

さて，式 (3.25) の係数 $a_{j0} \sim a_{j3}$ を求めるために，これを2回微分すると，

$$s_j''(x) = 2a_{j2} + 6a_{j3}(x - x_j) \quad (3.32)$$

また，2次微分値が連続の条件，式 (3.29) を

$$s_j''(x_j) = u_j \quad (0 \leq j \leq n-1) \quad (3.33)$$

$$s_j''(x_{j+1}) = u_{j+1} \quad (0 \leq j \leq n-1) \quad (3.34)$$

と表す．式 (3.34) は $j \to j-1$ とすれば，式 (3.29) の左辺となり，式 (3.33) はそのまま右辺となることがわかる．

ここで，式 (3.25) および (3.32) に x_j, x_{j+1} を代入し，式 (3.26), (3.27), (3.33), (3.34) を適用すると

$$\left.\begin{array}{l} s_j(x_j) = a_{j0} = f_j \\ s_j(x_{j+1}) = a_{j0} + a_{j1}h_j + a_{j2}h_j^2 + a_{j3}h_j^3 = f_{j+1} \\ s_j''(x_j) = 2a_{j2} = u_j \\ s_j''(x_{j+1}) = 2a_{j2} + 6a_{j3}h_j = u_{j+1} \end{array}\right\} \quad (3.35)$$

ここに，分点の間隔を

$$h_j = x_{j+1} - x_j \quad (0 \leq j \leq n-1) \quad (3.36)$$

とした．式 (3.35) から，各係数を求めると

$$\left.\begin{array}{l} a_{j0} = f_j \\ a_{j1} = m_j - \dfrac{h_j}{6}(2u_j + u_{j+1}) \end{array}\right.$$

---

* 多くの場合，$\alpha = \beta = 0$ としているが，別の条件も考えられている [2]．

$$a_{j2} = \frac{1}{2} u_j \qquad \qquad \qquad \quad (3.37)$$

$$a_{j3} = \frac{u_{j+1} - u_j}{6 h_j}$$

$$m_j = \frac{f_{j+1} - f_j}{h_j} \qquad (0 \leq j \leq n-1) \qquad (3.38)$$

となる．これより，3次のスプライン関数は

$$s_j(x) = f_j + \left\{ m_j - \frac{h_j}{6}(2u_j + u_{j+1}) \right\}(x - x_j)$$

$$+ \frac{1}{2} u_j (x - x_j)^2 + \frac{1}{6 h_j} (u_{j+1} - u_j)(x - x_j)^3 \qquad (3.39)$$

と表される．

ここで，u_j, u_{j+1} を計算する式を導く．上式を1回微分すると

$$s_j'(x) = m_j - \frac{h_j}{6}(2u_j + u_{j+1}) + u_i(x - x_j)$$

$$+ \frac{1}{2 h_j}(u_{j+1} - u_j)(x - x_j)^2 \qquad (3.40)$$

となる．式(3.28)を適用するために，上式の x に x_j を代入する．さらに，式(3.40)で，$j \to j-1$ として x に x_j を代入し，両者を等しいと置き整理するとつぎの関係式が求まる．

$$\left(\frac{h_j}{6} \right) u_{j+1} + \left(\frac{h_{j-1} + h_j}{3} \right) u_j + \left(\frac{h_{j-1}}{6} \right) u_{j-1}$$

$$= \left(\frac{1}{h_j} \right) f_{j+1} - \left(\frac{1}{h_j} + \frac{1}{h_{j-1}} \right) f_j + \left(\frac{1}{h_{j-1}} \right) f_{j-1} \qquad (3.41)$$

ここで，$j=0$ および n における u_j の値は式(3.30)より

$$u_0 = \alpha, \quad u_n = \beta \qquad (3.42)$$

となる．$u_0 \sim u_n$ は，式(3.41),(3.42)より求められ，これらを式(3.39)に代入してスプライン関数を構成する3次式 $s_j(x)$ を得る．誤差評価[3] についてはここでは省く．

例 6 右の表で与えられた数値をもとにしてスプライン関数を求めよ．ただし，端点条件と

x	0	1	2	3
$f(x)$	0	2	3	16

して2次微分値を $u_0=0$, $u_3=6$ とする．

まず，端点条件を式 (3.41) に代入すると

$$\begin{cases} 4u_1+u_2=-6 & (j=1) \\ u_1+4u_2=66 & (j=2) \end{cases}$$

となるから，これより

$$u_1=-6, \quad u_2=18$$

となる．さらに，与えられた条件

$$u_0=0, \quad u_3=6$$

と関数値を式 (3.37)，(3.38) に代入して，各係数を求める．これらの値を式 (3.39) に代入するとスプライン関数を構成する $s_j(x)$ を得る．

$$s_0(x)=0+3(x-0)+0-(x-0)^3 \quad (0 \leq x \leq 1)$$
$$s_1(x)=2-3(x-1)^2+4(x-1)^3 \quad (1 \leq x \leq 2)$$
$$s_2(x)=3+6(x-2)+9(x-2)^2-2(x-2)^3 \quad (2 \leq x \leq 3)$$

スプライン関数はデータの急激な変化があると，異常屈曲点を生ずることがある．これをなくすために応力スプライン関数が考えられている*．これは，スプライン関数が2次微分値を連続としたのに対し $f''-\sigma^2 f$ を連続としたものである．この σ は応力係数と呼ばれるパラメータで，$\sigma=0$ ならばスプライン関数となる．

3.4 アキマ (Akima) の方法

スプライン関数の異常屈曲点をなくす3次の区分多項式としてさらに**アキマの方法**がある[6][7]．これは与えられた2点の値と幾何学的に求められた1次微分値により3次多項式を決定するものである．

アキマの方法は与えられた分点を通る手書きのごく自然な曲線に近いものを得ることができ，計算機によって地図の等高線や洋服のデザインを得るのに他の補間法よりも適している．

いま，与えられた点を

---
* 付録 B.2 参照．

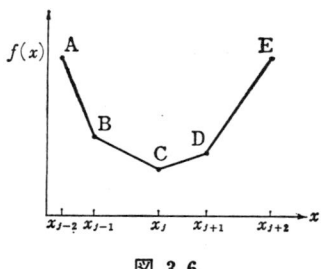

図 3.6

$$(x_0, f_0), (x_1, f_1), \cdots, (x_n, f_n)$$

とし，分割された小区間を

$$[x_j, x_{j+1}] \qquad (0 \leq j \leq n-1)$$

とする．このとき，上記の区間の区分多項式を

$$p_j(x) = a_{j0} + a_{j1}(x-x_j) + a_{j2}(x-x_j)^2 + a_{j3}(x-x_j)^3 \qquad (3.43)$$

とし，各係数はつぎの条件

$$p_j(x_j) = f_j, \quad p_j'(x_j) = t_j$$
$$p_j(x_{j+1}) = f_{j+1}, \quad p_j'(x_{j+1}) = t_{j+1} \qquad (3.44)$$

により決定する．ここで，点 x_j における勾配 t_j を決める方法がアキマの方法の特徴でつぎのようにする．

まず，x_j の両側にそれぞれ2個の分点を加え図3.6のように各点を通る線分を $\overline{AB}, \overline{BC}, \overline{CD}, \overline{DE}$ とする．これらの勾配を $m_{j-2}, m_{j-1}, m_j, m_{j+1}$ とすると

$$m_i = \frac{f_{i+1} - f_i}{x_{i+1} - x_i} \qquad (j-2 \leq i \leq j+1) \qquad (3.45)$$

である．これを用いて x_j（C点）における勾配 t_j を求める．t_j は点Cの両側の線分の勾配の比例配分であると考えつぎのようにする．

$$t_j = \frac{|m_{j+1} - m_j| m_{j-1} + |m_{j-1} - m_{j-2}| m_j}{|m_{j+1} - m_j| + |m_{j-1} - m_{j-2}|} \qquad (3.46)$$

さらに，t_{j+1} を求めるには分点 (x_{j+3}, f_{j+3}) を必要とする．

t_j, t_{j+1} が求められると式 (3.43) の区分多項式の係数は式 (3.44) より決定されつぎのようになる．

3.4 アキマの方法

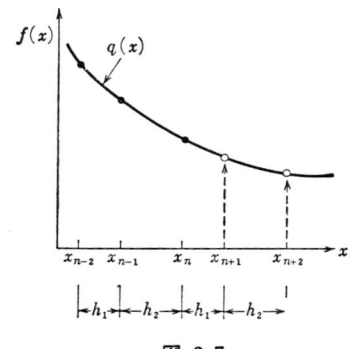

図 3.7

$$h_j = x_{j+1} - x_j \tag{3.36}$$

$$\left.\begin{array}{l} a_{j0} = f_j \\ a_{j1} = t_j \\ a_{j2} = (3m_j - 2t_j - t_{j+1})/h_j \\ a_{j3} = (t_j + t_{j+1} - 2m_j)/h_j^2 \end{array}\right\} \tag{3.47}$$

また,式(3.46)で分母が零となる場合には

$$t_j = \frac{1}{2}(m_{j-1} + m_j) \tag{3.48}$$

とする.

前述のように,アキマの方法では区間 $[x_j, x_{j+1}]$ の条件を求めるために区間外の両側の分点を2個ずつ必要とする.したがって,端点では勾配が決められないのでつぎのようにして2個の点を追加する.

まず,端点を x_n とすると追加する2個の点の x 座標 x_{n+1}, x_{n+2} を図3.7で示すように端点の内側の点 x_{n-1}, x_{n-2} で表し

$$x_{n+1} - x_n = x_{n-1} - x_{n-2}, \quad x_{n+2} - x_n = x_n - x_{n-2}$$

とする.つぎに,3点 (x_{n-2}, f_{n-2}), (x_{n-1}, f_{n-1}), (x_n, f_n) を通る2次曲線の x_{n+1}, x_{n+2} における値を f_{n+1}, f_{n+2} とする.すなわち,2次曲線は

$$q(x) = \sum_{k=n-2}^{n} A_k(x) f(x_k) \tag{3.49}$$

$$A_k(x) = \prod_{\substack{i=n-2 \\ i \neq k}}^{n} \frac{x - x_i}{x_k - x_i} \tag{3.50}$$

であるから，f_{n+1}, f_{n+2} は
$$f_{n+1} = q(x_{n+1}), \quad f_{n+2} = q(x_{n+2})$$
となる．このようにして，追加する分点 (x_{n+1}, f_{n+1})，(x_{n+2}, f_{n+2}) が求められる．これよりすべての小区間における区分多項式を求め，これを接続して近似多項式とする．

例7 例6の表のデータを用いて各区間のアキマの多項式を求めよ．

$x=0$ の左側の二つの点を求めるため，式 (3.49) を用いて，$x=-2$, $x=-1$ における関数値を求めると $f(-2)=-7$, $f(-1)=-3$ となる．同様に $x=3$ より右側の点は，$f(4)=41$, $f(5)=78$ のように求まる．各点の勾配 t_j を求めるため，式 (3.45) より m_j を求めるとつぎの表のようになる．

m_{-2}	m_{-1}	m_0	m_1	m_2	m_3	m_4
4	3	2	1	13	25	37

これより $t_0=2.5$, $t_1\cong 1.9231$, $t_2\cong 1.9231$, $t_3=19.0$ となるので，式 (3.47) を用いて，各係数を求めることができる．各小区間のアキマの多項式はつぎのように求まる．

$$p_0(x) = 0.000 + 2.500(x-0) - 0.923(x-0)^2 + 0.423(x-0)^3$$
$$p_1(x) = 2.000 + 1.923(x-1) - 2.769(x-1)^2 + 1.846(x-1)^3$$
$$p_2(x) = 3.000 + 1.923(x-2) + 16.154(x-2)^2 - 5.077(x-2)^3$$

3.5 逐次補間法

逐次補間法は低次の多項式からつぎつぎと高次の補間多項式をつくってゆく方法で，代表的なものにエイトケン法とネビーユ法がある．これらの方法は計算機による逐次近似計算法として非常に有効な方法である．

3.5.1 エイトケン (Aitken) の方法

三つの分点 x_0, x_1, x_2 とその関数値が与えられたとき，ラグランジュの補間多項式より2点，(x_0, f_0)，(x_1, f_1) を通る多項式 $P_{1,1}(x)$ および (x_0, f_0)，(x_2, f_2) を

通る多項式 $P_{2,1}(x)$ は

$$P_{1,1}(x) = \frac{x-x_1}{x_0-x_1}f_0 + \frac{x-x_0}{x_1-x_0}f_1 \qquad (3.51)$$

$$P_{2,1}(x) = \frac{x-x_2}{x_0-x_2}f_0 + \frac{x-x_0}{x_2-x_0}f_2 \qquad (3.52)$$

となる．これより，3点を通る多項式はラグランジュの補間式 (3.1) を思いおこすと，$P_{1,1}(x)$ に $(x-x_2)/(x_1-x_2)$，$P_{2,1}(x)$ に $(x-x_1)/(x_2-x_1)$ をかければよいことに気づくであろう．したがって，3点を通る多項式を $P_{2,2}(x)$ とすると

$$P_{2,2}(x) = \frac{x-x_2}{x_1-x_2}P_{1,1}(x) + \frac{x-x_1}{x_2-x_1}P_{2,1}(x) \qquad (3.53)$$

すなわち

$$P_{2,2}(x) = \frac{(x-x_1)(x-x_2)}{(x_0-x_1)(x_0-x_2)}f_0 + \frac{(x-x_0)(x-x_2)}{(x_1-x_0)(x_1-x_2)}f_1 + \frac{(x-x_0)(x-x_1)}{(x_2-x_0)(x_2-x_1)}f_2 \qquad (3.54)$$

これは，式 (3.1) で $n=2$ としたことにほかならない．このことは1点を共有する二つの1次式で2次多項式がつくれることを意味している(図3.8参照)．一般に，二つの n 次多項式* から $n+1$ 次の多項式がつくられる．この論理はつぎのような逐次計算式で表すことができる．

$d = 0, 1, 2, \cdots, n$ に対してつぎの多項式 $P_{k,d}(x)$ をつくる．

$$P_{k,0}(x) = f_k \qquad (k=0, 1, 2, \cdots, n) \qquad (3.55)$$

$$P_{k,d+1}(x) = \frac{(x_k-x)P_{d,d}(x) - (x_d-x)P_{k,d}(x)}{x_k-x_d} \qquad (3.56)$$

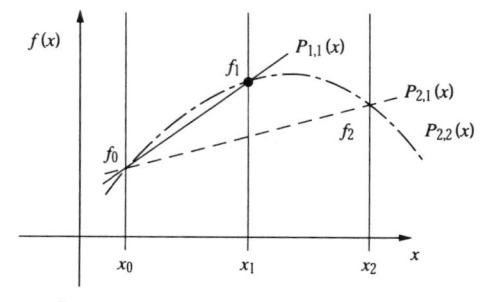

図 3.8　二つの直線より2次曲線を作る

---

* 二つの n 次多項式は $n-1$ 個の点を共有している．

	d	0	1	2	⋯	k	⋯	n	x_k-x
k									
x_0		$P_{0,0}$							x_0-x
x_1		$P_{1,0}$	$P_{1,1}$						x_1-x
x_2		$P_{2,0}$	$P_{2,1}$	$P_{2,2}$					x_2-x
⋮									⋮
x_k		$P_{k,0}$→	$P_{k,1}$→	$P_{k,2}$	⋯	$P_{k,k}$			x_k-x
⋮									⋮
x_n		$P_{n,0}$	$P_{n,1}$	$P_{n,2}$	⋯	$P_{n,k}$	⋯	$P_{n,n}$	x_n-x

図 3.9 エイトケンの方法

ここで，式 (3.56) の k は $d+1, d+2, \cdots, n$ をとる．

多項式の並べ方は $P_{k,d}(x)$ を $P_{k,d}$ として図 3.9 に示す．このとき $x_0, x_1, x_2, \cdots, x_n$ の順序はどのようにとってもよい．

例 8 表 3.1 は 2.05 から 2.20 までの平方根の表である．この表を用いてエイトケンの方法により $\sqrt{2.17}$ を求めよ．

表 3.1 平　方　根　表　　　　$P_{k,0}=f(x_k)$

k	x_k	$P_{k,0}$	$P_{k,1}$	$P_{k,2}$	$P_{k,3}$	x_k-x
0	2.05	1.43178				-0.12
1	2.10	1.44914	1.47344			-0.07
2	2.15	1.46629	1.47319	1.47309		-0.02
3	2.20	1.48324	1.47295	1.47310	1.47309	0.03

解答は表 3.1 に示してあるとおりであるが，$P_{k,2}$ のところですでに真値に近い値が得られている．

3.5.2　ネビーユ (Neville) の方法

これは多項式の選び方がエイトケンの方法と多少異なるだけで考え方は同じである．図 3.10 にこの多項式の並べ方を示す．

逐次計算式はつぎのとおりである．

$d=0, 1, 2, \cdots, n$ に対して，多項式 $P_{k,d}$ はつぎのようにつくる．

$$P_{k,0}(x)=f_k \quad (k=0, 1, 2, \cdots, n) \tag{3.57}$$

$$P_{k,d+1}(x) = \frac{(x_k - x)P_{k-1,d}(x) - (x_{k-d-1} - x)P_{k,d}(x)}{x_k - x_{k-d-1}} \tag{3.58}$$

ここに，式 (3.58) の k は $d+1, d+2, \cdots, n$ をとる．

表 3.2 には $f(x) = 2x^3 + x^2 - 3x + 1$ の数値表と $f(3)$ をネビーユの方法で求める例を示してある．

k \ d	0	1	2	$\cdots$	$k-1$	k	$\cdots$	n	$x_k - x$
x_0	$P_{0,0}$								$x_0 - x$
x_1	$P_{1,0}$	$P_{1,1}$							$x_1 - x$
x_2	$P_{2,0}$	$P_{2,1}$	$P_{2,2}$						$x_2 - x$
$\vdots$									$\vdots$
x_{k-1}	$P_{k-1,0}$	$P_{k-1,1}$	$P_{k-1,2}$	$\cdots$	$P_{k-1,k-1}$				$x_{k-1} - x$
x_k	$P_{k,0}$	$P_{k,1}$	$P_{k,2}$	$\cdots$	$P_{k,k-1}$	$P_{k,k}$			$x_k - x$
$\vdots$									$\vdots$
x_n	$P_{n,0}$	$P_{n,1}$	$P_{n,2}$	$\cdots$	$P_{n,k-1}$	$P_{n,k}$	$\cdots$	$P_{n,n}$	$x_n - x$

図 3.10　ネビーユの方法

表 3.2　　　　　$P_{k,0} = f(x_k)$

k	x_k	$P_{k,0}$	$P_{k,1}$	$P_{k,2}$	$P_{k,3}$	$x_k - x$
0	-2	-5				-5
1	0	1	10			-3
2	1	1	1	-5		-2
3	2	15	29	43	55	-1

演 習 問 題

3.1　ラグランジュの補間公式を用いて与えられた数表より関数値を求めよ．
　(1) 表 3.1 より $\sqrt{2.11}$ を求めよ．ただし，表 3.1 は $f(x_k) = P_{k,0}$ である．
　(2) 表 3.2 より $f(0.5)$ を求めよ．

3.2　4個の分点を用いるラグランジュの補間公式の誤差評価式を求めよ．

3.3　問 3.1 の (1) の誤差限界を求めよ．

3.4　表 3.1 を用いて $x_k = 2.05, 2.10, 2.15$ によるエルミートの補間多項式を求めよ．また，これより $\sqrt{2.17}$ を求めよ．

3.5 エルミート補間の誤差式 (3.23) を求めよ.

3.6 表3.3で与えられた数値をもとにつぎの区分多項式を求めよ. ただし, 端点条件は $u_0 = u_n = 0$ とする.

(1) 3次のスプライン関数

(2) アキマの多項式

表 3.3

x	$f(x)$
0.3	1.266
0.4	1.159
0.5	1.047
0.6	0.927
0.7	0.795
0.8	0.644

3.7 本文にある3次のスプライン関数の導出方法をもとに, つぎのスプライン関数を導出せよ.

(1) 1次微分値が連続な2次のスプライン関数

(2) 3次微分値が連続な4次のスプライン関数

3.8 エイトケンの方法を用いてつぎの値を求めよ.

(1) 表3.1より $\sqrt{2.12}$ を求めよ.

(2) 表3.3より $f(0.53)$ を求めよ.

3.9 ネビューの方法を用いてつぎの値を求めよ.

(1) 表3.1より $\sqrt{2.12}$ を求めよ.

(2) 表3.3より $f(0.53)$ を求めよ.

第4章 関数近似

　関数近似はある一つの関数を別の関数で置き換えることあるいは離散的な数値から近似式を作ることなどに用いられる.

　関数の値, 例えば $\sin x$, $\cos x$ などの計算には数表を計算機の記憶装置に記憶させておけばよいが, 数種類の関数があるとぼう大な記憶容量を必要とし, これは事実上不可能である. 従って, 現在の計算機では, 必要な関数の値はその定義式より求めるかあるいは関数近似により計算の容易な近似式に変換してその値を求めている. また, いくつかの実験データにより新たな実験式を作ることなどにも利用される.

　ここでは, 関数近似の方法として与えられた関数と近似関数の差の2乗和を最小にする最小2乗近似について述べる.

4.1 最小2乗近似

　最小2乗法は, ある与えられたデータとこの近似値の差の2乗の総和を最小にする方法である. これは, 誤差を含むデータをごく自然で滑らかなデータに変換するとか, 任意の関数を別の直交関数で近似することなどに用いられる.

　いま, 区間 $[a, b]$ で連続な関数 $f(x)$ が同じ区間で定義された直交関数系 $\{\phi_r(x)\}$ でつぎのように近似されるとする.

$$f(x) \cong \sum_{r=0}^{n} a_r \phi_r(x) \qquad (4.1)$$

このとき，関数 $\phi_r(x)$ は重み関数を $w(x)$ としてつぎのような直交関係をもつものとする．

$$\int_a^b w(x)\phi_r(x)\phi_s(x)dx = \alpha(r)\delta_{rs} \qquad (4.2)$$

ここに，δ_{rs} はすでに式（3.4）で述べた**クロネッカーのデルタ**で

$$\delta_{rs} = \begin{cases} 0 & (r \neq s) \\ 1 & (r = s) \end{cases} \qquad (4.3)$$

と定義される．また，$\alpha(r)$ は規格化係数で直交関数によって異なり r の関数である．

図 4.1 で示されるような区間 $[a, b]$ における関数と近似式の2乗誤差は式(4.1)より次式で表せる．

$$R = \int_a^b w(x)\left[f(x) - \sum_{s=0}^n a_s\phi_s(x)\right]^2 dx \qquad (4.4)$$

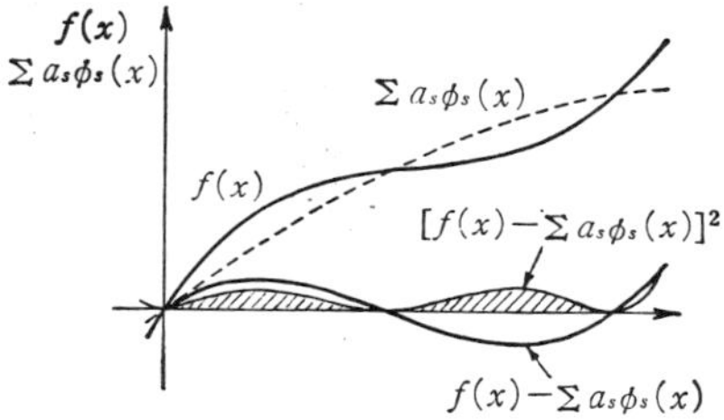

ここで，上式を最小とする a_r を求める

図 4.1 最小2乗近似

には $s = 0, 1, 2, \cdots, r, \cdots, n$ に対して $\dfrac{\partial R}{\partial a_r} = 0$ とすればよい．これより，式(4.4)を a_r で偏微分して

$$\frac{\partial R}{\partial a_r} = -2\int_a^b w(x)\left[f(x) - \sum_{s=0}^n a_s\phi_s(x)\right]\phi_r(x)dx = 0$$

上式を変形して

$$\int_a^b w(x)f(x)\phi_r(x)dx = \int_a^b w(x)\left[\sum_{s=0}^n a_s\phi_s(x)\right]\phi_r(x)dx \qquad (4.5)$$

上式の右辺で和と積分の順序を入れ換える．つぎに式（4.2）から $s = r$ 以外は零となるので

$$a_r = \frac{1}{\alpha(r)}\int_a^b w(x)f(x)\phi_r(x)dx \qquad (4.6)$$

$f(x)$ の近似式は上の係数と式（4.1）より求められる．

4.2 直交多項式による最小2乗近似

重み関数が1のときにはルジャンドル（**Legendre**）の多項式が用いられる．

ルジャンドルの多項式 $P_r(x)$ は

$$P_r(x) = \frac{1}{2^r r!} \frac{d^r}{dx^r}(x^2-1)^r \qquad (4.7)^*$$

で示され，つぎの微分方程式を満足する．

$$(1-x^2)P_r''(x) - 2xP_r'(x) + r(r+1)P_r(x) = 0 \qquad (4.8)$$

また，$P_r(x)$ は直交関係

$$\int_{-1}^{+1} P_r(x) P_s(x) dx = \frac{2}{2r+1} \delta_{rs} \qquad (4.9)$$

を満足する．ルジャンドルの多項式の最初のいくつかは式（4.7）より

$$P_0(x) = \frac{1}{2^0 \cdot 1!}(x^2-1)^0 = 1, \quad P_1(x) = \frac{1}{2 \cdot 1!} \frac{d}{dx}(x^2-1) = \frac{1}{2}(2x) = x$$

となる．同じようにして，$P_2(x)$ 以降も求められるが，つぎの漸化式により求めることもできる．

$$P_{r+1}(x) = \frac{1}{r+1}[(2r+1)xP_r(x) - rP_{r-1}(x)] \qquad (4.10)$$

例えば，$P_2(x)$ は式（4.10）で $r=1$ として

$$P_2(x) = \frac{1}{2}[3xP_1(x) - P_0(x)] = \frac{1}{2}(3x^2-1)$$

このようにして $P_r(x)$ は求められる．ここでは，$P_5(x)$ までを表4.1に示す．

表 4.1 ルジャンドルの多項式

r	$P_r(x)$	r	$P_r(x)$
0	1	3	$\frac{1}{2}(5x^3-3x)$
1	x	4	$\frac{1}{8}(35x^4-30x^2+3)$
2	$\frac{1}{2}(3x^2-1)$	5	$\frac{1}{8}(63x^5-70x^3+15x)$

さて，ルジャンドルの多項式を用いた最小2乗近似は式（4.5）で

$$\phi_r(x) \to P_r(x), \quad w(x) = 1$$

---

* ロドリゲス（Rodrigues）の公式．

とし，積分区間を $[-1, +1]$ とすれば*

$$\int_{-1}^{+1} f(x) P_r(x) dx = \int_{-1}^{+1} \left[\sum_{s=0}^{n} a_s P_s(x) \right] P_r(x) dx$$

右辺に直交関係式 (4.9) を用いれば

$$a_r = \frac{2r+1}{2} \int_{-1}^{+1} f(x) P_r(x) dx \tag{4.11}$$

関数 $f(x)$ の近似式はこれを用いて次式から求められる．

$$f(x) \cong \sum_{r=0}^{n} a_r P_r(x) \tag{4.12}$$

例 1 ルジャンドルの多項式を用いて区間 $[-1, 1]$ で x^4 を展開せよ．

式 (4.11) より係数 a_r を求める．まず，$f(x) = x^4$ として表 4.1 を用いて

$$r=0, \quad a_0 = \frac{1}{2} \int_{-1}^{1} x^4 P_0(x) dx = \frac{1}{2} \int_{-1}^{1} x^4 dx = \frac{1}{2} \left[\frac{x^5}{5} \right]_{-1}^{1} = \frac{1}{5}$$

$$r=1, \quad a_1 = \frac{3}{2} \int_{-1}^{1} x^4 P_1(x) dx = \frac{3}{2} \int_{-1}^{1} x^5 dx = 0$$

x^4 のルジャンドルの多項式による展開は，r が奇数の場合は a_1 を求めたときと同じように零となる．したがって，以下では偶数次について求める．

$$r=2, \quad a_2 = \frac{5}{2} \int_{-1}^{1} x^4 P_2(x) dx = \frac{5}{2} \int_{-1}^{1} \frac{1}{2} \{3x^2 - 1\} x^4 dx = \frac{4}{7}$$

$$r=4, \quad a_4 = \frac{9}{2} \int_{-1}^{1} x^4 P_4(x) dx = \frac{9}{2} \int_{-1}^{1} \frac{1}{8} \{35x^4 - 30x^2 + 3\} x^4 dx = \frac{8}{35}$$

さらに，$f(x) = x^4$ の場合は r が 5 以上になると式 (4.11) の a_r は式 (4.9) よりすべて零となる（演習問題 4.1 を参照）．したがって，x^4 の展開式は式 (4.12) より

$$x^4 = \frac{1}{5} P_0(x) + \frac{4}{7} P_2(x) + \frac{8}{35} P_4(x)$$

つぎに，式 (4.2) において区間 $[0, \infty)$，重み関数 e^{-x} のときは**ラゲール (Laguerre) の多項式**が適当である．ラゲールの多項式 $L_r(x)$ は

$$L_r(x) = e^x \frac{d^r}{dx^r} (x^r e^{-x}) \tag{4.13}$$

---

* 区間 $[a, b]$ の場合は $x = \frac{1}{b-a} [2y - (b+a)]$ の変数変換を行うとよい．

で定義され，つぎの微分方程式を満足する．

$$xL_r''(x)+(1-x)L_r'(x)+rL_r(x)=0 \tag{4.14}$$

また，直交関係は

$$\int_0^\infty L_r(x)L_s(x)e^{-x}dx=(r!)^2\delta_{rs} \tag{4.15}$$

と表され，漸化式は

$$L_{r+1}(x)=(2r+1-x)L_r(x)-r^2L_{r-1}(x) \tag{4.16}$$

で示される．表 4.2 に $r=5$ までのラゲールの多項式を示す．

表 4.2 ラゲールの多項式

r	$L_r(x)$	r	$L_r(x)$
0	1	3	$-x^3+9x^2-18x+6$
1	$-x+1$	4	$x^4-16x^3+72x^2-96x+24$
2	x^2-4x+2	5	$-x^5+25x^4-200x^3+600x^2-600x+120$

式 (4.1) の係数 a_r は式 (4.6), (4.15) より

$$a_r=\frac{1}{(r!)^2}\int_0^\infty e^{-x}f(x)L_r(x)dx \tag{4.17}$$

となる．また，**ラゲールの多項式による最小2乗近似**にはつぎの**ガンマ関数**

$$\Gamma(t)=\int_0^\infty e^{-x}x^{t-1}dx \tag{4.18}$$

を知っておくと都合がよい．これは部分積分により

$$\Gamma(t)=(t-1)\int_0^\infty e^{-x}x^{t-2}dx=(t-1)\Gamma(t-1)$$

となるので，t が整数の場合には*

$$\Gamma(t)=(t-1)\Gamma(t-1)=(t-1)(t-2)\cdots 2\cdot 1=(t-1)! \tag{4.19}$$

となる．

例 2 ラゲールの多項式を用いて区間 $[0,\infty)$ で $(1-x/2)^2$ を展開せよ．

まず，式 (4.17) と表 4.2 より係数 a_r を求める．

---

* $\int_0^\infty e^{-x}x^t dx=t!$ とするとわかりやすい．

$$r=0, \quad a_0 = \int_0^\infty e^{-x}\left(1-\frac{x}{2}\right)^2 L_0(x)dx = \int_0^\infty e^{-x}\left(1-x+\frac{x^2}{4}\right)dx$$
$$= \int_0^\infty e^{-x}dx - \int_0^\infty e^{-x}x\,dx + \frac{1}{4}\int_0^\infty e^{-x}x^2 dx$$

式 (4.18), (4.19) より

$$a_0 = 1 - 1 + \frac{1}{4}\cdot 2! = \frac{1}{2}$$

同じようにして，表 4.2 の $L_1(x)$, $L_2(x)$ を用いて

$$a_1 = \int_0^\infty e^{-x}\left(1-\frac{x}{2}\right)^2 L_1(x)dx = \int_0^\infty e^{-x}\left(1-2x+\frac{5}{4}x^2-\frac{1}{4}x^3\right)dx = 0$$

$$a_2 = \frac{1}{(2!)^2}\int_0^\infty e^{-x}\left(1-\frac{x}{2}\right)^2 L_2(x)dx$$
$$= \frac{1}{4}\int_0^\infty e^{-x}\left(2-6x+\frac{11}{2}x^2-2x^3+\frac{1}{4}x^4\right)dx = \frac{1}{4}$$

となる．a_3 以降はすべて零となる．例えば

$$a_3 = \frac{1}{(3!)^2}(6-24+57-87+78-30) = 0$$

さらに，式 (4.2) で区間が $(-\infty, \infty)$，重み関数が e^{-x^2} のときは**エルミート (Hermite) の多項式**を用いる．エルミートの多項式 $H_r(x)$ は

$$H_r(x) = (-1)^r e^{x^2}\frac{d^r}{dx^r}(e^{-x^2}) \tag{4.20}$$

で定義され，つぎの微分方程式を満足する．

$$H_r''(x) - 2xH_r'(x) + 2rH_r(x) = 0 \tag{4.21}$$

また，直交関係は

$$\int_{-\infty}^\infty H_r(x)H_s(x)e^{-x^2}dx = 2^r r!\sqrt{\pi}\,\delta_{rs} \tag{4.22}$$

であり，漸化式は

$$H_{r+1}(x) = 2xH_r(x) - 2rH_{r-1}(x) \tag{4.23}$$

で示される．表 4.3 に $r=5$ までのエルミートの多項式を示す．

係数 a_r は式 (4.6), (4.22) より

表 4.3 エルミートの多項式

r	$H_r(x)$	r	$H_r(x)$
0	1	3	$8x^3-12x$
1	$2x$	4	$16x^4-48x^2+12$
2	$4x^2-2$	5	$32x^5-160x^3+120x$

$$a_r = \frac{1}{2^r r! \sqrt{\pi}} \int_{-\infty}^{\infty} e^{-x^2} f(x) H_r(x) dx$$

となる.

最後に,区間 $[-1, +1]$ で重み関数が $1/\sqrt{1-x^2}$ のときは**チェビシェフ (Chebyshev) の多項式** $T_r(x)$ を用いる.これは

$$T_r(x) = \cos(r \cos^{-1} x) \tag{4.24}$$

で定義され,つぎの微分方程式

$$(1-x^2)T_r''(x) - xT_r'(x) + r^2 T_r(x) = 0 \tag{4.25}$$

を満足する.直交関係は

$$\left. \begin{array}{l} \int_{-1}^{+1} T_r(x) T_s(x) \dfrac{1}{\sqrt{1-x^2}} dx = \dfrac{\pi}{2} \delta_{rs} \quad (r \neq 0, s \neq 0) \\ \qquad\qquad\qquad\qquad\quad = \pi \quad (r = s = 0) \end{array} \right\} \tag{4.26}$$

であり,漸化式は

$$T_{r+1}(x) = 2x T_r(x) - T_{r-1}(x) \tag{4.27}$$

で示される.表 4.4 にチェビシェフの多項式を $r=5$ まで示す.

係数 a_r は式 (4.6), (4.26) より

$$a_0 = \frac{1}{\pi} \int_{-1}^{+1} \frac{f(x)}{\sqrt{1-x^2}} dx \tag{4.28}$$

$$a_r = \frac{2}{\pi} \int_{-1}^{+1} \frac{f(x)}{\sqrt{1-x^2}} T_r(x) dx \qquad (r \neq 0) \tag{4.29}$$

表 4.4 チェビシェフの多項式

r	$T_r(x)$	r	$T_r(x)$
0	1	3	$4x^3-3x$
1	x	4	$8x^4-8x^2+1$
2	$2x^2-1$	5	$16x^5-20x^3+5x$

となる.

4.3 離散的データの最小2乗近似

ここでは,図4.2で示すような測定データなど離散的な値しか与えられていない関数 $f(x)$ を最小2乗近似する方法について述べる.

いま,図4.3で示すように区間 $[a, b]$ を N 等分し, i を離散的な値をとるように

$$x = a + ih \qquad (i = 0, 1, 2, \cdots, N) \qquad (4.30)$$

とする.

ここで,離散的な関数が直交多項式 $\phi_r(i, N)$ で

$$f(a+ih) \cong \sum_{r=0}^{n} a_r \phi_r(i, N) \qquad (4.31)$$

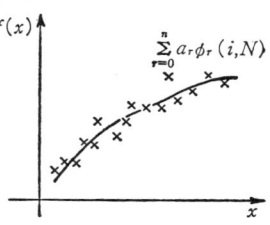

図 4.2 離散的データの最小2乗近似

と近似されるとする.上式の係数 a_r は式 (4.6) の類推から積分を総和 $\sum$ に代えて

$$a_r = \frac{1}{\alpha(r, N)} \sum_{i=0}^{N} w(i) f(a+ih) \phi_r(i, N) \qquad (4.32)$$

と表すことができる.ここに, $\alpha(r, N)$ は離散的な直交関係式の係数であるから,式 (4.2) の $\alpha(r)$ と同じように

$$\sum_{i=0}^{N} w(i) \phi_r(i, N) \phi_s(i, N) = \alpha(r, N) \delta_{rs} \qquad (4.33)$$

とできる.なお,式 (4.32), (4.33) の導出は付録に示す*.

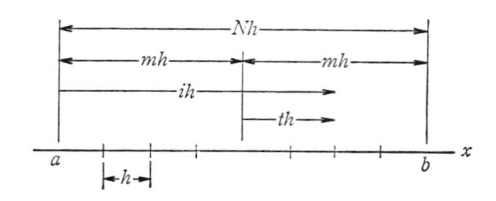

図 4.3

---

* 付録 B.3 参照.

ところで，$w(i)=1$ のときは，図 4.3 で示すように
$$N=2m, \quad i=m+t \tag{4.34}$$
として，式 (4.32) の直交多項式 $\phi_r(i, N)$ の代りにつぎのグラムの多項式

$$p_r(t, 2m)=(-1)^r \sum_{k=0}^{r}(-1)^k \frac{(r+k)^{(2k)}}{(k!)^2}\cdot\frac{(m+t)^{(k)}}{(2m)^{(k)}} \tag{4.35}$$

を用いる（付録 B.3）．$r=0, 1, \cdots, 5, 6$ について示すと

$$\left.\begin{aligned}
p_0(t, 2m) &= 1 \\
p_1(t, 2m) &= \frac{t}{m} \\
p_2(t, 2m) &= 2\frac{3t^2 - m(m+1)}{2m(2m-1)} \\
p_3(t, 2m) &= 4\frac{5t^3 - (3m^2+3m-1)t}{2m(2m-1)(2m-2)} \\
p_4(t, 2m) &= 2\frac{35t^4 - 5(6m^2+6m-5)t^2 + 3(m-1)m(m+1)(m+2)}{2m(2m-1)(2m-2)(2m-3)} \\
p_5(t, 2m) &= 4\frac{63t^5 - 35(2m^2+2m-3)t^3 + (15m^4+30m^3-35m^2-50m+12)t}{2m(2m-1)(2m-2)(2m-3)(2m-4)} \\
p_6(t, 2m) &= 4\frac{\begin{array}{c}231t^6 - 105(3m^2+3m-7)t^4 + 21(5m^4+10m^3-20m^2-25m\\+14)t^2 - 5(m-2)(m-1)m(m+1)(m+2)(m+3)\end{array}}{2m(2m-1)(2m-2)(2m-3)(2m-4)(2m-5)}
\end{aligned}\right\} \tag{4.36}$$

これらの多項式の直交関係は式 (4.33) と同じように

$$\sum_{t=-m}^{m} p_r(t, 2m)p_s(t, 2m) = \alpha(r)\delta_{rs} \tag{4.37}$$

と表される．$f(t)$ を近似する n 次の最小 2 乗関数は

$$f(t) \cong \sum_{r=0}^{n} a_r p_r(t, 2m) \tag{4.38}$$

と与えられる．ここに，a_r は式 (4.32) より

$$a_r = \frac{1}{\alpha(r)} \sum_{t=-m}^{m} f(t)p_r(t, 2m) \tag{4.39}$$

で表される．近似式の誤差の 2 乗和は式 (4.38) より

$$E_n = \sum_{t=-m}^{m}\left[f(t) - \sum_{r=0}^{n} a_r p_r(t, 2m)\right]^2$$

$$= \sum_{t=-m}^{m} f(t)^2 - 2\sum_{r=0}^{n} a_r \sum_{t=-m}^{m} f(t)p_r(t,2m) + \sum_{t=-m}^{m}\left\{\sum_{r=0}^{n} a_r p_r(t,2m)\right\}^2 \tag{4.40}$$

上式の第2項に式 (4.37), (4.39), 第3項に (4.37) を用いると，上式は簡単につぎのように表される．

$$E_n = \sum_{t=-m}^{m} f(t)^2 - \sum_{r=0}^{n} \alpha(r) a_r^2 \tag{4.41}*$$

4.3.1 分点5の最小2乗近似

いくつかのデータ点より実験式を作る場合，2章で述べた補間式は $n+1$ 個の分点で n 次式を作ることになるが，最小2乗近似は n 次以下の任意次数の実験式を2乗誤差が最小となるように作ることができる．この場合 n 次式は，もちろん補間式と一致する．実験データの場合は，そのばらつきなども考慮すると近似式の次数が高いほど実験式として最適であるとはいえないので最小2乗近似が有用となる．

ここでは，5個の分点を与えた場合の最小2乗近似について述べる．

分点が5であるから，式 (4.34) で $m=2$ とすると式 (4.36) より

表 4.5

t	p_0	p_1	p_2	p_3	f
-2	1	-1	1	-1	f_{-2}
-1	1	-0.5	-0.5	2	f_{-1}
0	1	0	-1	0	f_0
1	1	0.5	-0.5	-2	f_1
2	1	1	1	1	f_2
α_r	5	2.5	3.5	10	

表 4.6

t	-2	-1	0	1	2
データ：f	3.02	0.98	1.22	2.16	2.61

表 4.7

t	fp_0	fp_1	fp_2	fp_3
-2	3.02	-3.02	3.02	-3.02
-1	0.98	-0.49	-0.49	1.96
0	1.22	0.00	-1.22	0.00
1	2.16	1.08	-1.08	-4.32
2	2.61	2.61	2.61	2.61
$\sum fp_r$	9.99	0.18	2.84	-2.77
a_r	2.00	0.072	0.81	-0.28

a_r は式 (4.39) より表 4.5 の α_r を用いて求める．

* 問題 4.6 参照．

$$\left.\begin{array}{l} p_0(t)=1 \\ p_1(t)=\dfrac{t}{2} \\ p_2(t)=\dfrac{1}{2}(t^2-2) \\ p_3(t)=\dfrac{1}{6}(5t^3-17t) \end{array}\right\} \qquad (4.42)$$

となる．p_r の各値は式（4.42）より表 4.5 のようになる．

例 3 表 4.6 で与えたデータより近似式を作れ．

近似式の係数で必要な値を計算すると表 4.7 のようになる．
これより 3 次近似式は

$$f_{\text{III}}(t)=2.00\,p_0(t)+0.072\,p_1(t)+0.81\,p_2(t)-0.28\,p_3(t)$$

2 次近似式は

$$f_{\text{II}}(t)=2.00\,p_0(t)+0.072\,p_1(t)+0.81\,p_2(t)$$

1 次近似式は

$$f_{\text{I}}(t)=2.00\,p_0(t)+0.072\,p_1(t)$$

となる．上式を変数 t で表すには式（4.42）を用いる．例えば $f_{\text{II}}(t)$ は次式で表せる．

$$f_{\text{II}}(t)=0.405t^2+0.036t+1.19$$

これより計算した関数値と誤差の 2 乗和を表 4.8 に示す．また，図 4.4 にこれらの近似式の曲線とデータ（×印）を示す．

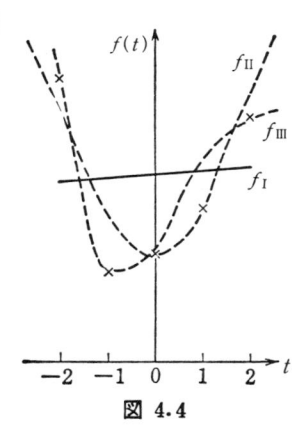

図 4.4

表 4.8

t	f	1 次		2 次		3 次	
		f_{I}	$(f-f_{\text{I}})^2$	f_{II}	$(f-f_{\text{II}})^2$	f_{III}	$(f-f_{\text{III}})^2$
-2	3.02	1.93	1.188	2.74	0.0784	3.02	0.0000
-1	0.98	1.96	0.960	1.56	0.3364	1.00	0.0004
0	1.22	2.00	0.608	1.19	0.0009	1.19	0.0009
1	2.16	2.04	0.014	1.63	0.2809	2.19	0.0009
2	2.61	2.07	0.292	2.88	0.0729	2.60	0.0001
E_n			3.062		0.7695		0.0023

4.3.2 分点7の最小2乗近似

分点7の最小2乗近似は，多項式 $p_r(t)$ で $m=3$ として式 (4.36) より

$$p_0(t)=1, \quad p_1(t)=\frac{t}{3}, \quad p_2(t)=\frac{1}{5}(t^2-4), \quad p_3(t)=\frac{1}{6}(t^3-7t),$$

$$p_4(t)=\frac{1}{36}(7t^4-67t^2+72), \quad p_5(t)=\frac{1}{60}(21t^5-245t^3+524t),$$

$$p_6(t)=\frac{1}{60}(77t^6-1015t^4+3038t^2-1200)$$

となる．p_r の値を表 4.9 に示す．

表 4.9

t	p_0	p_1	p_2	p_3	p_4	p_5	p_6	f
-3	1	-1	1	-1	1	-1	1	f_{-3}
-2	1	$-\frac{2}{3}$	0	1	$-\frac{7}{3}$	4	-6	f_{-2}
-1	1	$-\frac{1}{3}$	$-\frac{3}{5}$	1	$\frac{1}{3}$	-5	15	f_{-1}
0	1	0	$-\frac{4}{5}$	0	2	0	-20	f_0
1	1	$\frac{1}{3}$	$-\frac{3}{5}$	-1	$\frac{1}{3}$	5	15	f_1
2	1	$\frac{2}{3}$	0	-1	$-\frac{7}{3}$	-4	-6	f_2
3	1	1	1	1	1	1	1	f_3
α_r	7	3.11	3.36	6	17.11	84.0	924	

例 4 表 4.10 で与えたデータより最小2乗近似式を作れ．

近似式に必要な値および求めた2乗誤差を表 4.11 および表 4.12 に示す．
6次近似式は

$$f_{\text{VI}}(t)=2.66p_0+2.08p_1+1.80p_2+1.26p_3-0.36p_4-0.054p_5+0.025p_6$$

表 4.10

t	-3	-2	-1	0	1	2	3
データ：f	0.84	3.01	2.67	0.00	0.99	3.68	7.41

4.3 離散的データの最小2乗近似

表 4.11

t	fp_0	fp_1	fp_2	fp_3	fp_4	fp_5	fp_6
-3	0.84	-0.84	0.84	-0.84	0.84	-0.84	0.84
-2	3.01	-2.01	0.00	3.01	-7.02	12.04	-18.06
-1	2.67	-0.89	-1.60	2.67	0.89	-13.35	40.05
0	0.00	0.00	0.00	0.00	0.00	0.00	0.00
1	0.99	0.33	-0.59	-0.99	0.33	4.95	14.85
2	3.68	2.45	0.00	-3.68	-8.59	-14.72	-22.08
3	7.41	7.41	7.41	7.41	7.41	7.41	7.41
$\sum fp_r$	18.60	6.46	6.05	7.58	-6.14	-4.51	23.01
a_r	2.66	2.08	1.80	1.26	-0.36	-0.05	0.02

表 4.12 (a)

t	f	1 次		2 次		3 次	
		$f_{\rm I}$	$(f-f_{\rm I})^2$	$f_{\rm II}$	$(f-f_{\rm II})^2$	$f_{\rm III}$	$(f-f_{\rm III})^2$
-3	0.84	0.58	0.07	2.38	2.38	1.12	0.08
-2	3.01	1.27	3.02	1.27	3.02	2.54	0.22
-1	2.67	1.97	0.50	0.88	3.19	2.15	0.27
0	0.00	2.66	7.06	1.22	1.48	1.22	1.48
1	0.99	3.35	5.56	2.27	1.63	1.00	0.00
2	3.68	4.04	0.13	4.04	0.13	2.78	0.81
3	7.41	4.73	7.17	6.53	0.77	7.80	0.15
E_n		23.50		12.59		3.02	

表 4.12 (b)

t	f	4 次		5 次		6 次	
		$f_{\rm IV}$	$(f-f_{\rm IV})^2$	$f_{\rm V}$	$(f-f_{\rm V})^2$	$f_{\rm VI}$	$(f-f_{\rm VI})^2$
-3	0.84	0.76	0.01	0.82	0.00	0.84	0.00
-2	3.01	3.37	0.13	3.16	0.02	3.01	0.00
-1	2.67	2.03	0.41	2.30	0.14	2.67	0.00
0	0.00	0.50	0.25	0.50	0.25	0.00	0.00
1	0.99	0.88	0.01	0.62	0.14	0.99	0.00
2	3.68	3.61	0.00	3.83	0.02	3.68	0.00
3	7.41	7.44	0.00	7.39	0.00	7.41	0.00
E_n		0.82		0.57		0.00	

となる．なお，最小2乗近似に必要な値を求めるフォートラン・プログラムを付録 C.1 に示しておいた．

4.4 未定係数法による離散的データの最小2乗近似

離散的データ (t_k, f_k), $(k=0,1,\cdots,m)$ が与えられたとき，これを l 次の多項式

$$p_l(t) = a_0 + a_1 t + a_2 t^2 + \cdots + a_l t^l = \sum_{j=0}^{l} a_j t^j \quad (m \geq l+1) \tag{4.43}$$

で最小2乗近似するときは，各データ点での2乗誤差の総和

$$E = \sum_{k=0}^{m} [f_k - p_l(t_k)]^2 \tag{4.44}$$

が最小となるような係数 a_r を求めればよい．

上式を a_r で偏微分して零と置くと

$$\frac{\partial E}{\partial a_r} = \frac{\partial}{\partial a_r} \left[\sum_{k=0}^{m} \left\{ f_k - \sum_{j=0}^{l} a_j t_k^j \right\}^2 \right] = -2 \left[\sum_{k=0}^{m} \left\{ f_k - \sum_{j=0}^{l} a_j t_k^j \right\} t_k^r \right]$$
$$= 0 \tag{4.45}$$

これより

$$\sum_{j=0}^{l} a_j \left(\sum_{k=0}^{m} t_k^{r+j} \right) = \sum_{k=0}^{m} f_k t_k^r \tag{4.46}$$

となる．ここで，

$$\sum_{k=0}^{m} t_k^p = T_p, \quad \sum_{k=0}^{m} f_k t_k^p = F_p \tag{4.47}$$

と置き，式 (4.46) に代入すると

$$\sum_{j=0}^{l} a_j T_{r+j} = F_r \tag{4.48}$$

となる．ここで，r に $0, 1, \cdots, l$ を代入すると $a_0, a_1, \cdots, a_l$ を未知数とするつぎのような連立方程式を得る．

$$\begin{bmatrix} T_0 & T_1 & T_2 & \cdots & T_l \\ T_1 & T_2 & T_3 & \cdots & T_{l+1} \\ T_2 & T_3 & T_4 & \cdots & T_{l+2} \\ \cdots & \cdots & \cdots & \cdots & \cdots \\ T_l & T_{l+1} & T_{l+2} & \cdots & T_{2l} \end{bmatrix} \begin{bmatrix} a_0 \\ a_1 \\ a_2 \\ \cdots \\ a_l \end{bmatrix} = \begin{bmatrix} F_0 \\ F_1 \\ F_2 \\ \cdots \\ F_l \end{bmatrix} \tag{4.49}$$

係数 a_r は式（4.49）の連立方程式を解いて求める．

この方法は前節の場合と異なり，l 次以下の多項式で近似するときも係数を再び計算しなければならない．すなわち，最初から l 次の多項式で近似するとき以外は手数がかかることになる．

例 5 表 4.6 を用いて 2 次の最小 2 乗近似式を求めよ．

2 次方程式を $p_2(t)=a_0+a_1t+a_2t^2$ として式（4.44）に代入する．

$$T_0=\sum_{k=-2}^{2} t_k^0=5, \quad T_1=\sum_{k=-2}^{2} t_k=0, \quad T_2=\sum_{k=-2}^{2} t_k^2=10, \quad T_3=\sum_{k=-2}^{2} t_k^3=0$$

$$T_4=\sum_{k=-2}^{2} t_k^4=34, \quad F_0=\sum_{k=-2}^{2} f_k t_k^0=9.99, \quad F_1=\sum_{k=-2}^{2} f_k t_k^1=0.36$$

$$F_2=\sum_{k=-2}^{2} f_k t_k^2=25.66$$

したがって，$a_0 \sim a_2$ を未知数とする連立方程式は

$$\begin{bmatrix} 5 & 0 & 10 \\ 0 & 10 & 0 \\ 10 & 0 & 34 \end{bmatrix} \begin{bmatrix} a_0 \\ a_1 \\ a_2 \end{bmatrix} = \begin{bmatrix} 9.99 \\ 0.36 \\ 25.66 \end{bmatrix}$$

となる．これより $a_0=1.186$, $a_1=0.036$, $a_2=0.406$ となるから

$$y=1.186+0.036t+0.406t^2$$

これは当然，例 3 の $y_{\mathrm{II}}(t)$ を t で展開した結果と一致する．

演 習 問 題

4.1 表 4.1 より $P_6(x)$ を求めよ．得られた $P_6(x)$ を用いてつぎの積分を計算せよ．
（1） $\int_{-1}^{1} P_6(x) x^4 dx$ （2） $\int_{-1}^{1} P_6(x) x^6 dx$

4.2 区間 $[-1,1]$ でつぎの関数をルジャンドルの多項式で展開せよ．
（1） x^{2n} （2） $\sqrt{1-x^2}$

4.3 重み関数が $e^{-\alpha x}$ のときラゲールの多項式を用いた近似多項式を求めよ．

4.4 重み関数が $e^{-\alpha x^2}$ のときエルミートの多項式を用いた近似多項式を求めよ．

4.5 付録 B.3 の式（3）より（4）を導出せよ．

4.6 式（4.41）を求めよ．

4.7 例 3 のデータをもとにして最小 2 乗近似による 4 次近似式を求め，これが補間公式となることを証明せよ．

4.8 表 4.13 に最適な最小 2 乗近似式を求めよ.

表 **4.13**

t	-2	-1	0	1	2
データ：f	-1.81	-0.88	0.72	1.52	2.16

4.9 分点 7 の公式を用いて表 4.14 に対し 5 次までの最小 2 乗近似式を求めよ.

表 **4.14**

t	-3	-2	-1	0	1	2	3
データ（a）	3.44	1.27	-0.45	-1.88	-2.50	-2.12	0.01
データ（b）	-1.21	-0.38	0.60	2.00	2.70	5.25	5.11

第5章 数値微分

前章では，関数 f の分点が与えられた場合の任意の点における補間について述べた．ここでは，関数値が離散的にしか与えられていないとき，すなわち，測定データなどから微分値を求める場合，区分関数による補間や非線形方程式の根を求めるときなどに微分値を必要とする場合，あるいは微分が複雑で難しい場合などに用いられる数値微分について述べる．

数値微分の方法には，差分演算子より微分公式を求める古典的な方法，補間公式を微分する方法などがある．また差分商列を用いて微分値を差分商列の補間により求める新しい方法がある．これは求めかたも簡単でなおかつ精度を逐次あげることができるので，最も有効な方法であると思われる．

5.1 差分表示による数値微分

関数の微分には 2.3 で述べた微分演算子 D が用いられる．

さて，移動演算子 E は式 (2.46) より

$$E = \exp(hD) \tag{5.1}$$

と表され，上式を変形し式 (2.40) を用いると D は

$$D = \frac{1}{h}\log_e E = \frac{1}{h}\log_e (1+\varDelta)$$

これを展開すると*

---

* 展開公式 $\log_e(1+x) = \sum\limits_{r=1}^{\infty}(-1)^{r-1}\dfrac{x^r}{r} = x - \dfrac{x^2}{2} + \dfrac{x^3}{3} - \dfrac{x^4}{4} + \cdots$.

$$D = \frac{1}{h}\left[\varDelta - \frac{\varDelta^2}{2} + \frac{\varDelta^3}{3} - \frac{\varDelta^4}{4} + \cdots + (-1)^{r-1}\frac{\varDelta^r}{r} + \cdots\right] \quad (5.2)$$

$x=x_0$ の点における $f(x)$ の微分係数は

$$f'(x_0) = Df(x)\Big|_{x=x_0} = \frac{1}{h}\left[\varDelta f_0 - \frac{1}{2}\varDelta^2 f_0 + \frac{1}{3}\varDelta^3 f_0 - \frac{1}{4}\varDelta^4 f_0 + \cdots\right] \quad (5.3)$$

となる．近似式として第2項までとると3点公式，第3項までとると4点公式が求まる．

$f'(x_0)$ を求める3点公式

$$f'(x_0) = f_0' \cong \frac{1}{2h}(-3f_0 + 4f_1 - f_2) \quad (5.4)^*$$

$f'(x_0)$ を求める4点公式

$$f'(x_0) = f_0' \cong \frac{1}{6h}(-11f_0 + 18f_1 - 9f_2 + 2f_3) \quad (5.5)^*$$

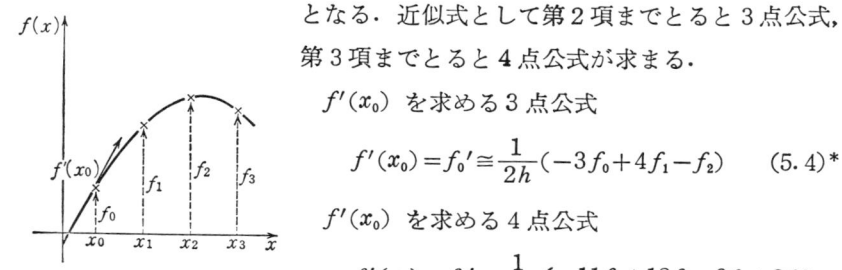

図 5.1 $f'(x_0)$ を求める微分4点公式

高階微分は式 (5.2) より

$$D^n = \frac{\varDelta^n}{h^n}\left(1 - \frac{\varDelta}{2} + \frac{\varDelta^2}{3} - \frac{\varDelta^3}{4} + \cdots\right)^n \quad (5.6)$$

から同様の方法で求めることができる．

例1 表 5.1 で与えられた数値をもとに $x=1$ での微分値を求めよ．

表 5.1

x	1.0	1.5	2.0	2.5
$f(x)$	8.00	13.75	21.00	29.75

$h=0.5$ として微分4点公式を用いると

$$f'(x)\Big|_{x=1} = \frac{1}{6\times 0.5}(-11\times 8.00 + 18\times 13.75 - 9\times 21.00 + 2\times 29.75)$$
$$= 10.00$$

ところで，表 5.1 は $f(x) = 3x^2 + 4x + 1$ の関数表であり，解析的な微分値は

$$f'(x) = 6x + 4, \quad f'(1) = 10$$

---

* 問題 5.1 参照.

で一致することがわかる．実際に，4点公式は3次の多項式まで正確であるが，誤差については後で述べることにする．

5.2 補間公式を用いる微分

前章で述べた補間公式を微分することにより微分値を求めることもできる．代表的な補間公式としてラグランジュの補間多項式について考えてみよう．
ラグランジュの補間公式は式（3.1）で表されるように

$$p(x) = \sum_{k=0}^{n} f(x_k) L_k(x) \tag{5.7}$$

ここに

$$L_k(x) = \frac{\pi_k(x)}{\pi_k(x_k)} \tag{5.8}$$

式（5.7）を x で微分すると $f(x_k)$ は定数であるから

$$p'(x) = \sum_{k=0}^{n} f(x_k) L_k'(x) \tag{5.9}$$

となる．$L_k'(x)$ は式（5.8）を微分することにより求まる．

$$L_k'(x) = \frac{\sum_{\substack{j=0 \\ \neq k}}^{n} \pi_{kj}(x)}{\pi_k(x_k)} \tag{5.10}$$

ここに，$\pi_{kj}(x)$ は式（3.6）で定義した $\pi_k(x)$ の添字 k と同様に指標 k, j についての乗積をとらないものとする．すなわち

$$\pi_{kj}(x) = \prod_{\substack{i=0 \\ \neq k, j}}^{n} (x - x_i) \tag{5.11}$$

この定義はさらに指標が増えても同じように考える．これは微分のとき便利で

$$\frac{d}{dx} \pi_k(x) = \sum_{\substack{j=0 \\ \neq k}}^{n} \pi_{kj}(x)$$

$$\frac{d^2}{dx^2} \pi_k(x) = \sum_{\substack{j=0 \\ \neq k}}^{n} \sum_{\substack{l=0 \\ \neq k, j}}^{n} \pi_{kjl}(x)$$

となる*.また,指標の順序が変わっても乗積の性質からこれは同じ値をとる.
$$\pi_{kj}(x) = \pi_{jk}(x)$$
したがって,点 x_m における微分値は
$$p'(x_m) = \sum_{k=0}^{n} f(x_k) L_k'(x_m) \tag{5.12}$$
を用いて求めることができる.これは前節で述べた微分公式とは異なり与えられた点が不等間隔の場合にも適用できる.

例 2 分点が 3 の微分公式をラグランジュの補間公式より求めよ.

ラグランジュの公式は,$f(x_k) = f_k$ $(k=0,1,2)$ とすると
$$P(x) = f_0 \frac{(x-x_1)(x-x_2)}{(x_0-x_1)(x_0-x_2)} + f_1 \frac{(x-x_0)(x-x_2)}{(x_1-x_0)(x_1-x_2)} + f_2 \frac{(x-x_0)(x-x_1)}{(x_2-x_0)(x_2-x_1)} \tag{5.13}$$
であるから,これを x で微分すると
$$P'(x) = f_0 \frac{x-x_1+x-x_2}{(x_0-x_1)(x_0-x_2)} + f_1 \frac{x-x_0+x-x_2}{(x_1-x_0)(x_1-x_2)} + f_2 \frac{x-x_0+x-x_1}{(x_2-x_0)(x_2-x_1)}$$
したがって,$x = x_1$ における微分値は
$$P'(x_1) = f_0 \frac{x_1-x_2}{(x_0-x_1)(x_0-x_2)} + f_1 \frac{2x_1-x_0-x_2}{(x_1-x_0)(x_1-x_2)} + f_2 \frac{x_1-x_0}{(x_2-x_0)(x_2-x_1)} \tag{5.14}$$
と求められる.

等間隔の場合は $h = x_1-x_0 = x_2-x_1 = (x_2-x_0)/2$ として
$$P'(x_1) = \frac{1}{2h}(f_2 - f_0)$$

2 階微分の場合も同様に式 (5.9) を微分することにより求まる.
$$p''(x_m) = \sum_{k=0}^{n} f(x_k) L_k''(x_m) \tag{5.15}$$

---

* $\pi_k(x)$ も $\pi(x) = \prod_{i=0}^{n}(x-x_i)$ の微分を表す.
$$\frac{d}{dx}\pi(x) = \sum_{k=0}^{n} \pi_k(x)$$

$$L_k''(x) = \frac{\sum_{j=0}^{n} \sum_{l=0}^{n} \pi_{kjl}(x_m)}{\pi_k(x_k)} \quad (5.16)$$
$$\stackrel{\neq k}{} \stackrel{\neq k,j}{}$$

さらに，高階の微分公式も同じように求めることができる．

また，分点が等間隔の場合は前節の前進差分表示の微分公式を求めることができる．例えば，図 5.2 で示したように分点が間隔 h で等間隔に並んでいるとき，任意の点 x_m は

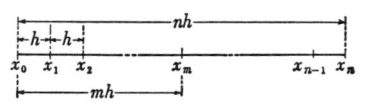

$$x_m = x_0 + mh$$

図 5.2

となるので，式 (5.10) の $\pi_k(x_k)$ は

$$\pi_k(x_k) = h^n \prod_{\substack{i=0 \\ \neq k}}^{n} (k-i) = h^n \pi_k(k) \quad (5.17)$$

ここに，$\pi_k(k)$ は

$$\pi_k(k) = \prod_{\substack{i=0 \\ \neq k}}^{n} (k-i) \quad (5.18)$$

を示し，$\pi_k(x_k)$ と同様の性質をもつ整数の乗積を表す*．

したがって，等間隔の微分公式は式 (5.12), (5.10), (5.17) より

$$p'(x_m) = \frac{1}{h} \sum_{k=0}^{n} f(x_k) \left\{ \sum_{\substack{j=0 \\ \neq k}}^{n} \frac{\pi_{kj}(m)}{\pi_k(k)} \right\}$$

となる．上式において $\sum_{\substack{j=0 \\ \neq k}}^{n} \pi_{kj}(m)$ は $k \neq m$ のとき $j = m$ 以外はすべて 0 となるから $\pi_{km}(m)$ となり ($\pi_{km}(m) \neq 0$)，また，$k = m$ のときは $\sum_{\substack{j=0 \\ \neq m}}^{n} \pi_{mj}(m)$ となる．これから微分公式すなわち $x = x_m$ における微分値は

$$p'(x_m) = \frac{1}{h} \left[\sum_{\substack{k=0 \\ \neq m}}^{n} f(x_k) \frac{\pi_{km}(m)}{\pi_k(k)} + f(x_m) \sum_{\substack{j=0 \\ \neq m}}^{n} \frac{\pi_{mj}(m)}{\pi_m(m)} \right] \quad (5.19)**$$

---

* $\pi_{kj}(m) = \prod_{\substack{i=0 \\ \neq k,j}}^{n} (m-i)$, $\pi_{sr}(r) = \frac{\pi_r(r)}{r-s}$, $\pi_r(r) = (-1)^{n-r} \frac{n!}{{}_nC_r}$ のような性質をもつ．

** 問題 5.5 参照．

と表される.

$m=0$ とすれば前節で述べた前進差分表示のときと同じ形の公式が求まり

$$p'(x_0) = \frac{1}{h}\left[\sum_{k=1}^{n} f(x_k)\frac{(-1)^{k+1}{}_nC_k}{k} - f(x_0)\sum_{j=1}^{n}\frac{1}{j}\right] \quad (5.20)$$

n が偶数のとき,$m=n/2$ とすれば中心差分表示のときの公式が求まる.

$$p'(x_{n/2}) = \frac{1}{h}\left[\sum_{\substack{k=0 \\ \neq n/2}}^{n} f(x_k)(-1)^{(n/2)-k}\frac{{}_nC_k\left\{\left(\frac{n}{2}\right)!\right\}^2}{\left(\frac{n}{2}-k\right)n!}\right] \quad (5.21)$$

例えば,式 (5.20) で $n=3$ とすれば微分4点公式,式 (5.5) が求まる.

ラグランジュの補間を用いた微分公式の誤差評価は 3.1.2 で述べた評価式を微分することにより求まる.閉区間 $[a,b]$ で連続な関数 $f(x)$ とこれを近似する補間多項式を $P(x)$ とすると式 (3.11) より

$$f(x) - P(x) = \frac{f^{(n+1)}(\xi)}{(n+1)!}\pi(x) \qquad (a<\xi<b) \quad (5.22)$$

である.上式を x で微分すると右辺はつぎのようになる.

$$\{f^{(n+1)}(\xi)/(n+1)!\}'\pi(x) + \{f^{(n+1)}(\xi)/(n+1)!\}\pi(x)'$$

ここで,分点における誤差評価式は $\pi(x_j)=0, \pi'(x) = \sum_{k=0}^{n}\pi_k(x)$ であるから

$$f'(x_j) - P'(x_j) = \frac{f^{(n+1)}(\xi)}{(n+1)!}\sum_{\substack{k=0 \\ \neq j}}^{n}\pi_k(x_j) \qquad (a<\xi<b) \quad (5.23)$$

となる.ここに ξ は式 (3.11) で用いた ξ とは異なる.

これがラグランジュ補間を用いた微分公式の誤差評価式である.

上式は 5.1 の微分公式の誤差評価式ともなる.その他の補間公式を用いた微分公式の誤差評価はこのようにその補間公式より導出できる.

5.3 差分商列を用いた数値微分

前節までに述べた微分法は分点を増加させて精度の向上をはかることが難しい.そこで,ここでは与えられた関数値より差分商列を作りその点の補間値を求めることにより微分値を得る方法[8]について考えよう.この方法では,分点の増加に対し前に求めた値がそのまま利用できて,補正項が付加された形とな

5.3 差分商列を用いた数値微分

ってより精度の高い微分値を得ることができる．

実関数 f が区間 I で定義されているとき，互いに異なる $n+1$ 個の点 x_0, $x_1, x_2, \cdots, x_n$ とこれらの点の関数値 $f_0, f_1, f_2, \cdots, f_n$ が与えられている．

ここに，これらの点は等間隔である必要はなく，また，その順序については問わないが便宜上添字の順に並べる．

いま，分点 x_m に対してつぎのような変換

$$G_m(x_i) = \frac{f_i - f_m}{x_i - x_m} \qquad (0 \leq i \leq n, \ i \neq m) \tag{5.24}$$

を行う．これから，各分点に対して n 個の点列，すなわち，**差分商列**が得られる．図 5.3 に与えられた関数値と x_m に対する差分商列を表す．

ここで，変数 x に対し $G_m(x)$ は

$$G_m(x) \equiv \frac{f(x) - f(x_m)}{x - x_m} \tag{5.25}$$

と定義される．

関数 $f(x)$ の点 x_m における微係数は

$$f'(x_m) = \lim_{x \to x_m} \frac{f(x) - f(x_m)}{x - x_m}$$

で定義されるから，式 (5.25) よりこれは

$$f'(x_m) = \lim_{x \to x_m} G_m(x) \tag{5.26}$$

と書くことがきる．ところが，式 (5.24) では $x_i = x_m$ とできない．

そこで，$f(x)$ の x_m における微分値，すなわち差分商列の $x = x_m$ の値

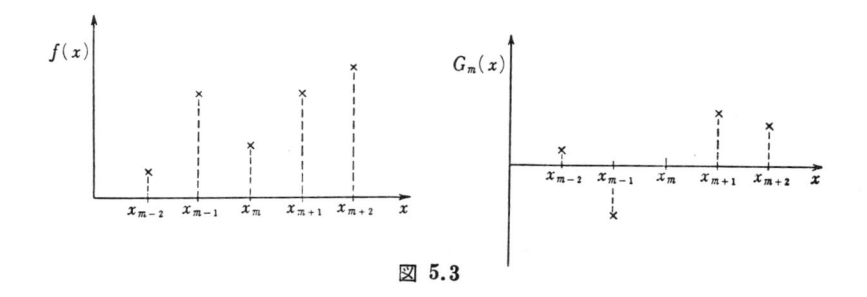

図 5.3

$G_m(x_m)$ を補間によって求めこれを近似微分値とする．このとき，用いる補間法はどのようなものでもよい．

表 5.2

x	x_0	x_1	x_2
$f(x)$	f_0	f_1	f_2

いま，表5.2で与えられる分点が3の微分公式を求めてみよう．

$x=x_1$ の差分商列の関数 $G_1(x)$ は式 (5.25) より

$$G_1(x_0)=\frac{f_0-f_1}{x_0-x_1}, \quad G_1(x_2)=\frac{f_2-f_1}{x_2-x_1} \tag{5.27}$$

であるから，補間法としてラグランジュの公式

$$p(x)=G_1(x_0)\frac{x-x_2}{x_0-x_2}+G_1(x_2)\frac{x-x_0}{x_2-x_0} \tag{5.28}$$

を用いると，$x=x_1$ の補間値は

$$p(x_1)=\frac{f_0-f_1}{x_0-x_1}\cdot\frac{x_1-x_2}{x_0-x_2}+\frac{f_2-f_1}{x_2-x_1}\cdot\frac{x_1-x_0}{x_2-x_0} \tag{5.29}$$

となる．これが差分商列を用いた微分公式であり，例2で求めた微分公式 (5.14) と一致することを示そう．式 (5.29) を変形すると

$$p(x_1)=f_0\frac{x_1-x_2}{(x_0-x_1)(x_0-x_2)}+f_1\frac{-(x_1-x_2)^2+(x_1-x_0)^2}{(x_1-x_0)(x_1-x_2)(x_2-x_0)}$$
$$+f_2\frac{x_1-x_0}{(x_2-x_0)(x_2-x_1)}$$

となる．上式の第2項は展開して整理すると

$$(x_2-x_0)(2x_1-x_0-x_2)$$

となるので，x_2-x_0 が省略されて

$$P'(x_1)=p(x_1)=f_0\frac{x_1-x_2}{(x_0-x_1)(x_0-x_2)}+f_1\frac{2x_1-x_0-x_2}{(x_1-x_0)(x_1-x_2)}$$
$$+f_2\frac{x_1-x_0}{(x_2-x_0)(x_2-x_1)}$$

となる．この式は式 (5.14) とまったく同じ形となる．

例 3 表5.1で与えられた数値をもとに $x=1$ を基準にした差分商列を作成し，これよりその点の微分値を求めよ．

5.3 差分商列を用いた数値微分

表 5.3

x		$f(x)$	$f_i - f_m$	$x_i - x_m$	$G_m(x)$
x_m	1.0	8.00			
x_0	1.5	13.75	5.75	0.5	11.50
x_1	2.0	21.00	13.00	1.0	13.00
x_2	2.5	29.75	21.75	1.5	14.50

差分商列は表 5.3 のようになる．ここで，ラグランジュの補間公式 (5.13) を利用すると $f_k \to G_m(x_k)$, $x = x_m = 1.0$ として

$$p(1.00) = 11.50 \times \frac{(-1) \times (-1.5)}{(-0.5) \times (-1.0)} + 13.00 \times \frac{(-0.5) \times (-1.5)}{0.5 \times (-0.5)}$$

$$+ 14.50 \times \frac{(-0.5) \times (-1.0)}{1.0 \times 0.5} = 10.00$$

となる．

この方法は，求めようとする微分値の分点 x_m を基準として差分商列を作成し，補間によって $G_m(x_m)$ の値を求めその点の微分値とするものである．また，用いる補間の方法には制限はない．なお，この方法による微分公式の特徴および誤差は用いる補間法によって決まる．

したがって，これに逐次補間公式を適用すると，逐次微分算法となる．これは分点を増加させながらより精度の高い近似微分値を得るのに適している．

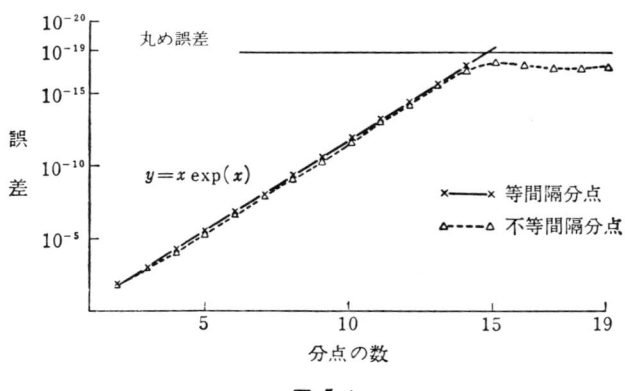

図 5.4

図 5.4 は逐次補間公式としてネビーユの方法を用いて $y=x\exp(x)$ の微分値を求め真値との差を示したもので，使用する分点の増加によって誤差が次第に減少してゆくことがわかる．

つぎに，**高階の微分法**について述べる．まず，作成された差分商列とこれによって求められた近似微分値を，新しい分点とする点列を考える．そして，この点に対する差分商列を再び作成する．すなわち，差分商列の差分商列を考える．この手続きを n 回繰り返したものを n 次の差分商列とする．

ここで，つぎの漸化式で与えられる関数を考える．

$$G_m^1(x) = \frac{f(x) - f(x_m)}{x - x_m} \tag{5.30}$$

$$G_m^n(x) = \frac{G_m^{n-1}(x) - G_m^{n-1}(x_m)}{x - x_m} \tag{5.31}$$

ここに，上つきの添字 n は n 次の差分商列を表す．

式 (5.31) で x_m に対して補間した値は

$$G_m^n(x_m) = \frac{f^{(n)}(x_m)}{n!} \tag{5.32}$$

となる．したがって，関数 $f(x)$ の x_m における n 階の近似微分値は，x_m に対する n 次の差分商列において同一の分点 x_m に対し補間を行い，求められた値に n の階乗を乗ずることにより求められる．

図 5.5 は関数 $y=x\exp(x)$ に対し，2 次の差分商列を補間して求めた 2 階の近似微分値の精度と分点の数との関係を示している．

この方法は高階の数値微分においても，1 階の微分値を求めるアルゴリズムを繰り返すだけで，高階数値微分におけるビックレイの関係式にあらわれる係数列を記憶する必要はなく，分点間隔が一定である必要もないので汎用性に富む有効なアルゴリズムである．

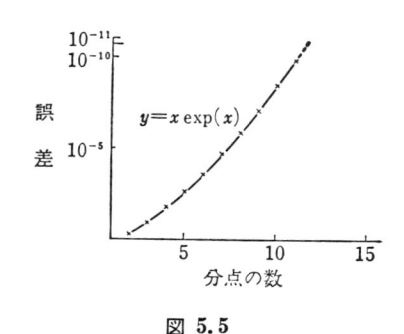

図 5.5

5.4 リチャードソン (Richardson) の補外による微分公式の精度の向上

リチャードソンの補外は近似式の打ち切り誤差の低次のオーダーを消去して精度をあげてゆく方法である．

間隔 h で数値計算したときの誤差を

$$E = \sum_{i=k}^{\infty} a_i h^i \tag{5.33}$$

とする．そこで，同一の計算法ではあるが異なった間隔 h_1, h_2 を用いたときこれらを $\phi(h_1), \phi(h_2)$，真の値を ϕ とすると二つの計算法は

$$\phi = \phi(h_1) + \sum_{i=k}^{\infty} a_i h_1^i \tag{5.34}$$

$$\phi = \phi(h_2) + \sum_{i=k}^{\infty} a_i h_2^i \tag{5.35}$$

と書ける．ここで，低次の項を消去するため式 (5.34) に h_2^k，(5.35) に h_1^k を乗じ，上の式から下の式を引いて ϕ を求めると

$$\phi = \frac{\phi(h_1)h_2^k - \phi(h_2)h_1^k}{h_2^k - h_1^k} + \sum_{i=k+1}^{\infty} a_i \left(\frac{h_1^i h_2^k - h_2^i h_1^k}{h_2^k - h_1^k} \right) \tag{5.36}$$

を得る．上式からわかるように誤差の最低次の項が消去される．

いま，数値微分における例を示そう．

図 5.6 のように関数値が与えられているとき，f_0 のまわりのテイラー展開は

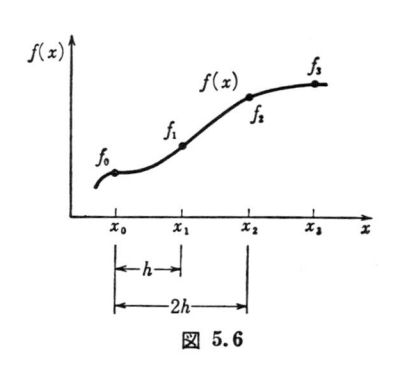

$$f_1 = f_0 + h f_0' + \frac{h^2}{2!} f_0'' + \frac{h^3}{3!} f_0'''$$

$$+ \frac{h^4}{4!} f_0^{(4)} + \cdots \tag{5.37}$$

これより f_0' を求める式は

$$f_0' = \frac{f_1 - f_0}{h} - \frac{h}{2} f_0'' - \frac{h^2}{6} f_0'''$$

$$- \frac{h^3}{24} f_0^{(4)} - \cdots \tag{5.38}$$

図 5.6

である．この第1項は1階微分の近似式で2項目以下がその誤差項となっている．つぎに，間隔を $2h$ として式 (5.38) と同じような式を求めると

$$f_0' = \frac{f_2 - f_0}{2h} - \frac{2h}{2} f_0'' - \frac{(2h)^2}{6} f_0''' - \frac{(2h)^3}{24} f_0^{(4)} - \cdots \quad (5.39)$$

誤差の第1項 f_0'' の項を消去するように式 (5.38) を2倍して (5.39) を引くと

$$f_0' = \frac{-3f_0 + 4f_1 - f_2}{2h} + \frac{h^2}{3} f_0''' + \frac{h^3}{4} f_0^{(4)} + \cdots \quad (5.40)$$

となる．これは式 (5.4) の3点公式と同一となる．このときの誤差は

$$E = \frac{h^2}{3} f_0''' + \frac{h^3}{4} f_0^{(4)} + \cdots \quad (5.41)$$

である．さらに，h^2 の項を消去するために式 (5.40) で

$$h \to 2h, \quad f_0 \to f_0, \quad f_1 \to f_2, \quad f_2 \to f_4$$

とすると

$$f_0' = \frac{-3f_0 + 4f_2 - f_4}{4h} + \frac{4h^2}{3} f_0''' + \frac{8h^3}{4} f_0^{(4)} + \cdots \quad (5.42)$$

となるから，式 (5.40), (5.42) より

$$f_0' = \frac{-21f_0 + 32f_1 - 12f_2 + f_4}{12h} - \frac{h^3}{3} f_0^{(4)} + \cdots \quad (5.43)$$

となる．このように誤差の最初の項を順次消去して精度をあげてゆく方法をリチャードソンの方法という．これは数値積分にも応用されるがそれは6章で述べることにする．

また，h^2 を消去するには別に $h \to 3h$ として式 (5.38) に相当する式を作ると

$$f_0' = \frac{f_3 - f_0}{3h} - \frac{3h}{2} f_0'' - \frac{(3h)^2}{6} f_0''' - \frac{(3h)^3}{24} f_0^{(4)} - \cdots \quad (5.44)$$

上式から式 (5.38), (5.39) を共に引くと

$$f_0' = \frac{-7f_0 + 6f_1 + 3f_2 - 2f_3}{6h} + \frac{2h^2}{3} f_0''' + \frac{3h^3}{4} f_0^{(4)} + \cdots \quad (5.45)$$

式 (5.45) と式 (5.40) から h^2 の項を消去すると

$$f_0' = \frac{-11f_0+18f_1-9f_2+2f_3}{6h} - \frac{h^3}{4}f_0^{(4)} + \cdots \qquad (5.46)$$

これは式 (5.5) の 4 点公式と同じになる．したがって，この誤差は上式の第 2 項以後で表される．

演 習 問 題

5.1 式 (5.4), (5.5) を求めよ．
5.2 2 階微分の 4 点公式を求めよ．
5.3 つぎの式を証明せよ．

 (a) $\dfrac{d}{dx}\pi_k(x) = \sum_{\substack{j=0 \\ \neq k}}^{n} \pi_{kj}(x)$ (b) $\dfrac{d^2}{dx^2}\pi_k(x) = \sum_{\substack{j=0 \\ \neq k}}^{n}\sum_{\substack{l=0 \\ \neq k,j}}^{n} \pi_{kjl}(x)$

 (c) $\pi_{kj}(x) = \pi_{jk}(x)$

5.4 ラグランジュの補間公式を用いて分点 4 の微分公式を求めよ．
5.5 式 (5.19) を求めよ．
5.6 表 5.4 より微分 3 点公式を用いて $x=0.8$ における微分値を求めよ．
5.7 式 (5.6) より 2 階の微分公式を求めよ．
5.8 前問の公式を用い，表 5.4 より $x=1.0$ における 2 階の微分値を求めよ．
5.9 例 3 で $x=2$ としてこの点の微分値を求めよ．
5.10 表 5.4 の $x=0.2 \sim 1.0$ より $x=0.6$ を基準とした差分商列を作りラグランジュの補間公式を用いてその点の微分値を求めよ．
5.11 表 5.4 より $x=1.4$ における差分商列を作りアキマの方法によりその点の微分値を求めよ．
5.12 表 5.4 より $x=1.0$ における差分商列を作り，反復補間によりその点の微分値を求めよ．

表 5.4

x	$f(x)$	x	$f(x)$
0.2	0.20134	1.2	1.50946
0.4	0.41075	1.4	1.90430
0.6	0.63665	1.6	2.37557
0.8	0.88811	1.8	2.94217
1.0	1.17520	2.0	3.62686

5.13 n 次の差分商列 $G_m{}^n(x)$ についてつぎのことを示せ．

(1) $G_m{}^n(x) = \dfrac{1}{(x-x_m)^n} \left\{ f(x) - \sum_{k=0}^{n-1} \dfrac{(x-x_m)^k}{k!} f^{(k)}(x_m) \right\}$

(2) $\lim\limits_{x \to x_m} G_m{}^n(x) = \dfrac{f^{(n)}(x_m)}{n!}$

5.14 テイラー展開とリチャードソンの方法を用いて次式を求めよ．

$$f_0' = \dfrac{f_{-2} - 8f_{-1} + 8f_1 - f_2}{12h} + O(h^4)$$

第6章 数値積分

　積分には本質的に二つの種類がある．一つは不定積分であり，もう一つは定積分である．前者はその解が関数であり，後者は数値である．不定積分の解は数値計算によって得ることはできないが，計算機による解法の研究はまだ充分に進んでいない．一方，定積分は計算機によってその数値を得ることが容易で，数多くの計算法が考えられている．

　数値積分は微分方程式の数値解を求めるときはもとより，解析的に積分不可能な積分や離散的なデータをもとにした積分を行うときなどに用いられる．

　ここでは，ニュートンの前進公式を積分することによりニュートン・コーツ形の積分公式を求める．

　また，エルミートの補間公式を積分してガウス形の積分公式を求める方法について述べる．

6.1 ニュートン・コーツ（Newton-Cotes）形の積分公式

　ニュートン・コーツ形の積分公式は分点が等間隔でつぎのように与えられる．

$$\int_a^b f(x)dx = \sum_{k=0}^n w_k f(x_k) + R_n \qquad (6.1)$$

ここに，$f(x)$ は被積分関数，w_k は $f(x)$ に無関係な定数，x_k は分点，R_n は

積分を和で近似したときの誤差項である．

ニュートン・コーツ形の公式はラグランジュの補間公式を積分することでも求められるが，計算が複雑なのでニュートンの前進公式を積分することにより求める方法を述べる．

6.1.1 ニュートンの前進公式

分点が順に $x_0, x_1, x_2, \cdots, x_n$ と等しい間隔で並んでいるとき，任意の点 x における $f(x)$ の値を $f(x_0)$ で表そう．

いま，x を x_0 より zh 離れた点を示すものとする．

$$x = x_0 + zh \tag{6.2}$$

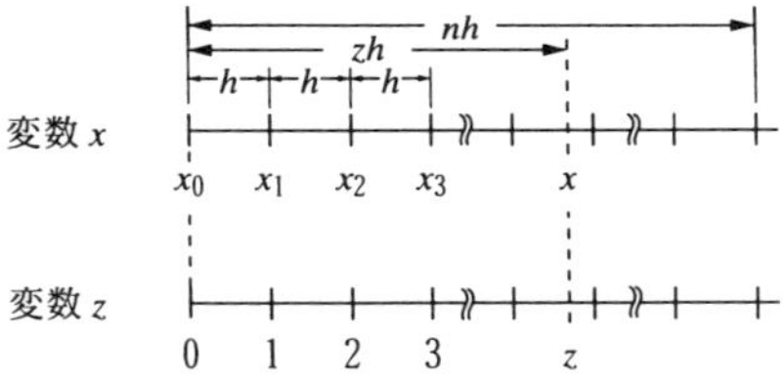

図 6.1

変数 z と x の関係は図 6.1 のようになるが，z は必ずしも整数になるとは限らない．$f(x)$ は z で

$$f(x) = f(x_0 + zh)$$

上式の右辺は，式 (2.39) を用いて

$$f(x_0 + zh) = E^z f(x_0) \tag{6.3}$$

と表される．いま，x_0 における関数値を

$$f(x_0) = f_0$$

と表すと，式 (6.3) は式 (2.40) より

$$f(z) = (1 + \Delta)^z f_0 \tag{6.4}$$

この式に，**二項定理*** を用いるとニュートンの前進公式が求まる．

$$f(z) = \sum_{r=0}^{\infty} \binom{z}{r} \Delta^r f_0 \tag{6.5}$$

---

* 付録 A.8 参照．

または，簡単に

$$f(z) = f_0 + \frac{z}{1!}\Delta f_0 + \frac{z(z-1)}{2!}\Delta^2 f_0 + \cdots + \frac{z(z-1)\cdots(z-n+1)}{n!}\Delta^n f_0 + \cdots \tag{6.6}$$

また，この公式は n 階差分で打ち切って，この差分 $\Delta f_0, \Delta^2 f_0, \cdots, \Delta^n f_0$ を f_0, $f_1, \cdots, f_n$ で書き改め整理するとラグランジュの補間公式 (3.1) の等間隔の場合と同じとなる．したがって，誤差についても同じ表現を用いる．

式 (6.6) の z は式 (6.2) より

$$z = \frac{x - x_0}{h} \tag{6.7}$$

と表されるから，式 (6.6) を変数 x で表すと

$$f(x) = f_0 + \frac{\dfrac{x-x_0}{h}}{1!}\Delta f_0 + \frac{\dfrac{x-x_0}{h}\left(\dfrac{x-x_0}{h}-1\right)}{2!}\Delta^2 f_0 + \cdots$$

$$+ \frac{\dfrac{x-x_0}{h}\left(\dfrac{x-x_0}{h}-1\right)\cdots\left(\dfrac{x-x_0}{h}-n+1\right)}{n!}\Delta^n f_0 + \cdots \tag{6.8}$$

なお，$\Delta^n f_0$ ($n=1, 2, \cdots, 5$) は式(2.2)から求められるが表 6.1 のようになる．

表 6.1

$\Delta^n f_0$	$\sum_{r=0}^{n}(-1)^{n-r}\binom{n}{r}f_r$
Δf_0	$f_1 - f_0$
$\Delta^2 f_0$	$f_2 - 2f_1 + f_0$
$\Delta^3 f_0$	$f_3 - 3f_2 + 3f_1 - f_0$
$\Delta^4 f_0$	$f_4 - 4f_3 + 6f_2 - 4f_1 + f_0$
$\Delta^5 f_0$	$f_5 - 5f_4 + 10f_3 - 10f_2 + 5f_1 - f_0$

6.1.2 台形公式

区間 $[x_0, x_0+h]$ における積分 $\int_{x_0}^{x_0+h} f(x)dx$ は，式 (6.8) を 1 次近似した式

$$f(x) \cong f_0 + \frac{x-x_0}{h}\Delta f_0 \tag{6.9}$$

を積分することにより求められる．すなわち，

$$\int_{x_0}^{x_0+h} f(x)\,dx \cong \int_{x_0}^{x_0+h}\left[f_0 + \frac{x-x_0}{h}\Delta f_0\right]dx \tag{6.10}$$

これは，図 6.2 の f_0, f_1 を結ぶ直線と x 軸の間の面積を求めたことになる（斜線部分）．

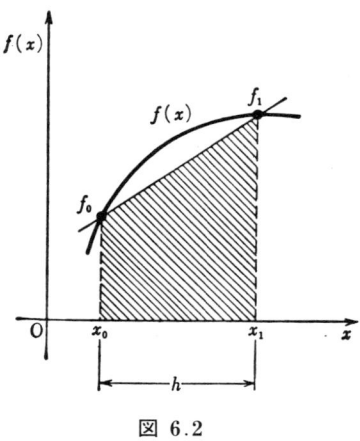

図 6.2

式 (6.10) の積分は，式 (6.7) の変数変換を用いて，$dx=hdz$，積分範囲は $[0,1]$ となるので，式 (6.6) の 1 次近似式を積分すると

$$\int_0^1 f(z)h\,dz = \int_0^1 [f_0+z\Delta f_0]\,h\,dz = \left\{f_0\,[z]_0^1 + \Delta f_0\left[\frac{z^2}{2}\right]_0^1\right\}h \tag{6.11}$$

$\Delta f_0 = f_1 - f_0$ であることを思い出して，上式より**台形公式**は

$$\int_{x_0}^{x_0+h} f(x)\,dx \cong \frac{h}{2}(f_0+f_1) \tag{6.12}$$

となる．台形公式の誤差評価式 R_T は区間内で $f(x)$ の 2 階微分値の最大を $f''_{\max}$ とすると

$$R_T \leq \left|-\frac{h^3}{12}f''_{\max}\right| \tag{6.13}$$

と表される*．なお，誤差評価については後で詳しく述べる．積分の区間が長くて台形公式を用いる場合，h をなるべく小さくして n 段接続したつぎの**複合台形公式**を用いる．

---

* 問題 6.9 参照

図 6.3

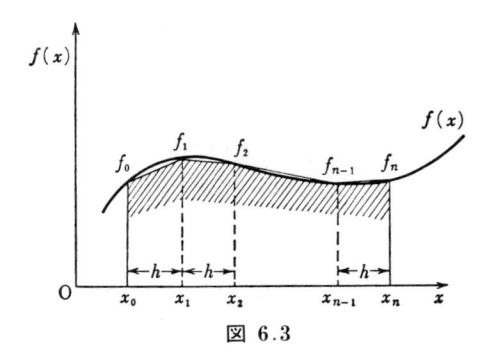

台形公式を n 段接続すると図 6.3 のようになるので公式は

$$\left.\begin{array}{l}\int_{x_0}^{x_0+nh} f(x)\,dx \cong \dfrac{h}{2}[f_0+2f_1+2f_2+\cdots+2f_{n-1}+f_n] \\[2mm] R_{T,n} \leq \left| -\dfrac{nh^3}{12} f''_{\max} \right| \end{array}\right\} \quad (6.14)$$

で表される.ここに,$R_{T,n}$ は複合台形公式の誤差評価式である.

例 1 関数 $f(x)=x\exp(x)$ を区間 $[0,1]$ まで,台形公式を用いて積分せよ.

まず,間隔 h を 0.5 とし,あらかじめ求めた関数値を代入すると

$$I=\frac{0.5}{2}[f(0)+2f(0.5)+f(1.0)]=\frac{0.5}{2}[0.0000+2\times0.8244+2.7183]$$

$$=0.8857$$

間隔 h を 0.2 とすると

$$I=\frac{0.2}{2}[f(0)+2f(0.2)+2f(0.4)+2f(0.6)+2f(0.8)+f(1.0)]$$

$$=\frac{0.2}{2}[0.0000+2\times0.2443+2\times0.5967+2\times1.0933+2\times1.7804+2.7183]$$

$$=1.0148$$

間隔 h をさらに短くして,$h=0.1$ とすると

$$I=\frac{0.1}{2}[0.0000+2\times0.1105+2\times0.2443+2\times0.4050+2\times0.5967$$

$$\qquad +2\times0.8244+2\times1.0933+2\times1.4096+2\times1.7804+2\times2.2136+2.7183]$$

$$=1.0037$$

6.1.3 シンプソン（Simpson）の公式

シンプソンの公式には，ニュートンの前進公式を2次近似して積分した1/3則と3次近似して積分した3/8則がある．シンプソンの1/3則は，xを変数変換したあとの，式（6.6）の2次近似式

$$f(x) \cong f_0 + z\varDelta f_0 + \frac{1}{2}z(z-1)\varDelta^2 f_0 \tag{6.15}$$

を0から2まで積分することにより求められる．すなわち，

$$\int_{x_0}^{x_0+2h} f(x)\,dx = \int_0^2 f(z)h\,dz \cong h\int_0^2 \left[f_0 + z\varDelta f_0 + \frac{1}{2}\cdot z(z-1)\varDelta^2 f_0\right]dz$$

上式を積分し表6.1を用いると

$$\int_{x_0}^{x_0+2h} f(x)\,dx \cong \frac{h}{3}[f_0 + 4f_1 + f_2] \tag{6.16}$$

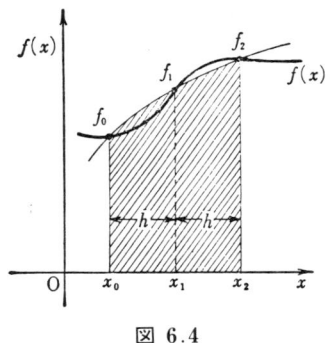

となる．これが**シンプソンの1/3則**でその誤差評価式は

$$R_s \leq \left| -\frac{h^5}{90} f^{(4)}{}_{\max} \right| \tag{6.17}$$

である．図6.4で示されるようにシンプソンの1/3則は被積分関数を2次曲線で近似したものであるが，その誤差は後で述べる3次近似と同等になっている．また，複合公式はnを偶数として

$$\int_{x_0}^{x_0+nh} f(x)\,dx \cong \frac{h}{3}[f_0 + 4f_1 + 2f_2 + 4f_3 + 2f_4 + \cdots$$
$$+ 2f_{n-2} + 4f_{n-1} + f_n] \tag{6.18}$$

で与えられる．

図 6.4

例 2 表6.2(a)をもとにして積分 $\int_0^2 f(x)\,dx$ の数値を求めよ．

表 6.2

(a)

x	0	1	2
$f(x)$	3	5	11

(b)

x	3.0	3.5	4.0
$f(x)$	142.00	216.25	312.00

表より $h=1$ としてシンプソンの 1/3 則を用いると
$$I=\frac{h}{3}[f_0+4f_1+f_2]=\frac{1}{3}[3+4\times 5+11]=\frac{34}{3}$$
と求まる．なお，表は $f(x)=2x^2+3$ の関数値で，この解析的な積分値は
$$\int_0^2 f(x)\,dx=\int_0^2 [2x^2+3]dx=\frac{34}{3}$$
となる．

例 3 表 6.2(b) より積分 $\int_3^4 f(x)dx$ の数値を求めよ．
$$I=\frac{0.5}{3}[142.00+4\times 216.25+313.00]=220$$
表 6.2(b) は $f(x)=4x^3+3x^2+2x+1$ の関数値であるから
$$\int_3^4 [4x^3+3x^2+2x+1]dx=220$$
このように，シンプソンの 1/3 則は 3 次の多項式までの積分に対し正確に求めることができる．

例 4 関数 $f(x)=x\exp(x)$ を区間 $[0, 1]$ まで，シンプソンの 1/3 則を用いて積分せよ．ただし，間隔 h が 0.5 の場合と，0.1 の場合について両者の誤差評価を行い，その後それぞれの場合について積分値を求めよ．

シンプソンの 1/3 則の誤差評価式は式 (6.17) より
$$Rs \leq \left|-\frac{h^5}{90}f^{(4)}{}_{max}\right|$$
であるから，被積分関数の 4 階微分を行うと
$$f^{(4)}(x)=(4+x)\exp(x)$$
となる．この関数の区間 $[0,1]$ 内での最大値は $x=1$ のときであるから，$f^{(4)}{}_{max}=13.6$，これより $h=0.5$ の誤差の最大値は
$$Rs=0.0047 \quad (h=0.5)$$
$h=0.1$ のときは
$$Rs=0.0000015 \quad (h=0.1)$$

さて，間隔 h を 0.5 として，シンプソンの 1/3 則より積分値を求めると
$$I=\frac{0.5}{3}[f(0)+4f(0.5)+f(1.0)]=\frac{0.5}{3}[0.0000+4\times 0.8244+2.7183]$$

$=1.0026$

間隔 h を 0.1 とすると

$$I=\frac{0.1}{3}[f(0)+4f(0.1)+2f(0.2)+4f(0.3)+2f(0.4)$$
$$+4f(0.5)+2f(0.6)+4f(0.7)+2f(0.8)+4f(0.9)+f(1.0)]$$

$$I=\frac{0.1}{3}[0.0000+4\times0.1105+2\times0.2443+4\times0.4050+2\times0.5967$$
$$+4\times0.8244+2\times1.0933+4\times1.4096+2\times1.7804+4\times2.2136$$
$$+2.7183]$$

$$=1.0000$$

求めたい精度以内で，適当に大きな h をとることにより計算効率を高くすることができる（計算が速い）．従って，解にどのくらいの精度を必要とするかで，h を決めてから積分を行うことになる．

例 5 図のようにレーザ光の電力分布が横方向 x の関数 e^{-x^2} で表されるとき，s のスリットを速度 v で掃引したとき，スリットに接続されている検出器の電流特性が線形であるとして掃引波形を示せ．

ガウス積分 $\int e^{-x^2}dx$ を近似的にシンプソン則で表して

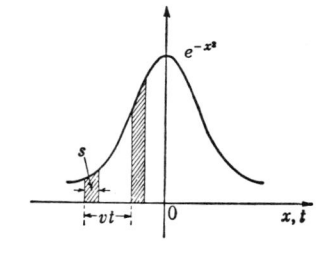

図 **6.5**

$$\int_{vt}^{vt+s} e^{-x^2}dx \cong \frac{s}{6}\left[1+4e^{-s\left(vt+\frac{s}{4}\right)}\left(1+\frac{1}{4}e^{-s\left(vt+\frac{3}{4}s\right)}\right)\right]e^{-(vt)^2}$$

となる[9]．

つぎに，シンプソンの 3/8 則は 3 次近似式

$$f(x)\cong f_0+\frac{x-x_0}{h}\Delta f_0+\frac{1}{2}\cdot\frac{x-x_0}{h}\left(\frac{x-x_0}{h}-1\right)\Delta^2 f_0$$
$$+\frac{1}{6}\cdot\frac{x-x_0}{h}\left(\frac{x-x_0}{h}-1\right)\left(\frac{x-x_0}{h}-2\right)\Delta^3 f_0$$

を x_0 から $x_3=x_0+3h$ まで積分することにより求まり次式のようになる．

$$\int_{x_0}^{x_0+3h} f(x)dx \cong \frac{3}{8}h[f_0+3f_1+3f_2+f_3] \tag{6.19}$$

6.1.4 開いた形の積分公式

これまでは積分区間の両端点を含んだ閉じた形の積分公式について述べた．

ここでは，微分方程式を計算するのに用いられる積分区間の両端点を含まない**開いた形の積分公式**について述べる．

シンプソン則に対応する開いた形の積分公式は図6.6で中央の3点を通る2次近似式を x_0 から x_4 まで積分することで求められる．近似式は式(6.8)で x_0 を x_1 に f_0 を f_1 にして，2次までで打ち切った式を用いる．

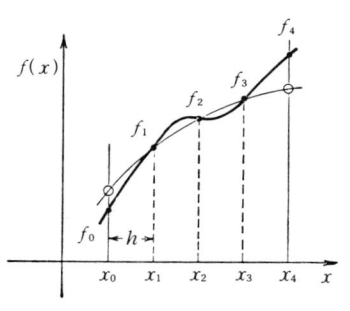

図 6.6

$$\int_{x_0}^{x_0+4h} f(x)dx \cong \int_{x_0}^{x_0+4h} \left[f_1 + \frac{x-x_1}{h}\Delta f_1 + \frac{1}{2}\left(\frac{x-x_1}{h}\right)\left(\frac{x-x_1}{h}-1\right)\Delta^2 f_1 \right] dx \tag{6.20}$$

上式を $\dfrac{x-x_1}{h}=z$ と変数変換すると，積分範囲は $[x_0, x_0+4h]$ から，$[-1, 3]$，$dx=hdz$ となるので，

$$\int_{x_0}^{x_0+4h} f(x)dx \cong \int_{-1}^{3}\left[f_1 + z\Delta f_1 + \frac{1}{2}z(z-1)\Delta^2 f_1 \right] hdz \tag{6.21}$$

$\Delta f_1 = f_2 - f_1$，$\Delta^2 f_1 = f_3 - 2f_2 + f_1$ であるから

$$\int_{x_0}^{x_4} f(x)dx \cong \frac{4}{3}h[2f_1 - f_2 + 2f_3] \tag{6.22}$$

これは3点を用いた開いた形のニュートン・コーツ形積分公式である．この誤差評価式は次式のように表される．

$$R \leq \left| \frac{28}{90} h^5 f^{(4)}{}_{max} \right| \tag{6.23}$$

同じようにして低次のつぎのような積分公式も求められる．

中点公式

$$\int_{x_0}^{x_0+2h} f(x)dx \cong 2hf_1 \tag{6.24}$$

2点公式

$$\int_{x_0}^{x_0+3h} f(x)dx \cong \frac{3}{2}h[f_1+f_2] \tag{6.25}$$

例 6 開いた形の3点公式を用いて表6.3より $\int_{1.6}^{2.0} f(x)dx$ の積分値を求めよ．

$h=0.1$ として式（6.22）より

$$I = \frac{4}{30}[2 \times 2.646 - 2.942 + 2 \times 3.268] \cong 1.185$$

例 7 開いた形の2点公式を用い $h=0.1$ として $\int_{0.9}^{2.1} g(x)dx$ を求めよ．

$$I = \frac{3}{20}[1.543+1.669+1.971+2.151+2.577+2.828+3.418+3.762]$$
$$\cong 2.988$$

表 6.3

	$f(x)$	$g(x)$		$f(x)$	$g(x)$
1.0	1.175	1.543	1.6	2.376	2.577
1.1	1.336	1.669	1.7	2.646	2.828
1.2	1.509	1.811	1.8	2.942	3.107
1.3	1.698	1.971	1.9	3.268	3.418
1.4	1.904	2.151	2.0	3.627	3.762
1.5	2.129	2.352			

6.1.5 ラグランジュの補間公式による導出

これまで述べたことからわかるように，ニュートン・コーツ形の積分公式は積分区間を等間隔に分割し，各分点を通る n 次多項式を積分することで得られる．

したがって，ラグランジュの補間公式を積分することによって当然ニュート

ン・コーツ形の公式を求めることができる.ここでは,例としてシンプソンの 1/3 則を求めてみよう.

2次のラグランジュの補間係数は分点が等間隔の場合

$$L_0(x) = \frac{(x-x_1)(x-x_2)}{(x_0-x_1)(x_0-x_2)} = \frac{(x-x_0-h)(x-x_0-2h)}{(x_0-x_0-h)(x_0-x_0-2h)}$$

$$= \frac{x^2-(2x_0+3h)x+x_0{}^2+3hx_0+2h^2}{2h^2},$$

$$L_1(x) = \frac{x^2-2(x_0+h)x+x_0{}^2+2hx_0}{-h^2},$$

$$L_2(x) = \frac{x^2-(2x_0+h)x+x_0{}^2+hx_0}{2h^2}$$

となる. $p(x)$ は式 (3.1) より

$$p(x) = f_0 L_0(x) + f_1 L_1(x) + f_2 L_2(x)$$

であるから,これを $x=x_0$ から $x=x_2=x_0+2h$ まで積分すると

$$\int_{x_0}^{x_0+2h} p(x)dx = \frac{1}{2h^2} \int_{x_0}^{x_0+2h} [(f_0-2f_1+f_2)x^2$$

$$- \{(2x_0+3h)f_0 - 4(x_0+h)f_1 + (2x_0+h)f_2\}x$$

$$+ (x_0{}^2+3hx_0+2h^2)f_0 - 2(x_0{}^2+2hx_0)f_1 + (x_0{}^2+hx_0)f_2]dx$$

$$= \frac{1}{3}h[f_0+4f_1+f_2]$$

例 8 ラグランジュの補間公式を用いて開いた形の2点公式を求めよ.

ラグランジュの補間公式から $(x_1, f_1), (x_2, f_2)$ を通る関数 $p(x)$ は

$$p(x) = f_1 \frac{x-x_2}{x_1-x_2} + f_2 \frac{x-x_1}{x_2-x_1}$$

上式を $x=x_0$ より $x=x_3=x_0+3h$ まで積分すると

$$\int_{x_0}^{x_0+3h} p(x)dx = \frac{f_2-f_1}{h} \int_{x_0}^{x_0+3h} x dx + \left(\frac{-f_2 x_1 + f_1 x_2}{h}\right) \int_{x_0}^{x_0+3h} dx$$

$$\int_{x_0}^{x_0+3h} f(x)dx \cong \frac{3}{2}h[f_1+f_2]$$

6.2 オイラー・マクローリン (Euler-Maclaurin) の積分公式

6.2.1 積分公式

関数の級数の和よりオイラー・マクローリンの公式が求められる[21].
いま, $f(a+kh)$ の $k=0$ から $n-1$ までの総和をとると

$$\sum_{k=0}^{n-1} f(a+kh) = f(a)+f(a+h)+\cdots+f[a+(n-1)h] \qquad (6.26)$$

ここで, 式 (2.38) の差分演算子を上式に適用すると

$$\sum_{k=0}^{n-1} f(a+kh) = \left\{\sum_{k=0}^{n-1} E^k\right\} f(a) = \frac{E^n-1}{E-1} f(a) \qquad (6.27)$$

上の第2式の { } は等比級数であるから第3式となる. E は式 (2.46) で

$$E = e^{hD}$$

と表されるので, 式 (6.27) は

$$\frac{E^n-1}{e^{hD}-1} f(a) = \frac{1}{hD} \cdot \frac{hD}{e^{hD}-1} \cdot (E^n-1) f(a) \qquad (6.28)$$

式 (6.28) をベルヌーイ数の定義[30]

$$\frac{hD}{e^{hD}-1} = 1 - \frac{hD}{2} - \sum_{k=1}^{\infty} \frac{(-1)^k B_k}{(2k)!} (hD)^{2k} \qquad (6.29)$$

$$B_1 = \frac{1}{6}, \quad B_2 = \frac{1}{30}, \quad B_3 = \frac{1}{42}, \quad B_4 = \frac{1}{30}, \quad B_5 = \frac{5}{66}, \cdots \qquad (6.30)$$

を用いて変形し, $(E^n-1)f(a) = f(a+nh)-f(a)$ であることに注意すると, 式 (6.27) は

$$\sum_{k=0}^{n-1} f(a+kh) = \left[\frac{1}{hD} - \frac{1}{2} - \sum_{k=1}^{\infty} \frac{(-1)^k}{(2k)!} B_k (hD)^{2k-1}\right] \{f(a+nh)-f(a)\}$$

$$= \frac{1}{h} \int_a^{a+nh} f(x)dx - \frac{f(a+nh)-f(a)}{2}$$

$$\quad - \sum_{k=1}^{\infty} \frac{(-1)^k h^{2k-1}}{(2k)!} B_k \{f^{(2k-1)}(a+nh) - f^{(2k-1)}(a)\} \qquad (6.31)$$

上式を変形するとオイラー・マクローリンの積分公式

$$\int_a^{a+nh} f(x)dx = \frac{h}{2}\left\{f(a) + 2\sum_{k=1}^{n-1} f(a+kh) + f(a+nh)\right\}$$

$$+ \sum_{k=1}^{\infty} \frac{(-1)^k h^{2k}}{(2k)!} B_k \{f^{(2k-1)}(a+nh) - f^{(2k-1)}(a)\}$$
(6.32)

を得る[10].

ここで，式 (6.30) を用いると **6.1.2** で述べた複合台形公式

$$\int_a^{a+nh} f(x)\,dx \cong \frac{h}{2}\left\{f(a) + 2\sum_{k=1}^{n-1} f(a+kh) + f(a+nh)\right\}$$

$$- \frac{h^2}{12}\{f'(a+nh) - f'(a)\}$$

を得る．

例 9 オイラー・マクローリンの公式の補正項の第1項および第2項を求めよ．

式 (6.32) の第2項で $k=1$ とすると

$$R_1 = -\frac{B_1}{2!}h^2\{f'(a+nh) - f'(a)\} = -\frac{h^2}{12}\{f'(a+nh) - f'(a)\}$$

平均値の定理を用いると

$$\frac{f'(a+nh) - f'(a)}{a+nh-a} = f''(\xi) \qquad (a < \xi < a+nh)$$

となるから

$$R_1 = -\frac{n}{12}h^3 f''(\xi)$$

また，補正項の第2項を R_2 とし，式 (6.32) の第2項で $k=2$ とすると

$$R_2 = -\frac{-B_2}{4!}h^4\{f'''(a+nh) - f'''(a)\} = \frac{h^4}{720}\{f'''(a+nh) - f'''(a)\}$$

$$= \frac{n}{720}h^5 f^{(4)}(\eta) \qquad (a < \eta < a+nh)$$

例 10 オイラー・マクローリンの公式（台形公式）を用いて右の表より積分 $\int_1^2 f(x)\,dx$ を求めよ．

x	1	2
$f(x)$	9	16

$$I = \frac{h}{2}[f(a) + f(a+h)] = \frac{1}{2}[9+16] = \frac{25}{2}$$

例 11 前問の数値は $f(x) = (x+2)^2$ の関数値である．これより，補正項の第1項 R_1 および第2項 R_2 を求めよ．

$$R_1 = -\frac{h^2}{12}[f'(a+h)-f'(a)] = -\frac{1}{12}[2(2+2)-2(1+2)] = -\frac{1}{6}$$

$$R_2 = \frac{h^4}{720}[f'''(a+h)-f'''(a)] = 0$$

R_2 が 0 となるので R_1 を補正項として I に加えると正確な値

$$\int_1^2 f(x)dx = I + R_1 = \frac{25}{2} - \frac{1}{6} = \frac{37}{3}$$

が求まる*.

6.2.2 オイラー・マクローリンの総和公式

オイラー・マクローリンの積分公式 (6.32) を $h=1, a=0, k \to x$ として変形すると関数 $f(x)$ の級数の和を求める公式

$$\sum_{x=0}^{m} f(x) = \int_0^m f(x)dx + \frac{1}{2}[f(0)+f(m)]$$
$$+ \sum_{p=1}^{\infty} \frac{(-1)^{p-1}B_p}{(2p)!}\{f^{(2p-1)}(m)-f^{(2p-1)}(0)\} \quad (6.33)$$

を得る．これは，級数の代数的和を解析的に求める一つの有用な方法で**オイラー・マクローリンの総和公式**と呼ばれる．

例 12 級数の和 $\sum_{x=0}^{n} x^3$ を求めよ．

オイラー・マクローリンの公式 (6.33) より

$$\sum_{x=0}^{n} x^3 = \int_0^n x^3 dx + \frac{1}{2}[0^3+n^3] + \frac{B_1}{2!}(3n^2 - 3\cdot 0^2) - \frac{B_2}{4!}(6-6)$$
$$= \frac{n^4}{4} + \frac{n^3}{2} + \frac{3n^2}{12} = \left[\frac{n(n+1)}{2}\right]^2$$

6.3 積分公式の誤差評価

積分公式を使用する場合にその精度を知ることは重要である．前節までに各

---

* 必ずしもこのようにして正確な値が求まるとは限らない．例えば，関数がわからない場合もあるし，たまたま微分値が0となる場合で，それより高次の微分値が0とならないときもある．もちろん，$R_2=0$ の場合でも．

種の公式について述べたが誤差評価を特に与えなかった公式もある．ここでは，良く知られている二，三の**誤差評価**の方法について述べよう．

　まず，**テイラー級数による誤差評価**の方法を述べる．

　計算をしようとする積分を $\int_a^b g(x)dx$，数値積分公式を $F[g(x)]$，数値計算による真の値からの差を R とするとこれらの関係は

$$R = \int_a^b g(x)dx - F[g(x)] \qquad (b-a=h) \tag{6.34}$$

で与えられる．ここで

$$g(x) = G'(x) \tag{6.35}$$

とすると

$$\int_a^b g(x)dx = G(b) - G(a) \tag{6.36}$$

である．R は $G(b)$ および $F[g(x)]$ のテイラー展開の差により求めることができる．

　ここで，例として台形公式の誤差を求めてみよう．

　台形公式は

$$F[g(x)] = \frac{h}{2}[g(a) + g(b)] \tag{6.37}$$

で与えられるから，$G(b)$ および $g(b)$ のテイラー展開* はそれぞれ

$$G(b) = G(a+h) = G(a) + \frac{h}{1!}G'(a) + \frac{h^2}{2!}G''(a) + \frac{h^3}{3!}G'''(a) + \cdots \tag{6.38}$$

$$g(b) = g(a+h) = g(a) + \frac{h}{1!}g'(a) + \frac{h^2}{2!}g''(a) + \frac{h^3}{3!}g'''(a) + \cdots \tag{6.39}$$

式 (6.35), (6.36), (6.38) より

$$\int_a^b g(x)dx = hg(a) + \frac{h^2}{2!}g'(a) + \frac{h^3}{3!}g''(a) + \cdots$$

また，式 (6.37), (6.39) より

$$F[g(x)] = \frac{h}{2}\left[2g(a) + hg'(a) + \frac{h^2}{2!}g''(a) + \cdots\right]$$

したがって，式 (6.34) より R は上の両式の差となるので誤差の展開式は

---

* 付録 A.7 参照．

$$R = -\frac{h^3}{12}g''(a) - \frac{h^4}{24}g'''(a) - \frac{h^5}{80}g^{(4)}(a) - \cdots \qquad (6.40)$$

と表される．

つぎに，**多項式による誤差評価**について述べる．

前と同じように積分を $\int_a^b g(x)dx$，数値積分公式を $F[g(x)]$，これらの差を R とする．

ここで，関数 $g(x)$ のマクローリン展開は

$$g(x) = g(0) + \frac{x}{1!}g'(0) + \frac{x^2}{2!}g''(0) + \cdots + \frac{x^n}{n!}g^{(n)}(0) + \frac{x^{n+1}}{(n+1)!}g^{(n+1)}(\xi)$$

$$(0 < \xi < x) \qquad (6.41)$$

となるから，数値積分公式 $F[g(x)]$ が成り立つ最高次の次数を $n=N$ とすると R は

$$R = \int_a^b g(x)dx - F[g(x)]$$

より求まり

$$R_N = \int_a^b \frac{x^{N+1}}{(N+1)!}g^{(N+1)}(\xi)dx - F\left[\frac{x^{N+1}}{(N+1)!}g^{(N+1)}(\xi)\right]$$

となる．したがって，数値積分公式の誤差評価は次式で一般的に表される．

$$R_N \leq \frac{1}{(N+1)!}\left|g_{\max}^{(N+1)}\left[\frac{b^{N+2}-a^{N+2}}{N+2} - F(x^{N+1})\right]\right| \qquad (6.42)$$

いま，例としてシンプソンの 1/3 則の誤差を求めよう．

3次の多項式 ($N=2$) に対してシンプソンの 1/3 則は

$$\int_0^{2h} x^3 dx \cong F(x^3) = \frac{h}{3}[0^3 + 4h^3 + (2h)^3] = 4h^4$$

であるから，式 (6.42) は

$$R_2 \leq \frac{1}{3!}\left|g^{(3)}{}_{\max}\left[\frac{(2h)^4 - 0^4}{4} - 4h^4\right]\right| = 0$$

となり正確に成り立つ．さらに，4次の多項式に対しては

$$\int_0^{2h} x^4 dx \cong F(x^4) = \frac{h}{3}[0^4 + 4h^4 + (2h)^4] = \frac{20}{3}h^5$$

であるから，式 (6.42) は $N=3$ として

$$R_3 \leq \frac{1}{4!} \left| g^{(4)}{}_{\max} \left[\frac{(2h)^5 - 0^5}{5} - \frac{20}{3} h^5 \right] \right| = \frac{1}{90} h^5 |g^{(4)}{}_{\max}|$$

となる．

そのほかに優れた誤差評価の方法として，複素積分を用いて定義された誤差の特性関数を用いる方法があり[11]，これはこれまでに述べた方法よりはるかに高い精度で誤差の評価ができる．しかし，この方法は公式の種類，積分区間の範囲および用いる関数点の数ごとに複素平面上での図を作製する必要がある．

また，複合シンプソン公式などのように単位の数値積分公式を数段接続して用いる積分法で，要求する精度を満足する積分近似値を得るのに最小限必要な接続段数を事前に高い精度で決定する方法もある[12]．

6.4　ガウス形の積分公式

エルミートの補間多項式を区間 $[a, b]$ で積分すると式 (3.22) より

$$\int_a^b w(x) f(x) dx = \sum_{k=0}^n H_k f(x_k) + \sum_{k=0}^n G_k f'(x_k) + R \qquad (6.43)$$

を得る．ここに，x_k を $[a, b]$ 内の分点，$w(x)$ を重み関数として

$$H_k = \int_a^b w(x) h_k(x) dx = \int_a^b w(x) \{1 - 2L_k'(x_k)(x - x_k)\} \{L_k(x)\}^2 dx \qquad (6.44)$$

$$G_k = \int_a^b w(x) g_k(x) dx = \int_a^b w(x) (x - x_k) \{L_k(x)\}^2 dx \qquad (6.45)$$

$$R = \frac{1}{(2n+2)!} \int_a^b f^{(2n+2)}(\xi) w(x) \{\pi(x)\}^2 dx \qquad (a < \xi < b) \qquad (6.46)$$

である．ここで，式 (3.8) を用いて G_k を書きなおすと

$$G_k = \int_a^b w(x) L_k(x) \frac{\pi(x)}{\pi_k(x_k)} dx$$

であるから，区間 $[a, b]$ で重み関数 $w(x)$ に対し $L_k(x)$ と $\pi(x)$ が直交するように x_k $(k=0, 1, 2, \cdots, n)$ を選ぶと

$$G_k = \frac{1}{\pi_k(x_k)} \int_a^b w(x) L_k(x) \pi(x) dx = 0 \qquad (6.47)$$

また，H_k は式 (6.44) より

$$H_k = \int_a^b w(x)\{L_k(x)\}^2 dx - 2L_k'(x_k)\int_a^b w(x)(x-x_k)\{L_k(x)\}^2 dx$$

と書かれる．上式の右辺第2項は式 (6.47) より 0 となるので，H_k は

$$H_k = \int_a^b w(x)\{L_k(x)\}^2 dx \tag{6.48}$$

となる．このようにしてガウス形の積分公式

$$\int_a^b w(x)f(x)dx = \sum_{k=0}^n H_k f(x_k) + R \tag{6.49}$$

が求まる．ここで，上式に

$$f(x) = L_k(x)$$

を代入すると

$$\int_a^b w(x)L_k(x)dx = \sum_{i=0}^n H_i L_k(x_i) + R \tag{6.50}$$

となり，$L_k(x)$ はたかだか n 次の多項式であるから式 (6.46) より $R=0$，また，$L_k(x_i) = \delta_{ki}$ であるから上式は

$$\int_a^b w(x)L_k(x)dx = H_k$$

これより

$$H_k = \int_a^b w(x)\{L_k(x)\}^2 dx = \int_a^b w(x)L_k(x)dx \tag{6.51}$$

の関係が求まる．

6.4.1 ルジャンドル・ガウスの積分公式

式 (6.49) で積分区間を $[-1, +1]$，$w(x) = 1$ とする．このとき，式(6.47) は

$$\int_{-1}^{+1} L_k(x)\pi(x)dx = 0 \tag{6.52}$$

となる．$L_k(x)$ を多項式で表すと $a_n, a_{n-1}, \cdots, a_1, a_0$ を定数として，式 (3.2) より

であるから式 (6.52) は

$$\int_{-1}^{+1}\left\{\sum_{i=0}^{n}a_i x^i\right\}\pi(x)dx=0 \tag{6.53}$$

と書き換えられる．この条件を満足する直交多項式は，式 (4.7) で表される**ルジャンドルの多項式**

$$P_n(x)=\frac{1}{2^n n!}\frac{d^n}{dx^n}(x^2-1)^n \tag{6.54}$$

で，その直交条件は

$$\int_{-1}^{+1}P_n(x)x^r dx=0 \qquad (r<n) \tag{6.55}$$

である．$\pi(x)$ は $n+1$ 次の多項式であるから，式 (6.53) と式 (6.55) より，$P_{n+1}(x)$ と $\pi(x)$ の関係は係数 α を用いて書くと

$$\pi(x)=\prod_{i=0}^{n}(x-x_i)=\alpha P_{n+1}(x) \tag{6.56}$$

となる．ここに，α は式 (6.54) より求められ

$$\alpha=\frac{2^{n+1}[(n+1)!]^2}{(2n+2)!} \tag{6.57}$$

となる．したがって分点 x_i は式 (6.56) からわかるように，ルジャンドルの多項式の零点をとることになる．

また，係数 H_k は式 (6.51) より

$$H_k=\int_{-1}^{+1}L_k(x)dx \tag{6.58}$$

となる．さらに，R は**平均値の定理**[*]と式 (6.46) より

$$R=\frac{f^{(2n+2)}(\eta)}{(2n+2)!}\int_{-1}^{+1}\{\pi(x)\}^2 dx \qquad (-1<\eta<+1)$$

となるから，式 (6.56) と直交条件式 (4.9) より

$$R=\frac{f^{(2n+2)}(\eta)}{(2n+2)!}\alpha^2\int_{-1}^{+1}\{P_{n+1}(x)\}^2 dx$$

$$=\frac{2^{2n+3}[(n+1)!]^4}{[(2n+2)!]^3(2n+3)}f^{(2n+2)}(\eta) \tag{6.59}$$

---

[*] 付録 A.6 参照.

したがって，**ルジャンドル・ガウスの積分公式は**

$$\int_{-1}^{+1} f(x)dx = \sum_{k=0}^{n} H_k f(x_k) + R \qquad (6.60)$$

と表される．H_k および R はそれぞれ式 (6.58), (6.59) で表され，分点 x_k はルジャンドルの多項式の零点をとる．

例 13 $n=1$ としてルジャンドル・ガウスの積分公式を求めよ．

式 (6.60) より

$$\int_{-1}^{+1} f(x)dx = H_0 f(x_0) + H_1 f(x_1) + R$$

分点 x_0, x_1 は $n=1$ であるから $P_2(x)$ の零点をとるので，表 4.1 より

$$P_2(x) = \frac{1}{2}(3x^2 - 1) = 0, \quad x = \pm \frac{1}{\sqrt{3}}$$

これより

$$x_0 = -\frac{1}{\sqrt{3}}, \quad x_1 = \frac{1}{\sqrt{3}}$$

また，H_0, H_1 を求めるために3章の例1を用いると

$$L_0(x) = \frac{x - x_1}{x_0 - x_1}, \quad L_1(x) = \frac{x - x_0}{x_1 - x_0}$$

であるから，式 (6.58) より

$$H_0 = \int_{-1}^{+1} \left(x - \frac{1}{\sqrt{3}}\right) \bigg/ \left(-\frac{1}{\sqrt{3}} - \frac{1}{\sqrt{3}}\right) dx = -\frac{\sqrt{3}}{2}\left[\frac{x^2}{2} - \frac{x}{\sqrt{3}}\right]_{-1}^{+1} = 1$$

同じようにして

$$H_1 = 1$$

また，R は式 (6.59) より

$$R = \frac{2^5 (2!)^4}{(4!)^3 \cdot 5} f^{(4)}(\eta) = \frac{1}{135} f^{(4)}(\eta)$$

例 14 3次の多項式の積分 $\int_{-1}^{+1}(x+1)^3 dx$ は分点2の前問の公式を用いて数値積分しても誤差が零となることを確かめよ．

まず，$n=1$ のルジャンドル・ガウスの公式より

$$\int_{-1}^{+1}(x+1)^3 dx = 1 \cdot \left(-\frac{1}{\sqrt{3}} + 1\right)^3 + 1 \cdot \left(\frac{1}{\sqrt{3}} + 1\right)^3 = 4$$

解析的な積分も明らかにその値は4となる．

表 6.4 にルジャンドル・ガウス積分公式の分点の値と係数 H_k を示す.

表 6.4　ルジャンドル・ガウス積分公式の分点と重み係数

N	k	分点	重み係数	N	k	分点	重み係数
0	0	0.	2.0000000000	8	0	-0.9681602395	0.0812743884
					1	-0.8360311073	0.1806481607
1	0	-0.5773502692	1.0000000000		2	-0.6133714327	0.2606106964
	1	0.5773502692	1.0000000000		3	-0.3242534234	0.3123470770
					4	0.0000000000	0.3302393550
2	0	-0.7745966692	0.5555555556		5	0.3242534234	0.3123470770
	1	0.0000000000	0.8888888889		6	0.6133714327	0.2606106964
	2	0.7745966692	0.5555555556		7	0.8360311073	0.1806481607
					8	0.9681602395	0.0812743884
3	0	-0.8611363116	0.3478548451				
	1	-0.3399810436	0.6521451549	9	0	-0.9739065285	0.0666713443
	2	0.3399810436	0.6521451549		1	-0.8650633667	0.1494513492
	3	0.8611363116	0.3478548451		2	-0.6794095683	0.2190863625
					3	-0.4333953941	0.2692667193
4	0	-0.9061798459	0.2369268851		4	-0.1488743390	0.2955242247
	1	-0.5384693101	0.4786286705		5	0.1488743390	0.2955242247
	2	0.0000000000	0.5688888889		6	0.4333953941	0.2692667193
	3	0.5384693101	0.4786286705		7	0.6794095683	0.2190863625
	4	0.9061798459	0.2369268851		8	0.8650633667	0.1494513492
					9	0.9739065285	0.0666713443
5	0	-0.9324695142	0.1713244924				
	1	-0.6612093865	0.3607615730	10	0	-0.9782286581	0.0556685671
	2	-0.2386191861	0.4679139346		1	-0.8870625998	0.1255803695
	3	0.2386191861	0.4679139346		2	-0.7301520056	0.1862902109
	4	0.6612093865	0.3607615730		3	-0.5190961292	0.2331937646
	5	0.9324695142	0.1713244924		4	-0.2695431560	0.2628045445
					5	0.0000000000	0.2729250868
6	0	-0.9491079123	0.1294849662		6	0.2695431560	0.2628045445
	1	-0.7415311856	0.2797053915		7	0.5190961292	0.2331937646
	2	-0.4058451514	0.3818300505		8	0.7301520056	0.1862902109
	3	0.0000000000	0.4179591837		9	0.8870625998	0.1255803695
	4	0.4058451514	0.3818300505		10	0.9782286581	0.0556685671
	5	0.7415311856	0.2797053915				
	6	0.9491079123	0.1294849662				
7	0	-0.9602898565	0.1012285363				
	1	-0.7966664774	0.2223810345				
	2	-0.5255324099	0.3137066459				
	3	-0.1834346425	0.3626837834				
	4	0.1834346425	0.3626837834				
	5	0.5255324099	0.3137066459				
	6	0.7966664774	0.2223810345				
	7	0.9602898565	0.1012285363				

6.4.2　その他のガウス形の積分公式

積分区間が $[0, \infty)$, $w(x) = e^{-x}$ のとき, 式 (6.47) は

$$\int_0^\infty e^{-x} L_k(x) \pi(x) dx = 0 \tag{6.61}$$

この条件を満足する直交多項式は**ラゲールの多項式** *

$$L_n(x) = e^x \frac{d^n}{dx^n}(x^n e^{-x}) \tag{6.62}$$

で，直交条件

$$\int_0^\infty e^{-x} x^r L_n(x) dx = 0 \qquad (r < n) \tag{6.63}$$

より，$\pi(x)$ は

$$\pi(x) = (-1)^{n+1} L_{n+1}(x) \tag{6.64}$$

となる．係数 H_k は式 (6.51) より

$$H_k = \int_0^\infty e^{-x} L_k(x) dx \tag{6.65}$$

また，R は式 (4.15) を用いて

$$R = \frac{[(n+1)!]^2}{(2n+2)!} f^{(2n+2)}(\eta) \qquad (0 < \eta < \infty) \tag{6.66}$$

これより，**ラゲール・ガウスの積分公式**は

$$\int_0^\infty e^{-x} f(x) dx = \sum_{k=0}^n H_k f(x_k) + R \tag{6.67}$$

と書かれる．ここに，x_k はラゲールの多項式 $L_{n+1}(x)$ の零点をとる．

表 6.5 にラゲール・ガウス積分公式の分点の値と係数 H_k を示す．

例 15 $n=1$ のときラゲール・ガウスの積分公式を求めよ．

式 (6.67) より

$$\int_0^\infty e^{-x} f(x) dx = H_0 f(x_0) + H_1 f(x_1) + R$$

また，分点は表 4.2 より $L_2(x)$ が

$$L_2(x) = x^2 - 4x + 2$$

であるから，この零点は

$$x = 2 \pm \sqrt{2},$$
$$x_0 = 2 - \sqrt{2},$$
$$x_1 = 2 + \sqrt{2}$$

---

* ラグランジュ係数 $L_k(x)$ とまぎらわしいが，これとは異なることに注意．$L_n(x)$ をラゲールとした．

6.4 ガウス形の積分公式

表 6.5 ラゲール・ガウス積分公式の分点と重み係数

N	k	分点	重み係数	N	k	分点	重み係数
0	0	1.0000000000	1.0000000000	8	0	0.1523222277	0.3361264218
					1	0.8072200227	0.4112139804
1	0	0.5857864376	0.8535533906		2	2.0051351556	0.1992875254
	1	3.4142135624	0.1464466094		3	3.7834739733	0.0474605628
					4	6.2049567779	0.0055996266
2	0	0.4157745568	0.7110930099		5	9.3729852517	0.0003052498
	1	2.2942803603	0.2785177336		6	13.4662369111	0.0000065921
	2	6.2899450829	0.0103892565		7	18.8335977890	0.0000000411
					8	26.3740718909	0.0000000000
3	0	0.3225476896	0.6031541043				
	1	1.7457611012	0.3574186924	9	0	0.1377934705	0.3084411158
	2	4.5366202969	0.0388879085		1	0.7294545495	0.4011199292
	3	9.3950709123	0.0005392947		2	1.8083429017	0.2180682876
					3	3.4014336979	0.0620874561
4	0	0.2635603197	0.5217556106		4	5.5524961401	0.0095015170
	1	1.4134030591	0.3986668111		5	8.3301527468	0.0007530084
	2	3.5964257710	0.0759424497		6	11.8437858379	0.0000282592
	3	7.0858100059	0.0036117587		7	16.2792578314	0.0000004249
	4	12.6408008443	0.0000233700		8	21.9965858120	0.0000000018
					9	29.9206970123	0.0000000000
5	0	0.2228466042	0.4589646739				
	1	1.1889321017	0.4170008308	10	0	0.1257964422	0.2849332129
	2	2.9927363261	0.1133733821		1	0.6654182558	0.3897208895
	3	5.7751435691	0.0103991975		2	1.6471505459	0.2327818318
	4	9.8374674184	0.0002610172		3	3.0911381430	0.0765644535
	5	15.9828739806	0.0000008985		4	5.0292844016	0.0143932828
					5	7.5098878638	0.0015188808
6	0	0.1930436766	0.4093189517		6	10.6059509995	0.0000851312
	1	1.0266648953	0.4218312779		7	14.4316137581	0.0000022924
	2	2.5678767450	0.1471263487		8	19.1788574032	0.0000000249
	3	4.9003530845	0.0206335145		9	25.2177093397	0.0000000001
	4	8.1821534446	0.0010740101		10	33.4971928472	0.0000000000
	5	12.7341802918	0.0000158655				
	6	19.3957278623	0.0000000317				
7	0	0.1702796323	0.3691885893				
	1	0.9037017768	0.4187867808				
	2	2.2510866299	0.1757949866				
	3	4.2667001703	0.0333434923				
	4	7.0459054024	0.0027945362				
	5	10.7585160102	0.0000907651				
	6	15.7406786413	0.0000008486				
	7	22.8631317369	0.0000000010				

係数 H_0, H_1 は例 13 と同じようにラグランジュの係数を用いて，式 (6.65) より

$$H_0 = \int_0^\infty e^{-x} \frac{x-x_1}{x_0-x_1} dx = -\frac{1}{2\sqrt{2}} \int_0^\infty e^{-x}(x-2-\sqrt{2}) dx$$

上式の右辺第 1 項は部分積分を行うことにより簡単に求まり

$$H_0 = \frac{2+\sqrt{2}}{4}$$

H_1 も同じように

$$H_1 = \frac{2-\sqrt{2}}{4}$$

また，R は式（6.66）より

$$R = \frac{(2!)^2}{4!}f^{(4)}(\eta) = \frac{1}{6}f^{(4)}(\eta)$$

つぎに，積分区間が $(-\infty, \infty)$，$w(x) = e^{-x^2}$ の積分は**エルミート・ガウスの積分公式**で

$$\int_{-\infty}^{\infty} e^{-x^2} f(x)\,dx = \sum_{k=0}^{n} H_k f(x_k) + R \qquad (6.68)$$

と表される．ここに，H_k および R は次式で示される．

$$H_k = \int_{-\infty}^{\infty} e^{-x^2} L_k(x)\,dx \qquad (6.69)$$

$$R = \frac{(n+1)!\sqrt{\pi}}{2^{n+1}(2n+2)!} f^{(2n+2)}(\eta) \qquad (-\infty < \eta < \infty) \qquad (6.70)$$

また，x_k はエルミート多項式の零点をとる．**エルミートの多項式**は

$$H_n(x) = (-1)^n e^{x^2} \frac{d^n}{dx^n}(e^{-x^2}) \qquad (6.71)$$

で定義され，直交関係は

$$\int_{-\infty}^{\infty} e^{-x^2} x^r H_n(x)\,dx = 0 \qquad (r < n) \qquad (6.72)$$

で表される．

表 6.6 にエルミート・ガウス積分公式の分点の値と係数 H_k を示す．

さらに，積分区間が $[-1, +1]$ で，$w(x) = 1/\sqrt{1-x^2}$ の積分は**チェビシェフ・ガウスの積分公式**で

$$\int_{-1}^{+1} \frac{f(x)}{\sqrt{1-x^2}}\,dx = \frac{\pi}{n+1} \sum_{k=0}^{n} f(x_k) + R \qquad (6.73)$$

と表される．ここに，H_k および R は

$$H_k = \int_{-1}^{+1} \frac{L_k(x)}{\sqrt{1-x^2}}\,dx = \frac{\pi}{n+1} \qquad (6.74)$$

$$R = \frac{\pi}{2^{2n+1}(2n+2)!} f^{(2n+2)}(\eta) \qquad (-1 < \eta < +1) \qquad (6.75)$$

表 6.6 エルミート・ガウス積分公式の分点と重み係数

N	k	分点	重み係数	N	k	分点	重み係数
0	0	0.0000000000	1.7724538509	8	0	-3.1909932018	0.0000396070
					1	-2.2665805845	0.0049436243
1	0	-0.7071067812	0.8862269255		2	-1.4685532892	0.0884745274
	1	0.7071067812	0.8862269255		3	-0.7235510188	0.4326515590
					4	0.0000000000	0.7202352156
2	0	-1.2247448714	0.2954089752		5	0.7235510188	0.4326515590
	1	0.0000000000	1.1816359006		6	1.4685532892	0.0884745274
	2	1.2247448714	0.2954089752		7	2.2665805845	0.0049436243
					8	3.1909932018	0.0000396070
3	0	-1.6506801239	0.0813128354				
	1	-0.5246476233	0.8049140900	9	0	-3.4361591188	0.0000076404
	2	0.5246476233	0.8049140900		1	-2.5327316742	0.0013436457
	3	1.6506801239	0.0813128354		2	-1.7566836493	0.0338743945
					3	-1.0366108298	0.2401386111
4	0	-2.0201828705	0.0199532421		4	-0.3429013272	0.6108626337
	1	-0.9585724646	0.3936193232		5	0.3429013272	0.6108626337
	2	0.0000000000	0.9453087205		6	1.0366108298	0.2401386111
	3	0.9585724646	0.3936193232		7	1.7566836493	0.0338743945
	4	2.0201828705	0.0199532421		8	2.5327316742	0.0013436457
					9	3.4361591188	0.0000076404
5	0	-2.3506049737	0.0045300099				
	1	-1.3358490740	0.1570673203	10	0	-3.6684708466	0.0000014396
	2	-0.4360774119	0.7246295952		1	-2.7832900998	0.0003468195
	3	0.4360774119	0.7246295952		2	-2.0259480158	0.0119113954
	4	1.3358490740	0.1570673203		3	-1.3265570845	0.1172278752
	5	2.3506049737	0.0045300099		4	-0.6568095669	0.4293597524
					5	0.0000000000	0.6547592869
6	0	-2.6519613568	0.0009717312		6	0.6568095669	0.4293597524
	1	-1.6735516288	0.0545155828		7	1.3265570845	0.1172278752
	2	-0.8162878829	0.4256072526		8	2.0259480158	0.0119113954
	3	0.0000000000	0.8102646176		9	2.7832900998	0.0003468195
	4	0.8162878829	0.4256072526		10	3.6684708466	0.0000014396
	5	1.6735516288	0.0545155828				
	6	2.6519613568	0.0009717312				
7	0	-2.9306374203	0.0001996041				
	1	-1.9816567567	0.0170779830				
	2	-1.1571937124	0.2078023258				
	3	-0.3811869902	0.6611470126				
	4	0.3811869902	0.6611470126				
	5	1.1571937124	0.2078023258				
	6	1.9816567567	0.0170779830				
	7	2.9306374203	0.0001996041				

また, x_k はチェビシェフの多項式

$$T_n(x) = \cos(n\cos^{-1}x) \qquad (6.76)$$

の零点をとり, その直交関係は

$$\int_{-1}^{+1} \frac{x^r}{\sqrt{1-x^2}} T_n(x)\,dx = 0 \qquad (r<n) \qquad (6.77)$$

と表される.

表 6.7 にチェビシェフ・ガウス積分公式の分点の値と係数 H_k を示す.

表 6.7 チェビシェフ・ガウス積分公式の分点と重み係数

N	k	分点	重み係数	N	k	分点	重み係数
0	0	0.0000000000	3.1415926536	8	0	-0.9848077530	0.3490658504
					1	-0.8660254038	
1	0	-0.7071067812	1.5707963268		2	-0.6427876097	
	1	0.7071067812			3	-0.3420201433	
					4	0.0000000000	
2	0	-0.8660254038	1.0471975512		5	0.3420201433	
	1	0.0000000000			6	0.6427876097	
	2	0.8660254038			7	0.8660254038	
					8	0.9848077530	
3	0	-0.9238795325	0.7853981634				
	1	-0.3826834324		9	0	-0.9876883406	0.3141592654
	2	0.3826834324			1	-0.8910065242	
	3	0.9238795325			2	-0.7071067812	
					3	-0.4539904997	
4	0	-0.9510565163	0.6283185307		4	-0.1564344650	
	1	-0.5877852523			5	0.1564344650	
	2	0.0000000000			6	0.4539904997	
	3	0.5877852523			7	0.7071067812	
	4	0.9510565163			8	0.8910065242	
					9	0.9876883406	
5	0	-0.9659258263	0.5235987756				
	1	-0.7071067812		10	0	-0.9898214419	0.2855993321
	2	-0.2588190451			1	-0.9096319954	
	3	0.2588190451			2	-0.7557495744	
	4	0.7071067812			3	-0.5406408175	
	5	0.9659258263			4	-0.2817325568	
					5	0.0000000000	
6	0	-0.9749279122	0.4487989505		6	0.2817325568	
	1	-0.7818314825			7	0.5406408175	
	2	-0.4338837391			8	0.7557495744	
	3	0.0000000000			9	0.9096319954	
	4	0.4338837391			10	0.9898214419	
	5	0.7818314825					
	6	0.9749279122					
7	0	-0.9807852804	0.3926990817				
	1	-0.8314696123					
	2	-0.5555702330					
	3	-0.1950903220					
	4	0.1950903220					
	5	0.5555702330					
	6	0.8314696123					
	7	0.9807852804					

6.5 ロンバーグ (Romberg) 積分法

前章で述べた**リチャードソンの補外法**を積分公式に適用して誤差を逐次減少させてゆく方法を**ロンバーグ積分法**という．この方法はアルゴリズムが簡単で，必要な精度に自動的に到達するので最近の電子計算機に適している．

いま，間隔 h の台形公式を高次の補正項まで含めて書くと式 (6.32) および例 9 より

$$I=\int_a^{a+h}f(x)dx=\frac{h}{2}[f(a)+f(a+h)]-\frac{1}{12}h^3f''(\xi_1)+\frac{1}{720}h^5f^{(4)}(\eta_1)-\cdots$$

$$(a<\xi_1,\eta_1,\cdots,<a+h) \qquad (6.78)$$

また，図 6.7 のように区間 h を 2 分割して台形公式を 2 回適用すると関数 $f(x)$ の積分は

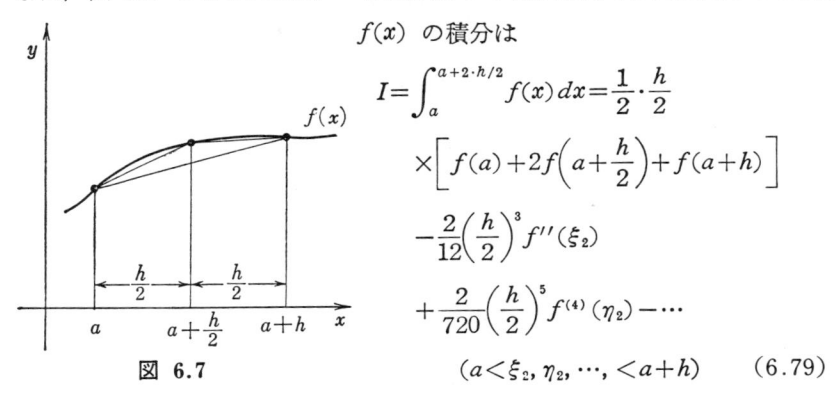

$$I=\int_a^{a+2\cdot h/2}f(x)dx=\frac{1}{2}\cdot\frac{h}{2}$$
$$\times\left[f(a)+2f\left(a+\frac{h}{2}\right)+f(a+h)\right]$$
$$-\frac{2}{12}\left(\frac{h}{2}\right)^3 f''(\xi_2)$$
$$+\frac{2}{720}\left(\frac{h}{2}\right)^5 f^{(4)}(\eta_2)-\cdots$$

図 6.7

$$(a<\xi_2,\eta_2,\cdots,<a+h) \qquad (6.79)$$

となる．補正項の第 1 項を消去するために式 (6.79) を 4 倍して式 (6.78) を引く．このとき $f''(\xi_1)=f''(\xi_2)$, $f^{(4)}(\eta_1)=f^{(4)}(\eta_2)$ として，これらを整理して I を求めると

$$I=\frac{1}{3}\left(\frac{h}{2}\right)\left[f(a)+4f\left(a+\frac{h}{2}\right)+f(a+h)\right]-\frac{1}{2880}h^5f^{(4)}(\eta_1)$$
$$+\frac{1}{96768}h^7f^{(6)}(\zeta_1)-\cdots \qquad (6.80)$$

となる．このようにして二つの台形公式より求められた積分公式はシンプソンの 1/3 則となっている．これは，$h_1=h/2$ とすれば

$$I=\int_a^{a+2h_1}f(x)dx=\frac{h_1}{3}[f(a)+4f(a+h_1)+f(a+2h_1)]$$
$$-\frac{1}{90}h_1^5f^{(4)}(\eta_1)+\frac{1}{756}h_1^7f^{(6)}(\zeta_1)+\cdots$$
$$(a<\eta_1,\zeta_1,\cdots<a+2h_1) \qquad (6.81)$$

となり，明らかに式 (6.16) と同じになる．

さらに，前述と同じ考え方で h_1^5 を消去してみよう．すなわち，区間 h_1 を

2分割してシンプソン公式を2回適用すると

$$I = \int_a^{a+4\cdot h_1/2} f(x)\,dx = \frac{1}{3}\left(\frac{h_1}{2}\right)\Bigl[f(a) + 4f\left(a + \frac{h_1}{2}\right)$$

$$+ 2f(a+h_1) + 4f\left(a + \frac{3}{2}h_1\right) + f(a+2h_1)\Bigr]$$

$$- \frac{2}{90}\left(\frac{h_1}{2}\right)^5 f^{(4)}(\eta_3) + \frac{2}{756}\left(\frac{h_1}{2}\right)^7 f^{(6)}(\zeta_3) - \cdots \quad (6.82)$$

となるから，上式を 4^2 倍して式 (6.81) を引くと補正項第1項が消去され，これより I を求めるとニュートン・コーツの4次の積分公式が求まる．

$$I = \int_a^{a+2h_1} f(x)\,dx = \frac{h_1}{45}\Bigl[7f(a) + 32f\left(a + \frac{h_1}{2}\right) + 12f(a+h_1)$$

$$+ 32f\left(a + \frac{3}{2}h_1\right) + 7f(a+2h_1)\Bigr] - \frac{1}{15120}h_1^7 f^{(6)}(\zeta_3) + \cdots$$

$$(a < \zeta_3, \cdots < a+2h_1) \quad (6.83)$$

このように補正項を逐次消去してゆく方法がロンバーグ法で，このアルゴリズムはつぎのようになる．

$$\left.\begin{aligned}
P_{0,0} &= \frac{h_0}{2}[f(a) + f(a+h)] \quad (h_0 = h) \\
P_{k,0} &= \frac{h_k}{2}\Bigl[f(a) + 2\sum_{r=1}^{2^k-1} f(a + rh_k) + f(a+h)\Bigr] \quad \left(h_k = \frac{h}{2^k}\right) \\
P_{k,m} &= \frac{4^m P_{k,m-1} - P_{k-1,m-1}}{4^m - 1} \quad (k, m = 1, 2, 3, \cdots)
\end{aligned}\right\} \quad (6.84)$$

表 6.8

k \ m	0	1	2	3	⋯⋯
0	$P_{0,0}$				
1	$P_{1,0}$ →	$P_{1,1}$			
2	$P_{2,0}$ →	$P_{2,1}$ →	$P_{2,2}$		
3	$P_{3,0}$ →	$P_{3,1}$ →	$P_{3,2}$ →	$P_{3,3}$	
⋮	⋮ →	⋮ →	⋮ →	⋮ →	⋮

これを示すと表 6.8 のようになる．この計算は表に示した矢印のように，$P_{0,0}$ と $P_{1,0}$ より $P_{1,1}$ を計算し，要求している精度を満たしていないときは，$P_{2,0}$ を計算して $P_{1,0}$ と共に用いて $P_{2,1}$ を求め，さらに $P_{1,1}$ と $P_{2,1}$ より $P_{2,2}$ を計算する．これが要求を満足していなければ，この手続をさらに進める．

例 16 ロンバーグ積分法を用いて表 6.9 より積分 $\int_{2.00}^{2.80} f(x)dx$ を小数点以下 5 桁まで正確に求めよ．

表 6.9

x	$f(x)$	x	$f(x)$	x	$f(x)$
2.00	7.3890561	2.30	9.9741825	2.60	13.4637380
2.05	7.7679011	2.35	10.4855697	2.65	14.1540387
2.10	8.1661699	2.40	11.0231764	2.70	14.8797317
2.15	8.5848584	2.45	11.5883467	2.75	15.6426319
2.20	9.0250135	2.50	12.1824940	2.80	16.4446468
2.25	9.4877358	2.55	12.8071038		

まず全区間に台形公式を適用して

$$P_{0,0} = \frac{0.8}{2}[7.3890561 + 16.4446468] = 9.5334811$$

つぎに，$h_1 = 0.4$ として

$$P_{1,0} = \frac{0.4}{2}[7.3890561 + 2 \times 11.0231764 + 16.4446468] = 9.1760110$$

したがって，式 (6.84) より

$$P_{1,1} = \frac{4P_{1,0} - P_{0,0}}{4-1} = 9.0538543$$

さらに，$h_2 = 0.2$ として

$$P_{2,0} = \frac{0.2}{2}[7.3890561 + 2 \times (9.0250135 + 11.0231764 + 13.4637380)$$
$$+ 16.4446468] = 9.0857558$$

式 (6.84) より

$$P_{2,1} = \frac{4P_{2,0} - P_{1,0}}{4-1} = 9.0556707, \quad P_{2,2} = \frac{4^2 P_{2,1} - P_{1,1}}{4^2 - 1} = 9.0555917$$

第 m 次と $m+1$ 次の差を E とすると

$$E=|P_{2,2}-P_{2,1}|=0.0000790$$

要求される精度は 0.5×10^{-5} 以下であるから条件を満足していないのでつぎの段階の計算を行うと

$$P_{3,0}=9.0631358, \quad P_{3,1}=9.0555958, \quad P_{3,2}=9.0555908$$

$$P_{3,3}=\frac{4^3 P_{3,2}-P_{2,2}}{4^3-1}=9.0555907$$

この値はつぎのように指定精度を充分満足する．

$$E=|P_{3,3}-P_{3,2}|=0.1\times10^{-6}<0.5\times10^{-5}$$

演習問題

6.1 つぎの積分公式を用いて表 6.10 より積分 $\int_{0.10}^{0.16} f(x)dx$ の値を求めよ．ただし，$h=0.01$ とせよ．
（a） 台形公式　（b） シンプソンの 1/3 則　（c） シンプソンの 3/8 則

表 6.10

x	$f(x)$	x	$f(x)$	x	$f(x)$
0.10	0.099668	0.19	0.187746	0.28	0.272905
0.11	0.109558	0.20	0.197375	0.29	0.282135
0.12	0.119427	0.21	0.206966	0.30	0.291313
0.13	0.129273	0.22	0.216518	0.31	0.300437
0.14	0.139092	0.23	0.226028	0.32	0.309506
0.15	0.148885	0.24	0.235496	0.33	0.318521
0.16	0.158649	0.25	0.244919	0.34	0.327477
0.17	0.168381	0.26	0.254296		
0.18	0.178081	0.27	0.263625		

6.2 シンプソンの 3/8 則を導出せよ．

6.3 ニュートン・コーツ形の 4 次の積分公式を導出せよ．また，誤差評価式も求めよ．

6.4 つぎの積分公式を導出せよ．

$$\int_{x_0}^{x_0+3h} f(x)dx \cong \frac{3}{2}h[f(x_0+h)+f(x_0+2h)]$$

6.5 表 6.10 を用いて積分 $\int_{0.10}^{0.34} f(x)dx$ をつぎの公式で求めよ．

(a) 台形公式 ($h=0.02$) (b) シンプソンの1/3則 ($h=0.02$)
(c) 開いた形の3点積分公式 ($h=0.02$)

6.6 台形公式およびシンプソンの1/3則を用いてつぎの積分を求めよ(接続段数 $n=10$).

(a) $I_1=\int_5^{11}\dfrac{dx}{x}$ (b) $I_2=\int_{-0.5}^{0.5}\sqrt{1-x^2}\,dx$ (c) $I_3=\int_0^1\dfrac{dx}{1+x^2}$

6.7 問6.6で小数点以下8桁まで正確に求めるには h をいくつにとればよいか.

6.8 例1の関数 $f(x)=x\exp(x)$ を区間 $[0,1]$ まで,台形公式を用いた積分で,小数点以下4桁まで正確に求めるには h をいくらにすればよいか.

6.9 式(6.13)を求めよ.

6.10 つぎの積分公式の誤差評価式を求めよ.

(a) シンプソンの3/8則 (b) 開いた形のニュートン・コーツ公式
(c) 中点公式

6.11 オイラー・マクローリンの公式で $h=0.2$ として補正項の第2項まで用いてつぎの積分値を求めよ.

$$\int_0^1\dfrac{dx}{x^2+2}$$

6.12 つぎの級数の和を求めよ.

(a) $\sum_{r=0}^n\left(r^2-\sin\dfrac{r\pi}{2}\right)$ (b) $\sum_{r=0}^n r^4$ (c) $\sum_{r=0}^n(r-2)^3$

6.13 つぎの積分に適する公式を示し,それを用いて積分値を求めよ.

(a) $\int_0^\infty(3.71+x)e^{-x}dx$ (b) $\int_0^1\dfrac{x^{1/2}}{x+2}dx$

(c) $\int_0^\infty\dfrac{e^{-x}}{x+4}dx$ (d) $\int_{-\infty}^\infty e^{-x^2}\cos x\,dx$

(e) $\int_{-\infty}^\infty\dfrac{t^2}{t^2+4}e^{-t^2}dt$ (f) $\int_{-2}^2\dfrac{dx}{1+x^2}$

(g) $\int_{-1}^1\dfrac{\cos x}{\sqrt{1-x^2}}dx$ (h) $\int_{-1}^1 e^x dx$

6.14 つぎの積分を計算せよ.

(a) $\int_3^\infty\dfrac{e^{-(y-3)^2}}{\frac{1}{2}y^2-3y+5}dy$ (b) $\int_2^6\dfrac{e^{-x}}{x+1}dx$

6.15 $h=0.1$ のシンプソンの1/3則およびルジャンドル・ガウスの11点の積分公式を用いてつぎの積分値を求めよ.

(a) $\int_2^3\dfrac{dx}{x+1}$ (b) $\int_0^1(t+2)^2 dt$

6.16 問6.14で小数点以下10桁まで正確に求めるには n をいくらにすればよいか.

6.17 表6.10を用いて積分 $\int_{0.10}^{0.26}f(x)dx$ の値をロンバーグ積分により小数点以下4桁

まで正確に求めよ．

6.18 n 個の分点 $(x_k, f_k)(k=1, 2, \cdots, n)$ が与えられたとき，$n-1$ 次の多項式まで正確に成り立つような積分公式

$$\int_a^b f(x)dx \cong \sum_{k=1}^n a_k f(x_k)$$

を求めよ（未定係数法）．

6.19 未定係数法を用いて右の表の関数 $f(x)$ の積分値を求めよ．

x	1.2	1.6	1.7
$f(x)$	2.61	2.01	1.85

6.20 ニュートン・コーツ形の積分公式とガウス形の積分公式の特徴について述べよ．

第 7 章　連立 1 次方程式

　連立 1 次方程式は応用上しばしば現れるものであり，これを解くことは数値計算の主要な課題の一つである．

　連立 1 次方程式の解は理論的にクラーメルの公式により求められるが，これを用いて解を求めるには多くの積和計算を要しあまり実用的ではない．

　ここでは，連立 1 次方程式の解法として代表的な消去法と反復法について各種の方法を述べる．さらに，逆行列を求めるための実際的な手法および行列の固有値を求める方法を述べる．

7.1　行列とその古典的解法

　つぎのような連立 1 次方程式

$$\begin{cases} a_{11}x_1 + a_{12}x_2 + \cdots + a_{1n}x_n = b_1 \\ a_{21}x_1 + a_{22}x_2 + \cdots + a_{2n}x_n = b_2 \\ \cdots\cdots\cdots\cdots\cdots\cdots\cdots\cdots\cdots\cdots\cdots\cdots \\ a_{n1}x_1 + a_{n2}x_2 + \cdots + a_{nn}x_n = b_n \end{cases} \tag{7.1}$$

は，行列の形で表すと

$$A\boldsymbol{x} = \boldsymbol{b} \tag{7.2}$$

ここに

$$A = \begin{bmatrix} a_{11} & a_{12} \cdots a_{1n} \\ a_{21} & a_{22} \cdots a_{2n} \\ \cdots\cdots\cdots\cdots\cdots \\ a_{n1} & a_{n2} \cdots a_{nn} \end{bmatrix}, \quad \boldsymbol{x} = \begin{bmatrix} x_1 \\ x_2 \\ \vdots \\ x_n \end{bmatrix}, \quad \boldsymbol{b} = \begin{bmatrix} b_1 \\ b_2 \\ \vdots \\ b_n \end{bmatrix} \tag{7.3}$$

であり，A は**係数行列**，x, b は**列ベクトル**という．特に，A の行と列の数が等しいとき A を**正方行列**という．

つぎに，行列 A の i 行を i 列に j 列を j 行に入れ換えた行列を**転置行列**といい

$$A^t$$

で表す．また，A が正方行列で

$$A^t = A$$

のとき，これを**対称行列**といい

$$A^t = -A$$

のとき，A を**交代行列**という．

正方行列の非対角要素がすべて 0，すなわち

$$a_{ij} = 0 \quad (i \neq j)$$

のとき，この行列を**対角行列**，またこのとき対角要素がすべて 1

$$a_{ij} = \delta_{ij}$$

の行列を**単位行列**といい，特に I と表す．

さらに，正方行列 A の対角要素の和を A の**トレース**＊といい

$$\mathrm{tr}(A) = \sum_{i=1}^{n} a_{ii}$$

と表す．

さて，連立 1 次方程式 (7.1) の解 x_k は，A の第 k 列をベクトル b で置き換えた**行列式** $|A_k|$ を行列式 $|A|$ で割った

$$x_k = \frac{|A_k|}{|A|} = \begin{vmatrix} a_{11} & a_{12} \cdots b_1 \cdots a_{1n} \\ a_{21} & a_{22} \cdots b_2 \cdots a_{2n} \\ \cdots\cdots\cdots\cdots\cdots\cdots \\ a_{n1} & a_{n2} \cdots b_n \cdots a_{nn} \end{vmatrix} \bigg/ \begin{vmatrix} a_{11} & a_{12} \cdots a_{1k} \cdots a_{1n} \\ a_{21} & a_{22} \cdots a_{2k} \cdots a_{2n} \\ \cdots\cdots\cdots\cdots\cdots\cdots \\ a_{n1} & a_{n2} \cdots a_{nk} \cdots a_{nn} \end{vmatrix} \quad (7.4)$$

より求められる．この方法は昔から良く知られた**クラーメル**（Cramer）**の方法**で，k を順次 $1, 2, \cdots, n$ とすればすべての解が求められる．しかし，この方法

＊ trace.

は行列の要素の数が多いと計算回数が激増し，累積誤差が増加するので実用的な計算方法ではない．

7.2 消　去　法

7.2.1 上三角方程式の解法

いま，つぎのような連立方程式

$$\begin{cases} u_{11}x_1+u_{12}x_2+\cdots+u_{1n}x_n=b_1 \\ \quad\quad u_{22}x_2+\cdots+u_{2n}x_n=b_2 \\ \quad\quad\quad\cdots\cdots\cdots\cdots\cdots\cdots\cdots \\ \quad\quad\quad\quad\quad\quad\quad u_{nn}x_n=b_n \end{cases} \quad (7.5)$$

が与えられたとする．行列の形で書くと

$$U\boldsymbol{x}=\boldsymbol{b} \quad (7.6)$$

ここに，行列 U は**上三角行列**，$\boldsymbol{x},\boldsymbol{b}$ は列ベクトルを表す．

上三角行列 U は対角要素より下のすべての要素の値が零の行列でつぎのように表される．

$$U=\begin{bmatrix} u_{11} & u_{12} & \cdots & u_{1n} \\ 0 & u_{22} & \cdots & u_{2n} \\ \vdots & \ddots & \ddots & \vdots \\ 0 & \cdots & 0 & u_{nn} \end{bmatrix}$$

連立方程式 (7.5) の解は x_n より順に求めることができる．

x_n は式 (7.5) より

$$x_n=b_n/u_{nn}$$

から求められ，x_{n-1} 以下は

$$x_i=\frac{b_i-\sum_{k=i+1}^{n}u_{ik}x_k}{u_{ii}} \quad (7.7)$$

を，$i=n-1,\cdots,2,1$ の順に計算することにより求まる．

例 1 つぎの方程式を解け．

$$\begin{cases} 3x_1+2x_2+\ x_3=0 & (1) \\ \quad\quad\ x_2+2x_3=3 & (2) \\ \quad\quad\quad\quad 2x_3=2 & (3) \end{cases}$$

まず，式 (3) より $x_3=1$, これを式 (2) に代入して $x_2=3-2\times1=1$, x_3, x_2 を式 (1) に代入して $x_1=(0-1-2\times1)/3=-1$

$$x_1=-1, \quad x_2=1, \quad x_3=1$$

7.2.2　ガウス (Gauss) の消去法

　連立方程式 $Ax=b$ の解法で，計算の手数が少なく最も有名なものが**ガウスの消去法**である．この方法は，行に関する操作を A および b にほどこして，A の最終的結果が上三角行列になるよう順次消去するものである．連立 1 次方程式における「ある方程式を定数倍して，他の方程式に加えてもよい」という性質を利用して，$a_{11} \neq 0$ と仮定し*，第 1 行に $-a_{i1}/a_{11}$ を乗じて第 i 行に加える操作を $i=2,3,\cdots,n$ に対して行う．つぎに，$a_{22} \neq 0$ ならば，第 2 行に $-a_{i2}/a_{22}$ を乗じて第 i 行に加える操作を $i=3,4,\cdots,n$ に対し行う．以下同じ手続きを第 n 行に達するまで繰り返す．ここで，初期値を

$$A^{(0)}=A, \quad b^{(0)}=b$$

とし，第 l 行に対する操作によってできる行列を $A^{(l)}$, 列ベクトルを $b^{(l)}$ とすると，これらの要素 $a_{jk}^{(l)}$ および $b_j^{(l)}$ は

$$\left. \begin{array}{l} a_{jk}^{(l)}=a_{jk}^{(l-1)}-(a_{jl}^{(l-1)}/a_{ll}^{(l-1)})a_{lk}^{(l-1)} \\ b_j^{(l)}=b_j^{(l-1)}-(a_{jl}^{(l-1)}/a_{ll}^{(l-1)})b_l^{(l-1)} \end{array} \right\} \quad (j>l, k\geqq l) \qquad (7.8)$$

で表される．このとき，各要素の添字が $j>l$, かつ $k\geqq l$ の条件を満たす．すでに変形の終った行または列，すなわち $j\leqq l$ または $k<l$ に対しては

$$a_{jk}^{(l)}=a_{jk}^{(l-1)}$$
$$b_j^{(l)}=b_j^{(l-1)}$$

となる．操作をすべて終了した係数行列を再び A とすると，これは上三角行列となっているので前述の方法を用いて解 x_k を求めることができる．

例 2　つぎの方程式をガウスの消去法で解け．

$$\begin{cases} 2x_1-x_2+3x_3=-2 \\ -x_1+x_2-2x_3=3 \\ x_1+5x_2+x_3=6 \end{cases}$$

上の連立方程式の係数行列と列ベクトルをまとめて書いたものを**拡大行列**と

---

* a_{ii} が零のときは行を入れ換える．連立 1 次方程式では二つの行を交換してもよい．

いう．この例ではつぎのように書く．

| A | b | 操作 | 操作回数 |

$$\begin{bmatrix} 2 & -1 & 3 & -2 \\ -1 & 1 & -2 & 3 \\ 1 & 5 & 1 & 6 \end{bmatrix} \qquad l=0$$

$$\begin{bmatrix} 2 & -1 & 3 & -2 \\ 0 & 1/2 & -1/2 & 2 \\ 0 & 11/2 & -1/2 & 7 \end{bmatrix} \begin{matrix} \\ 第2行-第1行\times(-1/2) \\ 第3行-第1行\times(1/2) \end{matrix} \qquad l=1$$

$$\begin{bmatrix} 2 & -1 & 3 & -2 \\ 0 & 1/2 & -1/2 & 2 \\ 0 & 0 & 5 & -15 \end{bmatrix} \begin{matrix} \\ \\ 第3行-第2行\times[(11/2)/(1/2)] \end{matrix} \qquad l=2$$

これより，例1と同じ方法によって $x_1=4, x_2=1, x_3=-3$ が求まる．

7.2.3 ガウス・ジョルダン（Gauss-Jordan）法

この方法は，ガウスの消去法と同じ手法を用いて行列 A の最終的な形を単位行列とするもので，三角方程式を解く必要はないが計算回数は増加する．まず，$a_{11}\neq 0$ のとき，第1行目を a_{11} で割って 11 要素を1とし，この行に a_{1j} を乗じて第 j 行より引く操作を $j=1$ を除くすべての行に対して行う．つぎに，$a_{22}\neq 0$ のとき，第2行を a_{22} で割って，これに a_{2j} を乗じ第 j 行より引く操作を $j=2$ を除くすべての行に対して行う．この手続きを $i=1\sim n$ まで行なって行列 A を単位行列とする．すなわち，第 l 行に対する操作によって A および b の要素は，つぎの漸化式で示されるような変化をする．前と同じように $A^{(l)}, b^{(l)}$ の要素はおのおの $a_{jk}{}^{(l)}, b_j{}^{(l)}$ とする．

初期値を $A^{(0)}=A, b^{(0)}=b$ とし

$$a_{jk}{}^{(l)} = a_{jk}{}^{(l-1)} - a_{jl}{}^{(l-1)} a_{lk}{}^{(l-1)}/a_{ll}{}^{(l-1)} \qquad (1\leq j\leq n, j\neq l, l\leq k \text{ のとき})$$

$$a_{lk}{}^{(l)} = a_{lk}{}^{(l-1)}/a_{ll}{}^{(l-1)} \qquad (k\geq l)$$

$$a_{jk}{}^{(l)} = a_{jk}{}^{(l-1)} \qquad (k<l) \qquad (7.9\text{a})$$

このとき，列ベクトルの要素をつぎのように変化させる．

$$b_j{}^{(l)} = b_j{}^{(l-1)} - a_{jl}{}^{(l-1)} b_l{}^{(l-1)}/a_{ll}{}^{(l-1)} \qquad (1\leq j\leq n, j\neq l) \qquad (7.9\text{b})$$

$$b_i{}^{(l)} = b_i{}^{(l-1)}/a_{ll}{}^{(l-1)}$$

これにより，係数行列 A は単位行列となり解 x_k が求まる．

例 3 例2で与えられた方程式をガウス・ジョルダン法で解け．

操作回数を l として，拡大行列は

$$\begin{bmatrix} 2 & -1 & 3 & -2 \\ -1 & 1 & -2 & 3 \\ 1 & 5 & 1 & 6 \end{bmatrix} \qquad l=0$$

$$\begin{bmatrix} 1 & -1/2 & 3/2 & -1 \\ -1 & 1 & -2 & 3 \\ 1 & 5 & 1 & 6 \end{bmatrix} \text{第1行×(1/2)} \qquad l=1$$

$$\begin{bmatrix} 1 & -1/2 & 3/2 & -1 \\ 0 & 1/2 & -1/2 & 2 \\ 0 & 11/2 & -1/2 & 7 \end{bmatrix} \begin{matrix} \\ \text{第2行-第1行×(-1)} \\ \text{第3行-第1行×(1)} \end{matrix} \qquad l=2$$

$$\begin{bmatrix} 1 & -1/2 & 3/2 & -1 \\ 0 & 1 & -1 & 4 \\ 0 & 11/2 & -1/2 & 7 \end{bmatrix} \text{第2行×[1/(1/2)]} \qquad l=3$$

$$\begin{bmatrix} 1 & 0 & 1 & 1 \\ 0 & 1 & -1 & 4 \\ 0 & 0 & 5 & -15 \end{bmatrix} \begin{matrix} \text{第1行-第2行×(-1/2)} \\ \\ \text{第3行-第2行×(11/2)} \end{matrix} \qquad l=4$$

$$\begin{bmatrix} 1 & 0 & 1 & 1 \\ 0 & 1 & -1 & 4 \\ 0 & 0 & 1 & -3 \end{bmatrix} \text{第3行×(1/5)} \qquad l=5$$

$$\begin{bmatrix} 1 & 0 & 0 & 4 \\ 0 & 1 & 0 & 1 \\ 0 & 0 & 1 & -3 \end{bmatrix} \begin{matrix} \text{第1行-第3行×(1)} \\ \text{第2行-第3行×(-1)} \\ \end{matrix} \qquad l=6$$

これより，$x_1=4$，$x_2=1$，$x_3=-3$ が求まる．

7.3 係数行列を分解する方法

この方法は係数行列 A を二つの三角行列に分解する方法である．いま，対角要素より上のすべての要素の値を零とする行列を下三角行列 L とし，前出の上三角行列 U とともに係数行列 A をつぎのように分解する．

$$A = LU$$

具体的には

$$\begin{bmatrix} a_{11} & a_{12} & \cdots & a_{1n} \\ a_{21} & a_{22} & \cdots & a_{2n} \\ \vdots & \vdots & & \vdots \\ a_{n1} & a_{n2} & \cdots & a_{nn} \end{bmatrix} = \begin{bmatrix} l_{11} & & & 0 \\ l_{21} & l_{22} & & \\ \vdots & \vdots & \ddots & \\ l_{n1} & l_{n2} & \cdots & l_{nn} \end{bmatrix} \begin{bmatrix} u_{11} & u_{12} & \cdots & u_{1n} \\ & u_{22} & \cdots & u_{2n} \\ & & \ddots & \vdots \\ 0 & & & u_{nn} \end{bmatrix} \quad (7.10)$$

と表される．

ここで，a_{ij} はわかっているので，式 (7.10) より，l_{jk}, u_{jk} に対する方程式

$$\sum_{k=1}^{\min(i,j)} l_{ik} u_{kj} = a_{ij} \quad (7.11)$$

が得られる．ここに，上式の $\min(i, j)$ は添字 i, j のうち小さいものをとることを示す．上式は $n^2 + n$ 個の未知数に対して n^2 個の方程式しか与えないので，n 個の未知数を任意に指定することができる．つぎに，この方程式について二つの例を述べる．

7.3.1 クラウト（Crout）法

クラウト法は，行列 A を L, U に分解してから順次解を求める方法である．この方法の長所は，求める三角行列の最終的な値が中間結果を算出したり記録することなしに，しかも積和計算による小さな丸め誤差で直接に得られるところにある．

前述のように $A = LU$ と置き，LU の各要素に対する方程式を作成すると

$$\sum_{k=1}^{\min(i,j)} l_{ik} u_{kj} = a_{ij}$$

となる．このとき，自由度は n 個あるので

$$u_{kk}=1 \tag{7.12}$$

と置く．これにより，n^2 個の未知数に対して n^2 個の方程式が得られるので式 (7.11), (7.12) を用いて，L, U の各要素 l_{ij}, u_{ij} を求める．これはつぎのように逐次代入して求めることができる．なお，式 (7.12) の代りに $l_{kk}=1$ と置いてもよい．

$$\begin{cases} u_{kk}=1 \\ l_{ik}=a_{ik}-\sum_{m=1}^{k-1}l_{im}u_{mk} & (k \leq i \leq n) \\ u_{kj}=\left(a_{kj}-\sum_{m=1}^{k-1}l_{km}u_{mj}\right)/l_{kk} & (k+1 \leq j \leq n) \\ l_{ik}=0 & (i<k) \\ u_{kj}=0 & (j<k) \end{cases} \tag{7.13}$$

計算の順序は，L の第 1 列，U の第 1 行，L の第 2 列，U の第 2 行…となる．このようにして L, U の各要素が求められたなら，与えられた方程式 $A\boldsymbol{x}=\boldsymbol{b}$ を，$LU\boldsymbol{x}=\boldsymbol{b}$ と置き換えて解く．これは，下三角方程式 $L\boldsymbol{y}=\boldsymbol{b}$ を 7.2.1 の方法で $\boldsymbol{y}$ について解き，つぎに上三角方程式 $U\boldsymbol{x}=\boldsymbol{y}$ を同様の方法で $\boldsymbol{x}$ について解く．計算式は

$$y_i=\frac{1}{l_{ii}}\left(b_i-\sum_{k=1}^{i-1}l_{ik}y_k\right) \quad (1 \leq i \leq n) \tag{7.14}$$

また，$\boldsymbol{x}$ は次式で求められ，添字 i は n から順に小さくしながら 1 までとる．

$$x_i=y_i-\sum_{k=i+1}^{n}u_{ik}x_k \quad (1 \leq i \leq n) \tag{7.15}$$

なお，式 (7.7) で $u_{ii}=1$ とすれば上式と同じとなる．

例 4 例 2 で与えられた方程式をクラウト法で解け．

まず係数行列 A の LU 分解を行う．

step. L U

$$1. \begin{bmatrix} 2 & * & * \\ -1 & * & * \\ 1 & * & * \end{bmatrix}, \begin{bmatrix} 1 & -1/2 & 3/2 \\ * & * & * \\ * & * & * \end{bmatrix}$$

7.3 係数行列を分解する方法

2. $\begin{bmatrix} 2 & 0 & * \\ -1 & 1/2 & * \\ 1 & 11/2 & * \end{bmatrix}$, $\begin{bmatrix} 1 & -1/2 & 3/2 \\ 0 & 1 & -1 \\ * & * & * \end{bmatrix}$

3. $\begin{bmatrix} 2 & 0 & 0 \\ -1 & 1/2 & 0 \\ 1 & 11/2 & 5 \end{bmatrix}$, $\begin{bmatrix} 1 & -1/2 & 3/2 \\ 0 & 1 & -1 \\ 0 & 0 & 1 \end{bmatrix}$

ここに，*印を未定の記号とした．これより

$$\begin{bmatrix} 2 & -1 & 3 \\ -1 & 1 & -2 \\ 1 & 5 & 1 \end{bmatrix} = \begin{bmatrix} 2 & 0 & 0 \\ -1 & 1/2 & 0 \\ 1 & 11/2 & 5 \end{bmatrix} \begin{bmatrix} 1 & -1/2 & 3/2 \\ 0 & 1 & -1 \\ 0 & 0 & 1 \end{bmatrix}$$

と LU 分解できた．ここで $L\boldsymbol{y}=\boldsymbol{b}$ はつぎのようになる．

$$\begin{bmatrix} 2 & 0 & 0 \\ -1 & 1/2 & 0 \\ 1 & 11/2 & 5 \end{bmatrix} \begin{bmatrix} y_1 \\ y_2 \\ y_3 \end{bmatrix} = \begin{bmatrix} -2 \\ 3 \\ 6 \end{bmatrix}$$

上式より $\boldsymbol{y}$ について解くと

$$y_1 = \frac{-2}{2} = -1$$

$$y_2 = \frac{1}{(1/2)} \times \{3 - (-1) \times (-1)\} = 4$$

$$y_3 = \frac{1}{5} \times \left\{6 - 1 \times (-1) - \frac{11}{2} \times 4\right\} = -3$$

また，$U\boldsymbol{x}=\boldsymbol{y}$ は

$$\begin{bmatrix} 1 & -1/2 & 3/2 \\ 0 & 1 & -1 \\ 0 & 0 & 1 \end{bmatrix} \begin{bmatrix} x_1 \\ x_2 \\ x_3 \end{bmatrix} = \begin{bmatrix} -1 \\ 4 \\ -3 \end{bmatrix}$$

となるので，$\boldsymbol{x}$ について解くと

$$x_3 = -3$$

$$x_2 = 4 - (-1) \times (-3) = 1$$

$$x_1 = -1 - \left(-\frac{1}{2}\right) \times 1 - \frac{3}{2} \times (-3) = 4$$

したがって，$x_1=4$, $x_2=1$, $x_3=-3$ と求まる．

7.3.2 コレスキー（Cholesky）法*

係数行列 A が正値対称行列**の場合に**コレスキー法**が用いられる．A が対称行列であるから $A = LL^t$ あるいは，$A = U^tU$ の形に分解することができる．このような L, U は一意的に求めることができる．すなわち，式（7.11）

$$\sum_{k=1}^{\min(i,j)} l_{ik} u_{kj} = a_{ij}$$

において

$$a_{ij} = a_{ji}, \quad l_{ij} = u_{ji} \qquad (7.16)$$

であるから，式（7.11）は

$$\sum_{k=1}^{\min(i,j)} u_{ki} u_{kj} = a_{ij} \qquad (7.17)$$

と書き換えられる．よって式（7.17）より U の各要素は，

$$\begin{cases} u_{11} = \sqrt{a_{11}} \\ u_{1j} = \dfrac{a_{1j}}{u_{11}} & (2 \leq j \leq n) \\ u_{ii} = \left(a_{ii} - \sum_{k=1}^{i-1} u_{ki}^2 \right)^{1/2} & (2 \leq i \leq n) \\ u_{ij} = \dfrac{1}{u_{ii}} \left(a_{ij} - \sum_{k=1}^{i-1} u_{ki} u_{kj} \right) & (i+1 \leq j \leq n,\ 2 \leq i < n) \\ u_{ij} = 0 & (i > j) \end{cases} \qquad (7.18)$$

で与えられる．これより，係数行列 A は $A = U^tU$ と分解できるので，与えられた方程式を

$$U^t U \boldsymbol{x} = \boldsymbol{b} \qquad (7.19)$$

と分解して，7.3.1 と同様の方法で解 x_k を求める．

例 5 つぎの方程式をコレスキー法で解け．

$$\begin{cases} x_1 + 2x_2 + 3x_3 = 1 \\ 2x_1 + 5x_2 + 4x_3 = -3 \\ 3x_1 + 4x_2 + 17x_3 = 17 \end{cases}$$

まず，係数行列の要素を式（7.18）から求めると

---

* 平方根法とも呼ばれる．

** ベクトル $\boldsymbol{x}$ に対して $\boldsymbol{x}^t A \boldsymbol{x} > 0$ の成り立つ行列 A を正値行列という．正値対称行列は任意の実行列 B より B^tB として作ることができる．従って，非対称の $B\boldsymbol{x} = \boldsymbol{b}$ が与えられた場合，左から B^t をかけて $B^tB\boldsymbol{x} = B^t\boldsymbol{b}$ とし，あたらしく $A = B^tB$, $B^t\boldsymbol{b} = \boldsymbol{c}$ として $A\boldsymbol{x} = \boldsymbol{c}$ を解けばよい．

$$u_{11}=\sqrt{a_{11}}=\sqrt{1}=1$$
$$u_{12}=a_{12}/\sqrt{a_{11}}=2$$
$$u_{13}=a_{13}/\sqrt{a_{11}}=3$$
$$u_{22}=(a_{22}-u_{12}{}^2)^{1/2}=(5-2^2)^{1/2}=1$$
$$u_{23}=\frac{1}{u_{22}}(a_{23}-u_{12}u_{13})=4-2\times3=-2$$
$$u_{33}=\{a_{33}-(u_{13}{}^2+u_{23}{}^2)\}^{1/2}=\{17-(3^2+(-2)^2)\}^{1/2}=\sqrt{4}=2$$

これより，係数行列 A は

$$\begin{bmatrix} 1 & 2 & 3 \\ 2 & 5 & 4 \\ 3 & 4 & 17 \end{bmatrix} = \begin{bmatrix} 1 & 0 & 0 \\ 2 & 1 & 0 \\ 3 & -2 & 2 \end{bmatrix} \begin{bmatrix} 1 & 2 & 3 \\ 0 & 1 & -2 \\ 0 & 0 & 2 \end{bmatrix}$$

と分解できた．つぎに $U^t\boldsymbol{y}=\boldsymbol{b}$ として

$$\begin{cases} y_1 & = 1 \\ 2y_1 + y_2 & = -3 \\ 3y_1 - 2y_2 + 2y_3 & = 17 \end{cases}$$

$\boldsymbol{y}$ について解くと，$y_1=1$, $y_2=-5$, $y_3=2$

また，$U\boldsymbol{x}=\boldsymbol{y}$ として $\boldsymbol{x}$ について解くと

$$x_1=4, \quad x_2=-3, \quad x_3=1$$

を得る．

7.4 反　復　法

与えられた連立方程式 $A\boldsymbol{x}=\boldsymbol{b}$ に対して適当な初期ベクトル $\boldsymbol{x}^{(0)}$ を与えて真の解 $\boldsymbol{x}$ に収束させてゆく方法を反復法という．一般に

$$|x_i^{(m)}-x_i^{(m-1)}|<\varepsilon \qquad (1\leq i\leq n) \tag{7.20}$$

となったとき，反復を停止し $\{x_i^{(m)}\}$ を解とする．ここに，$x_i^{(m)}$ は m 回目の計算で求めた x_i であり，i は行列 A の行を示す．x_i が小さい値のときは上式を

$$|x_i^{(m)}-x_i^{(m-1)}|<\varepsilon|x_i^{(m)}|$$

とするとよい．

7.4.1 ヤコビ (Jacobi) 法

m 回目の反復計算で求めた x_i を $x_i^{(m)}$ として,式 (7.1) の連立方程式を

$$\begin{cases} a_{11}x_1^{(m+1)} + a_{12}x_2^{(m)} + \cdots + a_{1n}x_n^{(m)} = b_1 \\ a_{21}x_1^{(m)} + a_{22}x_2^{(m+1)} + \cdots + a_{2n}x_n^{(m)} = b_2 \\ \vdots \qquad \vdots \qquad \vdots \qquad \vdots \\ a_{n1}x_1^{(m)} + a_{n2}x_2^{(m)} + \cdots + a_{nn}x_n^{(m+1)} = b_n \end{cases} \quad (7.21)$$

とする.計算はまず初期値 $x_i^{(0)}=0$ を各式に代入して $x_i^{(1)}$ を求める.つぎに,求められた $x_i^{(1)}$ を再び式 (7.21) に代入して $x_i^{(2)}$ を求める.この手続きを繰り返えして真の解に近づけてゆく.一般に,$\{x_i^{(m)}\}$ が既知であるとして,$\{x_i^{(m+1)}\}$ をおのおの第 i 行目の式より求める.これより,反復公式は

$$x_i^{(0)}=0, \quad x_i^{(m+1)} = \left(b_i - \sum_{j=1, j \neq i}^{n} a_{ij}x_j^{(m)} \right) \bigg/ a_{ii} \quad (7.22)$$

で与えられる.

例 6 つぎの方程式にヤコビ法を適用して,真の解 $x_1=1$, $x_2=-1$, $x_3=2$ に収束することを確かめよ.

$$\begin{cases} 10x_1 - x_2 + x_3 = 13 \\ -2x_1 + 20x_2 - x_3 = -24 \\ 2x_1 - 2x_2 + 5x_3 = 14 \end{cases}$$

上の方程式にヤコビ法を適用すると結果はつぎのようになる.

反復回数	x_1	x_2	x_3	
0	0.000000000	0.000000000	0.000000000	……初期値
1	1.300000000	−1.200000000	2.800000000	
2	0.900000000	−0.930000000	1.800000000	
3	1.027000000	−1.020000000	2.068000000	
4	0.991200000	−0.993900000	1.981200000	
5	1.002490000	−1.001820000	2.005960000	
6	0.999222000	−0.999453000	1.998276000	
7	1.000227100	−1.000164000	2.000530000	
8	0.999930600	−0.999950790	1.999843560	
9	1.000020565	−1.000014762	2.000047444	
10	0.999993779	−0.999995571	1.999985869	

この方程式で 9 桁の精度を得るには 17 回の反復が必要となる.

7.4.2 ガウス・ザイデル (Gauss-Seidel) 法

これは，前項のヤコビの方法で対角以下の要素をすべて $(m+1)$ 回目の反復値としたもので，x_i の i が大きくなると同じ反復回数でもそのときの反復値を使ったものが多くなり精度が良くなることが多い．前と同じように，連立方程式を

$$\begin{cases} a_{11}x_1^{(m+1)}+a_{12}x_2^{(m)}+\cdots+a_{1n}x_n^{(m)}=b_1 \\ a_{21}x_1^{(m+1)}+a_{22}x_2^{(m+1)}+\cdots+a_{2n}x_n^{(m)}=b_2 \\ \vdots \\ a_{n1}x_1^{(m+1)}+a_{n2}x_2^{(m+1)}+\cdots+a_{nn}x_n^{(m+1)}=b_n \end{cases} \quad (7.23)$$

として，第 1 式より $x_1^{(m+1)}$ を求め，これを第 2 式以下に代入し，第 2 式より $x_2^{(m+1)}$ を求める．これを第 n 式まで繰り返すものである．反復公式は

$$x_i^{(0)}=0, \quad x_i^{(m+1)}=\left(b_i-\sum_{k=1}^{i-1}a_{ik}x_k^{(m+1)}-\sum_{k=i+1}^{n}a_{ik}x_k^{(m)}\right)\Big/a_{ii} \quad (7.24)$$

で与えられる．多くの場合，ガウス・ザイデル法はヤコビ法よりも速く収束するが，ときにはこれと逆の場合もある．

例 7 例 6 で与えられた方程式にガウス・ザイデル法を適用して，真の解へ収束することを確かめよ．

例 6 の方程式にガウス・ザイデル法を適用すると結果はつぎのようになる．

反復回数	x_1	x_2	x_3
0	0.000000000	0.000000000	0.000000000……初期値
1	1.300000000	$-$1.070000000	1.852000000
2	1.007800000	$-$1.006620000	1.994232000
3	0.999914800	$-$1.000296920	1.999915312
4	0.999978777	$-$1.000006357	2.000005947
5	0.999998770	$-$0.999999826	2.000000562
6	0.999999961	$-$0.999999976	2.000000025
7	1.000000000	$-$0.999999999	2.000000001

この方法を用いると 9 桁の精度を得るのに 7 回の反復を要した．

7.5 逆 行 列

7.5.1 解析的な解

行列 A の (i,j) **余因子**[*] を $|A_{ij}|$ とすると，A の**逆行列** A^{-1} は

$$A^{-1} = \frac{1}{|A|} \begin{bmatrix} |A_{11}| & |A_{21}| & \cdots & |A_{n1}| \\ |A_{12}| & |A_{22}| & \cdots & |A_{n2}| \\ \vdots & \vdots & & \vdots \\ |A_{1n}| & |A_{2n}| & \cdots & |A_{nn}| \end{bmatrix} \qquad (7.25)$$

と表される．この方法は，$|A|$，$|A_{ij}|$ を直接計算するので計算回数が激増し実用には供されていない．

7.5.2 ガウス・ジョルダン法

行列 A の逆行列を計算するとき，A の右側に単位行列 I を付加してつぎのような**拡大行列**を作る．

拡大行列

$$\left[\begin{array}{cccc|cccc} a_{11} & a_{12} & \cdots\cdots & a_{1n} & 1 & 0 & \cdots\cdots & 0 \\ a_{21} & a_{22} & \cdots\cdots & a_{2n} & 0 & 1 & \cdots\cdots & 0 \\ \multicolumn{8}{c}{\cdots\cdots\cdots\cdots\cdots\cdots\cdots\cdots\cdots\cdots\cdots\cdots} \\ a_{n1} & a_{n2} & \cdots\cdots & a_{nn} & 0 & 0 & \cdots\cdots & 1 \end{array} \right] \qquad (7.26)$$

ここに，A は

$$A = \begin{bmatrix} a_{11} & a_{12} & \cdots\cdots & a_{1n} \\ a_{21} & a_{22} & \cdots\cdots & a_{2n} \\ \multicolumn{4}{c}{\cdots\cdots\cdots\cdots\cdots\cdots\cdots\cdots} \\ a_{n1} & a_{n2} & \cdots\cdots & a_{nn} \end{bmatrix} \qquad (7.27)$$

ここで **7.2.2** と同じ方法で拡大行列の左側が単位行列になるよう演算を行うと，次式のように右側の部分が逆行列となる．

拡大行列（最終結果）

---

[*] n 次正方行列 A の第 i 行，第 j 列を除いてできる $n-1$ 次行列を A の (i,j) 小行列といい，その行列式を A の (i,j) 小行列式という．A の (i,j) 小行列式に $(-1)^{i+j}$ をかけたものを A の (i,j) 余因子という．

7.5 逆行列

$$\begin{bmatrix} 1 & 0 & \cdots & 0 & | & a_{11}^{-1} & a_{12}^{-1} & \cdots & a_{1n}^{-1} \\ 0 & 1 & \cdots & 0 & | & a_{21}^{-1} & a_{22}^{-1} & \cdots & a_{2n}^{-1} \\ \multicolumn{9}{c}{\cdots\cdots\cdots\cdots\cdots\cdots\cdots\cdots\cdots} \\ 0 & 0 & \cdots & 1 & | & a_{n1}^{-1} & a_{n2}^{-1} & \cdots & a_{nn}^{-1} \end{bmatrix} \qquad (7.28)$$

ここに,a_{ij}^{-1} は逆行列 A^{-1} の ij 要素を示す.

また,この方法では計算機の記憶容量を節約するために A^{-1} を A の中に**オーバーライト*** することができる.

例 8 つぎの行列の逆行列をガウス・ジョルダン法で求めよ.

$$\begin{bmatrix} 2 & -1 & 3 \\ -1 & 1 & -2 \\ 1 & 5 & 1 \end{bmatrix}$$

拡大行列とオーバーライトの結果を以下に示す.

回数	A			I			操作	オーバーライト		
0.	2	−1	3	1	0	0		2	−1	3
	−1	1	−2	0	1	0		−1	1	−2
	1	5	1	0	0	1		1	5	1
1.	1	−1/2	3/2	1/2	0	0	第1行×(1/2)	1/2	−1/2	3/2
	−1	1	−2	0	1	0		−1	1	−2
	1	5	1	0	0	1		1	5	1
2.	1	−1/2	3/2	1/2	0	0		1/2	−1/2	3/2
	0	1/2	−1/2	1/2	1	0	第2行−第1行×(−1)	1/2	1/2	−1/2
	0	11/2	−1/2	−1/2	0	1	第3行−第1行×(1)	−1/2	11/2	−1/2
3.	1	−1/2	3/2	1/2	0	0		1/2	−1/2	3/2
	0	1	−1	1	2	0	第2行×[1/(1/2)]	1	2	−1
	0	11/2	−1/2	−1/2	0	1		−1/2	11/2	−1/2
4.	1	0	1	1	1	0	第1行−第2行×(−1/2)	1	1	1
	0	1	−1	1	2	0		1	2	−1
	0	0	5	−6	−11	1	第3行−第2行×(11/2)	−6	−11	5

---

* **over write**:計算の結果,A の部分には当然決まった値(0 または 1)が入るので,これを省略しそこへ A^{-1} の要素を格納する方法.

5. $\begin{bmatrix} 1 & 0 & 1 \\ 0 & 1 & -1 \\ 0 & 0 & 1 \end{bmatrix} \begin{array}{|ccc} 1 & 1 & 0 \\ 1 & 2 & 0 \\ -6/5 & -11/5 & 1/5 \end{array}$ 第3行×(1/5) $\begin{bmatrix} 1 & 1 & 1 \\ 1 & 2 & -1 \\ -6/5 & -11/5 & 1/5 \end{bmatrix}$

6. $\begin{bmatrix} 1 & 0 & 0 \\ 0 & 1 & 0 \\ 0 & 0 & 1 \end{bmatrix} \begin{array}{|ccc} 11/5 & 16/5 & -1/5 \\ -1/5 & -1/5 & 1/5 \\ -6/5 & -11/5 & 1/5 \end{array}$ 第1行−第3行×(1)
第2行−第3行×(−1) $\begin{bmatrix} 11/5 & 16/5 & -1/5 \\ -1/5 & -1/5 & 1/5 \\ -6/5 & -11/5 & 1/5 \end{bmatrix}$

よって

$$A^{-1} = \begin{bmatrix} 11/5 & 16/5 & -1/5 \\ -1/5 & -1/5 & 1/5 \\ -6/5 & -11/5 & 1/5 \end{bmatrix}$$

7.5.3 **LU 分解法**

行列 A を上三角行列 U と下三角行列 L に分解し，A^{-1} を求めるものである．$A = LU$ より

$$A^{-1} = U^{-1} L^{-1} \tag{7.29}$$

とするものである．LU 分解は **7.3** で述べた方法，U^{-1}, L^{-1} はつぎに述べる方法を用いる．

7.5.4 **三角行列の逆行列**

上三角行列 U の逆行列 U^{-1} の ij 要素を u_{ij}^{-1} とする．U^{-1} の各要素は

$$u_{ii}^{-1} = 1/u_{ii} \tag{7.30}$$

$$u_{ij}^{-1} = \frac{1}{u_{ii}} \left(-\sum_{k=i+1}^{j} u_{ik} u_{kj}^{-1} \right) \tag{7.31}$$

$$u_{ij}^{-1} = 0 \quad (i > j) \tag{7.32}$$

となる．式 (7.31) は $i=1$ より $n-1$ まで，j を $i+1$ より n まで計算することにより求められる．また，下三角行列 L の逆行列 L^{-1} の ij 要素を l_{ij}^{-1} とすると，L^{-1} の各要素は

$$l_{ii}^{-1} = 1/l_{ii} \tag{7.33}$$

$$l_{ij}^{-1} = \frac{1}{l_{ii}} \left(-\sum_{k=j}^{i-1} l_{ik}^{-1} l_{kj} \right) \tag{7.34}$$

7.5 逆 行 列

$$l_{ij}^{-1}=0 \quad (i<j) \tag{7.35}$$

となる．式(7.34)は $i=2$ より n まで，j を 1 より $i-1$ まで計算することにより求められる．

例 9 つぎの行列の逆行列を求めよ．

$$U=\begin{bmatrix} 1 & 2 & 3 \\ 0 & 1 & -2 \\ 0 & 0 & 2 \end{bmatrix}$$

$u_{11}^{-1}=1/u_{11}=1$

$u_{22}^{-1}=1/u_{22}=1$

$u_{33}^{-1}=1/u_{33}=1/2$

$u_{12}^{-1}=\dfrac{1}{u_{11}}(-u_{12}u_{22}^{-1})=1\times\{-2\times 1\}=-2$

$u_{23}^{-1}=\dfrac{1}{u_{22}}(-u_{23}u_{33}^{-1})=1\times\left(-(-2)\times\left(\dfrac{1}{2}\right)\right)=1$

$u_{13}^{-1}=\dfrac{1}{u_{11}}(-u_{12}u_{23}^{-1}-u_{13}u_{33}^{-1})=1\times\left\{-2\times 1-3\times\left(\dfrac{1}{2}\right)\right\}=-\dfrac{7}{2}$

これより逆行列 U^{-1} は次式のようになる．

$$U^{-1}=\begin{bmatrix} 1 & -2 & -7/2 \\ 0 & 1 & 1 \\ 0 & 0 & 1/2 \end{bmatrix}$$

例 10 例 5 の行列 A の三角分解の結果と例 9 の結果を用いて，行列 A の逆行列を求めよ．

$A=LU$ であるから，

$$A^{-1}=U^{-1}L^{-1}=U^{-1}(U^t)^{-1}$$

のように計算して，

$$A=\begin{bmatrix} 1 & -2 & -7/2 \\ 0 & 1 & 1 \\ 0 & 0 & 1/2 \end{bmatrix}\begin{bmatrix} 1 & 0 & 0 \\ -2 & 1 & 0 \\ -7/2 & 1 & 1/2 \end{bmatrix}=\begin{bmatrix} 69/4 & -11/2 & -7/4 \\ -11/2 & 2 & 1/2 \\ -7/4 & 1/2 & 1/4 \end{bmatrix}$$

7.6 固　有　値

行列の固有値問題とは，正方行列 A が与えられたとき

$$Ax = \lambda x \quad (x \neq O) \tag{7.36}$$

となるような，スカラー λ とベクトル x を求めるものである．このとき，λ を**固有値**，x を**固有ベクトル**という．

固有値 λ は，I を A と同じ大きさの単位行列としたとき，固有方程式

$$|\lambda I - A| = 0 \tag{7.37}$$

の根として与えられる．すなわち

$$\begin{vmatrix} \lambda - a_{11} & -a_{12} & \cdots & -a_{1n} \\ -a_{21} & \lambda - a_{22} & \cdots & -a_{2n} \\ \vdots & \vdots & & \vdots \\ -a_{n1} & -a_{n2} & \cdots & \lambda - a_{nn} \end{vmatrix} = 0 \tag{7.38}$$

の根として与えられる．したがって，この代数方程式（7.38）の係数を求め，これを解くことにより固有値 λ が求められる．しかし，この方法による計算は，次数 n がごく小さいときや行列 A の要素の大部分が 0 のとき以外は，計算量が多いので実用的ではない．

7.6.1　フ レ ー ム 法

$$P(\lambda) = |\lambda I - A| = 0 \tag{7.39}$$

より

$$P(\lambda) = \lambda^n - \sum_{m=1}^{n} c_m \lambda^{n-m} \tag{7.40}$$

と展開できる．このとき係数 c_m が求まれば，固有値 λ は $P(\lambda) = 0$ の根として与えられる．c_m はつぎのような漸化式で求めることができる．

$$A_0 = I \tag{7.41a}$$

$$c_m = \text{tr}(A A_{m-1})/m \tag{7.41b}$$

$$A_m = A A_{m-1} - c_m I \tag{7.41c}$$

ここに，A_m は行列 A の m 回目の反復を表す．また，上式は最終的に

$$A_n = AA_{n-1} - c_n I = 0 \qquad (7.42)$$

となり，検算の役目もはたしている．また

$$|A| = (-1)^{n-1} c_n \qquad (7.43)$$

$$A^{-1} = A_{n-1}/c_n \qquad (7.44)$$

であるから，行列式と逆行列も同時に求めることができる．この方法は，行列の積を繰り返し作るので積和を精度良く計算する必要がある．

例 11 つぎの行列の固有値をフレーム法で求めよ．

$$A = \begin{bmatrix} 33 & 16 & 72 \\ -24 & -10 & -57 \\ -8 & -4 & -17 \end{bmatrix}$$

m	A_{m-1}	AA_{m-1}	c_m
1.	$\begin{bmatrix} 1 & 0 & 0 \\ 0 & 1 & 0 \\ 0 & 0 & 1 \end{bmatrix}$	$\begin{bmatrix} 33 & 16 & 72 \\ -24 & -10 & -57 \\ -8 & -4 & -17 \end{bmatrix}$	$c_1 = (33-10-17)/1$ $= 6$

ここで，式 (7.41c) を用いて A_1 を求めると下の左側の行列となる．

2.	$\begin{bmatrix} 27 & 16 & 72 \\ -24 & -16 & -57 \\ -8 & -4 & -23 \end{bmatrix}$	$\begin{bmatrix} -69 & -16 & -192 \\ 48 & 4 & 153 \\ 16 & 4 & 43 \end{bmatrix}$	$c_2 = (-69+4+43)/2$ $= -22/2 = -11$
3.	$\begin{bmatrix} -58 & -16 & -192 \\ 48 & 15 & 153 \\ 16 & 4 & 54 \end{bmatrix}$	$\begin{bmatrix} 6 & 0 & 0 \\ 0 & 6 & 0 \\ 0 & 0 & 6 \end{bmatrix}$	$c_3 = 18/3 = 6$

よって，固有方程式は

$$\lambda^3 - 6\lambda^2 + 11\lambda - 6 = 0$$

となるから，これより $\lambda_1 = 1$, $\lambda_2 = 2$, $\lambda_3 = 3$ を得る．

7.6.2 ヤコビ法

ヤコビ法は，実対称行列 A に相似変換*をほどこし，対角行列に近づけて

---

* 正方行列 A, B で任意の正則行列 P に対して $B = P^{-1}AP$ となる関係があるとき，A と B は相似であるという．この関係式を相似変換といい，A と B は同じ固有値を持つ．

これを固有値とする方法である．すなわち，相似変換を行うための k 回目の直交行列* を J_k として，つぎのように $k=1$ から n まで，順に直交変換を行うと

$$J_n J_{n-1} \cdots J_2 J_1 A J_1^{-1} J_2^{-1} \cdots J_{n-1}^{-1} J_n^{-1} = D$$

行列 A の固有値を対角要素に持つ対角行列 D に変換される．幾何学的には平面を回転させ，この回転のたびに非対角要素 $a_{ij}=a_{ji}(i \neq j)$ をそれぞれ一対ずつ零とするものである．このとき，零とした要素がその後の変換により零でなくなることはあるが，非対角要素のすべての平方和は零に収束し，変換された行列は対角行列に収束する．

変換後の i, j 要素を 0 とするような直交行列 J をつぎのように定める．

$$J = \begin{bmatrix} 1 & & & & & & & & \\ & \ddots & & & 0 & & & & \\ & & 1 & & & & & & \\ & & & \cos\theta & & \sin\theta & & & \\ & & & & 1 & & & & \\ & 0 & & & & \ddots & & & 0 \\ & & & & & & 1 & & \\ & & & -\sin\theta & & \cos\theta & & & \\ & & & & & & & 1 & \\ & & & & 0 & & & & \ddots \\ & & & & & & & & & 1 \end{bmatrix} \begin{matrix} \\ \\ \\ \cdot i\text{行} \\ \\ \\ \\ \cdot j\text{行} \\ \\ \\ \end{matrix} \quad (7.45)$$

（i 列，j 列）

これは，平面の回転を表しているので**ヤコビの回転行列**と呼ばれている．
ここで，相似変換

$$B = JAJ^{-1} \quad (7.46)$$

を行い，$J^{-1}=J^t$ となることに注意すると，B の各要素は

$$\begin{cases} b_{kl} = a_{kl} & (k, l \neq i, j) \\ b_{ik} = b_{ki} = a_{ki}\cos\theta + a_{kj}\sin\theta & (k \neq i, j) \\ b_{kj} = b_{jk} = -a_{ki}\sin\theta + a_{kj}\cos\theta & (k \neq i, j) \\ b_{ii} = a_{jj}\sin^2\theta + a_{ii}\cos^2\theta + 2a_{ij}\sin\theta\cos\theta \\ b_{jj} = a_{jj}\cos^2\theta + a_{ii}\sin^2\theta - 2a_{ij}\sin\theta\cos\theta \\ b_{ij} = b_{ji} = \dfrac{1}{2}(a_{jj}-a_{ii})\sin 2\theta + a_{ij}\cos 2\theta \end{cases} \quad (7.47)$$

---

* $T^t T = I$ を満たす行列を直交行列という．直交行列の行列式は 1 あるいは -1 である．また，$T^t = T^{-1}$ が成り立つ．直交行列による相似変換を直交変換という．

と与えられる．つぎに，$b_{ij}=b_{ji}=0$ となるよう回転角 θ を定めると

$$\frac{1}{2}(a_{jj}-a_{ii})\sin 2\theta + a_{ij}\cos 2\theta = 0 \tag{7.48}$$

より

$$\theta = \frac{1}{2}\tan^{-1}\frac{2a_{ij}}{a_{ii}-a_{jj}} \tag{7.49}$$

を得る．また，変換 $B=JAJ^{-1}$ は，平面の回転を行なっただけであるから各要素の平方和は一定である．すなわち

$$\sum_{k}^{n}\sum_{l}^{n}(b_{kl})^2 = \sum_{k}^{n}\sum_{l}^{n}(a_{kl})^2 \tag{7.50}$$

である．これを対角要素と非対角要素に分けて考えると，$b_{ij}=b_{ji}=0$ であるから，非対角要素の平方和は $2a_{ij}^2$ だけ減少し対角要素の平方和は $2a_{ij}^2$ だけ増加するという結果になる．また，前述の変換は相似変換であり固有値は変化しないので，この変換を繰り返すことにより非対角要素は零に収束し固有値は対角要素として与えられる．一般に，このとき a_{ij} は非対角要素のうち最大のものがとられる．

なお，回転行列 J を求めるときの回転角 θ は直接に求める必要はない．

必要となるのは $\cos\theta, \sin\theta$ であり，これらはつぎのようにして求められる．

$$\cos 2\theta = \frac{|a_{ii}-a_{jj}|}{\sqrt{4a_{ij}^2+(a_{ii}-a_{jj})^2}}$$

となるから

$$\cos\theta = \sqrt{\frac{1}{2}(1+\cos 2\theta)}, \ \sin\theta = \mathrm{sgn}\{a_{ij}\}\mathrm{sgn}\{(a_{ii}-a_{jj})\}\sqrt{\frac{1}{2}(1-\cos 2\theta)}$$

ただし，$\mathrm{sgn}(x)$ は x の符号をとることを示す．

例 12 ヤコビ法を用いてつぎの対称行列の固有値を求めよ．

$$A = \begin{bmatrix} 1 & 2 & 1 \\ 2 & 1 & 1 \\ 1 & 1 & 1 \end{bmatrix}$$

非対角要素の絶対値が最大なものは $a_{12}=a_{21}$ であるから，回転角 θ は式 (7.49) より

$$\theta = \frac{1}{2}\tan^{-1}\frac{2a_{12}}{a_{11}-a_{22}}$$

であるから，$\theta = \pi/4$ となり，これより

$$\sin\theta = \sqrt{2}/2, \quad \cos\theta = \sqrt{2}/2$$

を得る．ゆえに回転行列 J は，式（7.45）より

$$J = \begin{bmatrix} \sqrt{2}/2 & \sqrt{2}/2 & 0 \\ -\sqrt{2}/2 & \sqrt{2}/2 & 0 \\ 0 & 0 & 1 \end{bmatrix}$$

相似変換 $JAJ^{-1} = JAJ^t$ は

$$\begin{bmatrix} \sqrt{2}/2 & \sqrt{2}/2 & 0 \\ -\sqrt{2}/2 & \sqrt{2}/2 & 0 \\ 0 & 0 & 1 \end{bmatrix} \begin{bmatrix} 1 & 2 & 1 \\ 2 & 1 & 1 \\ 1 & 1 & 1 \end{bmatrix} \begin{bmatrix} \sqrt{2}/2 & -\sqrt{2}/2 & 0 \\ \sqrt{2}/2 & \sqrt{2}/2 & 0 \\ 0 & 0 & 1 \end{bmatrix} = \begin{bmatrix} 3 & 0 & \sqrt{2} \\ 0 & -1 & 0 \\ \sqrt{2} & 0 & 1 \end{bmatrix}$$

となる．ここで再び，非対角要素の最大なものより回転角を求めると，式（7.49）より

$$\theta = \frac{1}{2}\tan^{-1}\frac{2a_{13}}{a_{11}-a_{33}}$$

となる．よって

$$\sin\theta = \sqrt{\frac{1-\sqrt{3}/3}{2}}, \quad \cos\theta = \sqrt{\frac{1+\sqrt{3}/3}{2}}$$

ゆえに，回転行列 J は式（7.45）より

$$J = \begin{bmatrix} \sqrt{\dfrac{1+\sqrt{3}/3}{2}} & 0 & \sqrt{\dfrac{1-\sqrt{3}/3}{2}} \\ 0 & 1 & 0 \\ -\sqrt{\dfrac{1-\sqrt{3}/3}{2}} & 0 & \sqrt{\dfrac{1+\sqrt{3}/3}{2}} \end{bmatrix}$$

$JAJ^{-1} = JAJ^t$ は

$$\begin{bmatrix} \sqrt{\frac{1+\sqrt{3}/3}{2}} & 0 & \sqrt{\frac{1-\sqrt{3}/3}{2}} \\ 0 & 1 & 0 \\ -\sqrt{\frac{1-\sqrt{3}/3}{2}} & 0 & \sqrt{\frac{1+\sqrt{3}/3}{2}} \end{bmatrix} \begin{bmatrix} 3 & 0 & \sqrt{2} \\ 0 & -1 & 0 \\ \sqrt{2} & 0 & 1 \end{bmatrix}$$

$$\times \begin{bmatrix} \sqrt{\frac{1+\sqrt{3}/3}{2}} & 0 & -\sqrt{\frac{1-\sqrt{3}/3}{2}} \\ 0 & 1 & 0 \\ \sqrt{\frac{1-\sqrt{3}/3}{2}} & 0 & \sqrt{\frac{1+\sqrt{3}/3}{2}} \end{bmatrix}$$

$$= \begin{bmatrix} 2+\sqrt{3} & 0 & 0 \\ 0 & -1 & 0 \\ 0 & 0 & 2-\sqrt{3} \end{bmatrix}$$

これより,固有値 $2+\sqrt{3}$, -1, $2-\sqrt{3}$ を得る.

7.6.3 *LR* 法

この方法は,対称行列 A を LU 分解し,これを逆順に乗じた相似変換を行なって三角行列に近づけてゆく方法である.LR 法の R は上三角行列を表し,**7.3** で述べた U と同じであり,LR 分解は LU 分解を示す.

いま,L を下三角行列として,与えられた A を **7.3** と同じ方法で

$$A = LR \tag{7.51}$$

と分解する.ここで,k 回変換された A を A_k とし,これを上の方法で LR 分解し,R と L を逆にして乗じたものを $R_k L_k = A_{k+1}$ とする.

すなわち,与えられた行列 A を初期値 A_0 として

$$\begin{array}{lll}
0)\text{回目} & A \to A_0, & A_0 = L_0 R_0 \\
1) & R_0 L_0 \to A_1, & A_1 = L_1 R_1 \\
2) & R_1 L_1 \to A_2, & A_2 = L_2 R_2 \\
\vdots & \vdots & \vdots \\
k) & R_{k-1} L_{k-1} \to A_k, & A_k = L_k R_k \\
k+1) & R_k L_k \to A_{k+1}, & \cdots\cdots\cdots
\end{array} \tag{7.52}$$

のような操作を行う．A_k は $k\to\infty$ のとき，三角行列に収束する*．

この方法が相似変換になるのは，上の k) の式を変形すると

$$R_k = L_k^{-1} A_k \tag{7.53}$$

となるから，$k+1$) の式に上式を代入して

$$A_{k+1} = L_k^{-1} A_k L_k \tag{7.54}$$

が成り立つことよりわかる．したがって，固有値の値が変化しないので，収束した三角行列 A_n の対角要素が A の固有値となる．

例 13 LR 法を用いて例 12 の固有値を求めよ．

L_1, R_1 は与えられた対称行列を LR 分解したもので $A_1 = R_1 L_1$ である．以下，5 回目の反復ですでに行列 A の下三角の要素は 0 に近くなっている．$k=8$ で，小数点以下 3 桁まで正確な値に収束していることがわかる．

$$k=1\quad L_k\begin{bmatrix}1.000 & 0.000 & 0.000\\ 2.000 & 1.000 & 0.000\\ 1.000 & 0.333 & 1.000\end{bmatrix}\quad R_k\begin{bmatrix}1.000 & 2.000 & 1.000\\ 0.000 & -3.000 & -1.000\\ 0.000 & 0.000 & 0.333\end{bmatrix}\quad A_{k+1}\begin{bmatrix}6.000 & 2.333 & 1.000\\ -7.000 & -3.333 & -1.000\\ 0.333 & 0.111 & 0.333\end{bmatrix}$$

$$k=2\begin{bmatrix}1.000 & 0.000 & 0.000\\ -1.167 & 1.000 & 0.000\\ 0.056 & 0.030 & 1.000\end{bmatrix}\begin{bmatrix}6.000 & 2.333 & 1.000\\ 0.000 & -0.611 & 0.167\\ 0.000 & 0.000 & 0.273\end{bmatrix}\begin{bmatrix}3.333 & 2.364 & 1.000\\ 0.722 & -0.606 & 0.167\\ 0.015 & 0.008 & 0.273\end{bmatrix}$$

$$k=3\begin{bmatrix}1.000 & 0.000 & 0.000\\ 0.217 & 1.000 & 0.000\\ 0.005 & 0.002 & 1.000\end{bmatrix}\begin{bmatrix}3.333 & 2.364 & 1.000\\ 0.000 & -1.118 & -0.050\\ 0.000 & 0.000 & 0.268\end{bmatrix}\begin{bmatrix}3.850 & 2.366 & 1.000\\ -0.243 & -1.118 & -0.050\\ 0.001 & 0.001 & 0.268\end{bmatrix}$$

$$k=4\begin{bmatrix}1.000 & 0.000 & 0.000\\ -0.063 & 1.000 & 0.000\\ 0.000 & 0.000 & 1.000\end{bmatrix}\begin{bmatrix}3.850 & 2.366 & 1.000\\ 0.000 & -0.969 & 0.013\\ 0.000 & 0.000 & 0.268\end{bmatrix}\begin{bmatrix}3.701 & 2.366 & 1.000\\ 0.061 & -0.969 & 0.013\\ 0.000 & 0.000 & 0.268\end{bmatrix}$$

$$k=5\begin{bmatrix}1.000 & 0.000 & 0.000\\ 0.016 & 1.000 & 0.000\\ 0.000 & 0.000 & 1.000\end{bmatrix}\begin{bmatrix}3.701 & 2.366 & 1.000\\ 0.000 & -1.008 & -0.004\\ 0.000 & 0.000 & 0.268\end{bmatrix}\begin{bmatrix}3.740 & 2.366 & 1.000\\ -0.017 & -1.008 & -0.004\\ 0.000 & 0.000 & 0.268\end{bmatrix}$$

$$\vdots$$

$$k=8\begin{bmatrix}1.000 & 0.000 & 0.000\\ 0.000 & 1.000 & 0.000\\ 0.000 & 0.000 & 1.000\end{bmatrix}\begin{bmatrix}3.733 & 2.366 & 1.000\\ 0.000 & -1.000 & 0.000\\ 0.000 & 0.000 & 0.268\end{bmatrix}\begin{bmatrix}3.732 & 2.366 & 1.000\\ 0.000 & -1.000 & 0.000\\ 0.000 & 0.000 & 0.268\end{bmatrix}$$

---

* $r_{ii}=1$ のとき下三角，$l_{ii}=1$ のとき上三角行列に収束する．

7.6.4 **QR 法***

与えられた行列 A をユニタリ行列 Q** と上三角行列 R に分解し，LR 法と同じ方法で上三角行列に近づけてゆく方法を **QR 法**という．この方法は原理的にどんな行列にも適用可能であるが，実用的に QR 法が用いられるのは行列 A がヘッセンベルグ (Hessenberg) 行列***のときである．従って，QR 法を適用するには一般行列をヘッセンベルグ行列に変換する必要がある．これには後に述べるギブンズ (Givens) 法やハウスホルダー (Householder) 法を用いる．QR 法の考え方は LR 法と同じであるから

$$A_0 = A, \quad A_k = Q_k R_k, \quad A_{k+1} = R_k Q_k \tag{7.55}$$

となる．ここに A_k は $k \to \infty$ のとき，上三角行列に収束する．この変換も相似変換であり固有値に変化はないので A_k の対角要素が求める固有値となる．

ここで QR 分解は $R_k = Q_k^{-1} A_k$ より A_k を上三角行列化するような Q_k^{-1} をみつけてやればよい．またユニタリ行列の積はユニタリ行列であるから，$P_k^{(t)}$ をユニタリ行列として

$$R_k = P_k^{(m)} P_k^{(m-1)} \cdots P_k^{(2)} P_k^{(1)} A_k \tag{7.56}$$

と書き換えられる．よって上式を満足するような $P_k^{(t)}$ をみつけてやればよい．これより

$$Q_k^{-1} = P_k^{(m)} P_k^{(m-1)} \cdots P_k^{(2)} P_k^{(1)} \tag{7.57}$$

を得る．また，Q は**ユニタリ行列**であるから

$$Q_k = (Q_k^{-1})^*$$

である．ここに，( )* は複素共役を示す****．したがって

$$Q_k = P_k^{(1)*} P_k^{(2)*} \cdots P_k^{(m-1)*} P_k^{(m)*} \tag{7.58}$$

と表される．

行列 A がヘッセンベルク行列の場合，$P_k^{(t)}$ は

---

* この場合も R は上三角行列である．
** Q が複素行列であるとき，この共役転置行列 Q^* と $Q^*Q = I$ を満足する行列をユニタリ行列という．Q が実行列ならば直交行列となる．
*** $i \geq j+2$ の範囲のすべての要素 a_{ij} が 0 である行列．代表的なものとして三角行列，対角行列，三重対角行列などがある．
**** 実行列の場合は $Q = (Q^{-1})^t$ である．

$$P_k^{(l)} = \begin{bmatrix} 1 & & & & & & & & \\ & \ddots & & & & & 0 & & \\ & & 1 & & & & & & \\ & & & \cos\theta & \sin\theta & & & & \\ & & & -\sin\theta & \cos\theta & & & & \\ & & & & & 1 & & & \\ & 0 & & & & & \ddots & & \\ & & & & & & & 1 \end{bmatrix} \begin{matrix} \\ \\ \\ \leftarrow i \text{ 行} \\ \leftarrow i+1 \text{ 行} \\ \\ \\ \end{matrix} \quad (7.59)$$

$$\begin{matrix} i \text{ 列} & i+1 \text{ 列} \\ \downarrow & \downarrow \end{matrix}$$

ここに

$$\left. \begin{aligned} \sin\theta &= \frac{a_{l+1,l}}{\sqrt{|a_{ll}|^2 + |a_{l+1,l}|^2}} \\ \cos\theta &= \frac{a_{ll}}{\sqrt{|a_{ll}|^2 + |a_{l+1,l}|^2}} \end{aligned} \right\} \quad (7.60)$$

である．式 (7.56) のように $P_k^{(l)}$ を A_k の左より乗ずることによって要素 $a_{l+1,l}$ および $a_{l,l+1}$ が零となるので，このような $P_k^{(l)}$ を $l=1, 2, \cdots, n-1$ の順に乗じてやることによりヘッセンベルグ行列 A_k を上三角行列に変形することができる．最終的には

$$A_{k+1} = P_k^{(m)} P_k^{(m-1)} \cdots P_k^{(2)} P_k^{(1)} A_k P_k^{(1)*} P_k^{(2)*} \cdots P_k^{(m-1)*} P_k^{(m)*} \quad (7.61)$$

という反復公式を得る．

7.6.5 ギブンズ (Givens) 法

ヤコビの回転行列を用いるものであるが，ヤコビ法では a_{ij} を零としたものに対して，**ギブンズ法**では $a_{i-1,j}$ が零となるよう回転角 θ を定めたものである．すなわち，変換

$$B = JAJ^{-1} = JAJ^t \quad (7.62)$$

を行なったときの B の要素，式 (7.47) において

$$b_{i,j-1} = a_{j,i-1}\cos\theta - a_{i,i-1}\sin\theta = 0 \quad (7.63)$$

としたものである．これより回転角 θ は

$$\theta = \tan^{-1}\frac{a_{j,i-1}}{a_{i,i-1}} \quad (7.64)$$

となる．ヤコビ法では，A の非対角要素のうちで最大の要素 a_{ij} について回

転角を求めたが，ギブンズ法では a_{ij} を一意的に $a_{23}, a_{24}, \cdots a_{2n}, a_{34}, a_{35}, \cdots a_{3n}$, $a_{45}, a_{46}, \cdots a_{n-1,n}$, の順にとる．これにより，$A$ は三重対角行列に変換されるので固有値は QR 法で求められる．

例 14 つぎの行列にギブンズ法を適用してヘッセンベルク形に変換せよ．

$$A = \begin{bmatrix} 1 & 0 & 1 \\ 0 & 1 & 1 \\ 1 & 1 & 0 \end{bmatrix}$$

ギブンズ法を適用すると

$$a_{ij} = a_{23} \quad \text{より} \quad i=2, \ j=3$$

よって回転角 θ は，式 (7.64) より

$$\theta = \tan^{-1} \frac{a_{31}}{a_{21}} = \frac{\pi}{2}$$

したがって

$$\sin \theta = 1, \ \cos \theta = 0$$

を得る．これと式 (7.45) より回転行列 J は

$$J = \begin{bmatrix} 1 & 0 & 0 \\ 0 & 0 & 1 \\ 0 & -1 & 0 \end{bmatrix}$$

これより $JAJ^{-1} = JAJ^t$ は

$$\begin{bmatrix} 1 & 0 & 0 \\ 0 & 0 & 1 \\ 0 & -1 & 0 \end{bmatrix} \begin{bmatrix} 1 & 0 & 1 \\ 0 & 1 & 1 \\ 1 & 1 & 0 \end{bmatrix} \begin{bmatrix} 1 & 0 & 0 \\ 0 & 0 & -1 \\ 0 & 1 & 0 \end{bmatrix} = \begin{bmatrix} 1 & 1 & 0 \\ 1 & 0 & -1 \\ 0 & -1 & 1 \end{bmatrix}$$

となり，ヘッセンベルク形に変換された．

7.6.6 ハウスホルダー (Householder) 法

ハウスホルダー法はギブンズ法を改良したもので，ギブンズ法における a_{ij} の $i=k$ のときのすべての j に対する変換を一度にしようとするものである．

いま，途中まで三重対角化が終了したとする．ギブンズ法では**ピボット*** を順に動かして b の部分を消去していた．ハウスホルダー法は b の部分を一度に消去しようとするものである．これにはつぎのようなアルゴリズムが考えら

---

* 主軸：行あるいは列の中の最大要素．

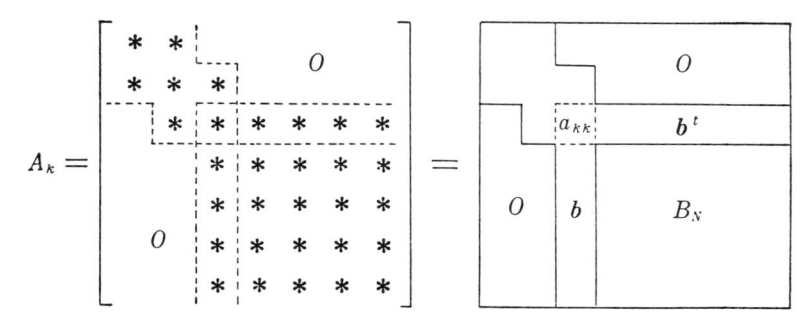

$$A_k = \begin{bmatrix} * & * & & & & & \\ * & * & * & & O & & \\ & * & * & * & * & * & * \\ & & * & * & * & * & * \\ & & * & * & * & * & * \\ & O & * & * & * & * & * \\ & & * & * & * & * & * \end{bmatrix} = \begin{bmatrix} & & & O & \\ & & & a_{kk} & b^t \\ & O & & b & B_N \end{bmatrix}$$

れる．

1) 第 k 列の第 $k+1$ 成分以降を $\boldsymbol{b}$ とする．
2) これをもとにして，$s = \pm \|\boldsymbol{b}\| = \pm \sqrt{(\boldsymbol{b} \cdot \boldsymbol{b})}$ を求める*．
3) 新らしい $\boldsymbol{b}_N = (s, 0, 0, 0, \cdots, 0)^t$ を作成する．
4) これより $\boldsymbol{u} = \boldsymbol{b} - \boldsymbol{b}_N$ を求める．
5) $\|\boldsymbol{u}\|^2 = 2\{s^2 + (\boldsymbol{b} \text{ の第1成分}) \times s\}$ を求める．
6) $\boldsymbol{p} = B\boldsymbol{u}/(\|\boldsymbol{u}\|^2/2)$ を求める．
7) $\alpha = \boldsymbol{u}^t \boldsymbol{p}/\|\boldsymbol{u}\|^2$ を求める．
8) $\boldsymbol{q} = \boldsymbol{p} - \alpha \boldsymbol{u}$ を求める．
9) $B_N = B - \boldsymbol{u}\boldsymbol{q}^t - \boldsymbol{q}\boldsymbol{u}^t$ を求める．

この操作により行列 B_N の要素は新らしく決定される．これを，$k=1$ より $n-2$ まで繰り返す．ただし，4) における桁落ちを防ぐため $(-s)$ の符号が $\boldsymbol{b}$ の第1成分と同じ符号となるよう選ぶのが一般的である．これより A_{n-1} は3重対角行列となるので固有値は QR 法により求められる．

7.7 行列の悪条件

連立方程式の解は係数のわずかな変化によって大きく変わることがある．これは連立方程式によって定まる超平面のうちのいくつかが平行に近いことによる．これはいくつかの方程式の係数が非常に似かよっているためであって，こ

---

* $\|\boldsymbol{b}\|$ はベクトル $\boldsymbol{b}$ のノルム（norm）といい，$\boldsymbol{b}$ の長さを表す．

7.7 行列の悪条件

のような場合,行列は**悪条件*** であるという.以下に,二,三の悪条件の判定法について述べる.

スペクトル条件数 $S(A)$:判定する行列 A が**正則****であるとき,行列 $A^t A$ の最大固有値を $\lambda(A^t A)_{\max}$,最小固有値を $\lambda(A^t A)_{\min}$ とすると,スペクトル条件数は

$$S(A) = [\lambda(A^t A)_{\max}/\lambda(A^t A)_{\min}]^{1/2} \qquad (7.65)$$

と表される.

p 条件数 $p(A)$:行列 A の最大固有値を $\lambda(A)_{\max}$,最小固有値を $\lambda(A)_{\min}$ とするとき

$$p(A) = |\lambda(A)_{\max}/\lambda(A)_{\min}| \qquad (7.66)$$

と表される.これらの条件数が大きい場合には,わずかな係数の変化が解に大きな影響を及ぼす.このことをつぎの二つの例によって示そう.

例 15 つぎの連立方程式のスペクトル条件数と p 条件数を求めよ.

$$\begin{cases} x + 2y = 3 \\ x + y = 2 \end{cases}$$

行列 A および転置行列 A^t はそれぞれ

$$A = \begin{bmatrix} 1 & 2 \\ 1 & 1 \end{bmatrix}, \quad A^t = \begin{bmatrix} 1 & 1 \\ 2 & 1 \end{bmatrix}$$

となるから

$$A^t A = \begin{bmatrix} 2 & 3 \\ 3 & 5 \end{bmatrix}$$

これより固有値は

$$|\lambda I - A^t A| = \begin{vmatrix} \lambda - 2 & -3 \\ -3 & \lambda - 5 \end{vmatrix} = \lambda^2 - 7\lambda + 1 = 0$$

$$\therefore \quad \lambda_1 \cong 6.85, \quad \lambda_2 \cong 0.146$$

したがって,スペクトル条件数 $S(A)$ は

$$S(A) \cong [6.85/0.146]^{1/2} \cong 6.9$$

また,p 条件数 $p(A)$ は

---

* ill condition.
** $|A| \neq 0$ の行列を正則であるという.

$$|\lambda I - A| = \begin{vmatrix} \lambda-1 & -2 \\ -1 & \lambda-1 \end{vmatrix} = \lambda^2 - 2\lambda - 1 = 0$$

$$\therefore \quad \lambda_1 \cong 2.41, \quad \lambda_2 \cong -0.414$$

$$p(A) \cong |2.41/-0.414| \cong 5.8$$

となる．

例 16 つぎの連立方程式のスペクトル条件数と p 条件数を求めよ．

$$\begin{cases} x + 2y = 3 \\ x + 2.001y = 3.001 \end{cases}$$

前と同じようにして固有方程式を求めると

$$\lambda^2 - 10.004001\lambda + 0.000001 = 0$$

これより固有値は

$$\lambda_1 \cong 10, \quad \lambda_2 \cong 10^{-7}$$

スペクトル条件数は

$$S(A) \cong 10000$$

また，p 条件数は

$$p(A) \cong 9000$$

係数がわずかに違う前の二つの例の連立方程式とその解を表にまとめるとつぎのようになる．

表 7.1

	条件数	方程式（a）		（a）と係数のわずかに異なる方程式（b）	
例 15	$S(A) \cong 6.9$ $p(A) \cong 5.8$	$\begin{cases} x+2y=3 \\ x+y=2 \end{cases}$	$x=1$ $y=1$	$\begin{cases} x+2y=3 \\ x+0.998y=2 \end{cases}$	$x \cong 1.004$ $y \cong 0.998$
例 16	$S(A) \cong 10000$ $p(A) \cong 9000$	$\begin{cases} x+2y=3 \\ x+2.001y=3.001 \end{cases}$	$x=1$ $y=1$	$\begin{cases} x+2y=3 \\ x+1.999y=3.001 \end{cases}$	$x=5$ $y=-1$

例 15 では係数のわずかな変化によって解もわずかに変化するが，例 16 では解がまったく似ても似つかない解となってしまうことが示された．このように，条件数の大きな連立方程式を悪条件の方程式であるといい，計算機のわずかな丸め誤差でまったく異なる解を与える．図 7.1 に上の二つの例について示した．

7.7 行列の悪条件

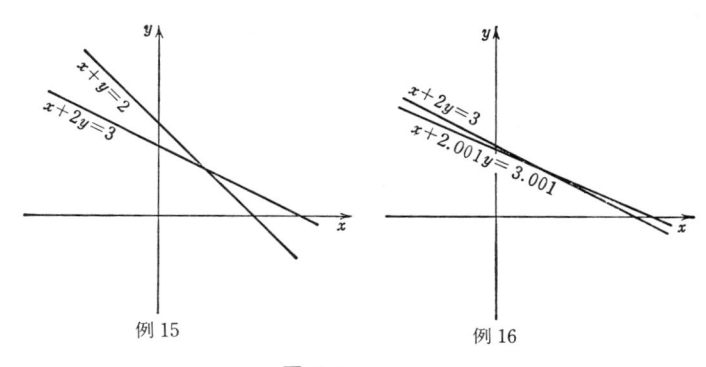

例 15

例 16

図 7.1

悪条件に対する判定には，行列式 $|A|$ の値を用いる方法も考えられる．連立方程式は解を変えることなしに任意の定数をかけることができるので，**規格化した行列** A_{norm} の行列式 $|A_{\text{norm}}|$ の値で判定する．

規格化は i 行目の各要素を $\sqrt{\sum_{j=1}^{n} a_{ij}^2}$ で割ることにより行う．

例 15 の行列

$$A = \begin{bmatrix} 1 & 2 \\ 1 & 1 \end{bmatrix}$$

について規格化を行う．まず，1 行目および 2 行目の規格化因子をそれぞれ N_1, N_2 とすると

$$N_1 = \sqrt{1^2 + 2^2} = \sqrt{5}, \quad N_2 = \sqrt{1^2 + 1^2} = \sqrt{2}$$

したがって，規格化された行列式は

$$|A_{\text{norm}}| \cong \begin{vmatrix} 1/\sqrt{5} & 2/\sqrt{5} \\ 1/\sqrt{2} & 1/\sqrt{2} \end{vmatrix} = -\frac{1}{\sqrt{10}} \cong -0.32$$

また，例 16 の場合を行列 B とすると

$$|B_{\text{norm}}| = \begin{vmatrix} 1/\sqrt{5} & 2/\sqrt{5} \\ 1/\sqrt{5.004001} & 2.001/\sqrt{5.004001} \end{vmatrix} \cong 0.0002$$

このように，$|A_{\text{norm}}|$ の絶対値が 1 に比べて非常に小さい場合は悪条件であると判定できる．

演 習 問 題

7.1 つぎの連立方程式をガウスの消去法およびガウス・ジョルダン法で解け.

(a) $\begin{cases} x_1 - 2x_2 = -1 \\ -x_1 + 3x_2 + 2x_3 = 8 \\ x_1 - x_2 + 4x_3 = 10 \end{cases}$
(b) $\begin{cases} 2x_1 + x_2 + x_3 = -1 \\ x_1 + 2x_2 + x_3 = 2 \\ x_1 + x_2 + 2x_3 = 3 \end{cases}$

(c) $\begin{cases} x_1 + 2x_2 - x_3 = -5 \\ x_1 + 3x_2 - x_3 = -4 \\ 2x_1 + 7x_2 - x_3 = -2 \end{cases}$
(d) $\begin{cases} x_1 - x_2 = -2 \\ -x_1 + 2x_2 - x_3 = 3 \\ -x_2 + 2x_3 = 1 \end{cases}$

7.2 問7.1(a), (c) の連立方程式をクラウト法で解け.

7.3 問7.1(b), (d) の連立方程式をコレスキー法で解け.

7.4 つぎの連立方程式の解をコレスキー法で解け.

(a) $\begin{cases} x_1 + 3x_2 + 2x_3 = 2 \\ 3x_1 + 10x_2 + 9x_3 = 9 \\ 2x_1 + 9x_2 + 14x_3 = 15 \end{cases}$
(b) $\begin{cases} x_1 + 3x_2 + x_3 = 1 \\ 3x_1 + 13x_2 + 11x_3 = 7 \\ x_1 + 11x_2 + 8x_3 = 12 \end{cases}$

(c) $\begin{cases} x_1 + x_2 + 2x_3 = 4 \\ x_1 + 5x_2 + 4x_3 = 10 \\ 2x_1 + 4x_2 + 9x_3 = 15 \end{cases}$

7.5 つぎの連立方程式をヤコビ法,ガウス・ザイデル法で解け.

$$\begin{cases} -2x_1 + x_2 = -1 \\ x_1 - 2x_2 + x_3 = 0 \\ x_2 - 2x_3 + x_4 = 0 \\ x_3 - 2x_4 = 0 \end{cases}$$

7.6 問7.1(a), (c) の連立方程式の係数行列の逆行列をガウス・ジョルダン法,クラウト法で解け.

7.7 問7.1(b), (d) の連立方程式の係数行列の逆行列をコレスキー法で解け.

7.8 つぎの行列の固有値をフレーム法で解け.

(a) $\begin{bmatrix} 1 & 2 & -1 \\ 2 & 3 & 1 \\ -1 & 2 & 1 \end{bmatrix}$
(b) $\begin{bmatrix} 5 & -2 & 2 \\ -9 & 4 & -6 \\ -15 & 6 & -8 \end{bmatrix}$
(c) $\begin{bmatrix} 4 & 1 & 1 \\ 1 & 2 & 3 \\ 1 & 3 & 2 \end{bmatrix}$
(d) $\begin{bmatrix} 3 & 4 & 2 \\ 5 & 4 & 4 \\ -5 & -5 & -3 \end{bmatrix}$

(e) $\begin{bmatrix} 6 & 4 & 4 & 1 \\ 4 & 6 & 1 & 4 \\ 4 & 1 & 6 & 4 \\ 1 & 4 & 4 & 6 \end{bmatrix}$
(f) $\begin{bmatrix} 5 & 4 & 1 & 1 \\ 4 & 5 & 1 & 1 \\ 1 & 1 & 4 & 2 \\ 1 & 1 & 2 & 4 \end{bmatrix}$

7.9 問7.8(f)の行列の固有値をヤコビ法で求めよ.

7.10 つぎの行列の固有値を LR 法, QR 法で求めよ.

$$\begin{bmatrix} 1 & -2 & 0 \\ -2 & 2 & -2 \\ 0 & -2 & 3 \end{bmatrix}$$

7.11 つぎの行列に対してギブンズ法, ハウスホルダー法を適用してヘッセンベルク形行列に変換せよ.

$$\begin{bmatrix} -50 & 0 & 20 & -15 \\ 0 & -50 & 15 & 20 \\ 20 & 15 & -26 & 7 \\ -15 & 20 & 7 & -74 \end{bmatrix}$$

7.12 つぎの三重対角行列

$$A = \begin{bmatrix} b_1 & c_1 & & & \\ a_1 & b_2 & c_2 & & 0 \\ & a_2 & b_3 & c_3 & \\ & & \ddots & \ddots & \ddots \\ & 0 & & a_{n-2} & b_{n-1} & c_{n-1} \\ & & & & a_{n-1} & b_n \end{bmatrix}$$

は

$$b_1 \neq 0, \quad \begin{vmatrix} b_1 & c_1 \\ a_1 & b_2 \end{vmatrix} \neq 0, \quad |A| \neq 0$$

の条件のもとで, つぎの形に LU 分解できることを示せ.

$$d_1 = b_1, \quad d_{i+1} = b_{i+1} - \frac{a_i c_i}{d_i}$$

$$A = \begin{bmatrix} 1 & & & \\ \frac{a_1}{d_1} & 1 & & 0 \\ & \ddots & \ddots & \\ 0 & & \frac{a_{n-1}}{d_{n-1}} & 1 \end{bmatrix} \begin{bmatrix} d_1 & c_1 & & & \\ & \ddots & \ddots & & 0 \\ & & & d_{n-1} & c_{n-1} \\ & 0 & & & d_n \end{bmatrix}$$

第8章 非線形方程式

非線形方程式は特別な場合を除いてほとんど解析的に解くことはできない．しかし，工学的には微分方程式の特性方程式を解く場合や，行列の固有値を求める場合などに非線形方程式がしばしば現れる．したがって，このような非線形方程式は数値的に解く必要が生ずる．

ここでは，非線形方程式の数値解法としてニュートン・ラプソン法に代表される二，三の逐次近似法を述べ，さらに代数方程式の古典的解法と現在よく用いられているベアストウ法について述べる．

8.1 根の概測

1変数の非線形方程式
$$y = f(x) = 0$$

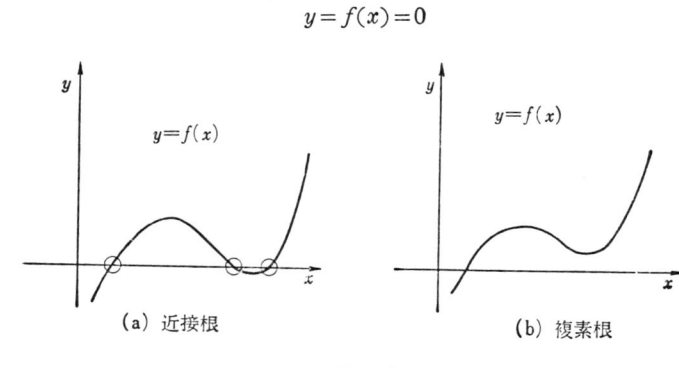

(a) 近接根　　　　(b) 複素根

図 8.1

を解く場合には，計算機にかける前に簡単な図形を描いて**根の概測**を行うことが必要である．図 8.1 (a), (b) に示されるように非線形方程式の根は互いに近接したり，複素根になったりする場合などがあり，初期値をむぞうさに選んで計算機にかけると根になかなか収束せず大はばに計算時間を要したり，ときにはまったく異なった根を得ることにもなる．したがって，簡単な図形を描くかグラフィック・ディスプレイなどにより根を概測し，これをもとに適当な計算方法と初期値を選べば無駄な計算時間や労力を費やさずにすむことになる．

8.2 反 復 法

7章の連立方程式の解法では，二，三の反復法について述べたが，非線形方程式の解法の基礎となるのもまた反復法である．ここでは，非線形方程式の反復解法の原理について簡単に述べる．

8.2.1 反復法の原理

いま，つぎのような非線形方程式

$$f(x) = 0 \tag{8.1}$$

を考える．上式の解はこれを変形することによって得られる方程式

$$x = F(x) \tag{8.2}$$

を解くことで求められる．ここに，$F(x)$ を**反復関数**と呼ぶ．いま，初期値 x_0 をもつ数列 $\{x_n\}$ がつぎの漸化式

$$x_n = F(x_{n-1}) \quad (n = 1, 2, 3, \cdots) \tag{8.3}$$

から得られるとき，数列 $\{x_n\}$ の極限値

$$x^L = \lim_{n \to \infty} x_n$$

が，初期値 x_0 に対する式 (8.2) の唯一の解となる．このように，式 (8.1) を解くのに式 (8.3) のような漸化式を用いる方法を**反復法**という．

さて，式 (8.1) より得られる反復公式 (8.3) が常に唯一の解へ収束するとはかぎらない．ではどのようなときに収束するか調べてみる．いま，数列 $\{x_n\}$

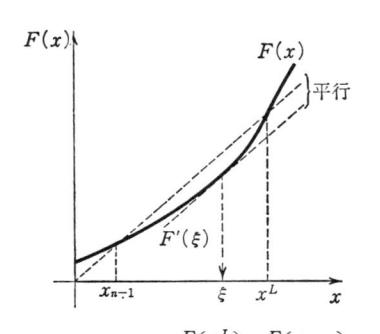

を含む区間 I を考える．x^L は，式 (8.2) の解であるから

$$x^L = F(x^L)$$

となる．上式から，式 (8.3) の辺々を引き，平均値の定理を用いると

$$x^L - x_n = F(x^L) - F(x_{n-1})$$
$$= (x^L - x_{n-1}) F'(\xi)$$
$$(x_{n-1} \leqq \xi \leqq x^L)$$

図 8.2 $F'(\xi) = \dfrac{F(x^L) - F(x_{n-1})}{x^L - x_{n-1}}$

となる（図 8.2）．絶対値をとり変形すると

$$\left| \frac{x^L - x_n}{x^L - x_{n-1}} \right| = |F'(\xi)|$$

が求まる．数列が収束するためには $|x^L - x_n| < |x^L - x_{n-1}|$ であるから，収束条件は

$$|F'(x)| < 1 \qquad (x \in I) \tag{8.4}$$

となる．

反復法の収束，発散の状態を図 8.3 に示す．

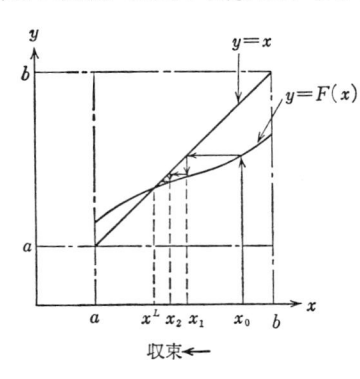

(a) 収束する場合
$|F'(x)| < 1$

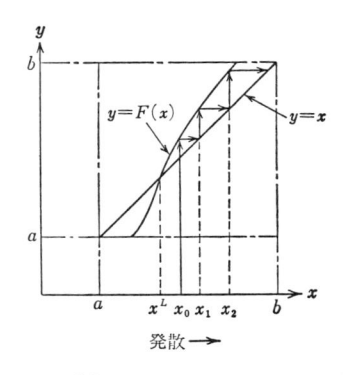

(b) 発散する場合
$|F'(x)| > 1$

図 8.3

8.2.2 反復法の位数

式 (8.3) による反復法は，x_n を計算するのに直前の x_{n-1} を用いる1点反

復法である．一般に，x_n を計算するのにそれより前の k 個の点を用いる反復法を **k 点反復法**という．すなわち，これは

$$x_n = F(x_{n-1}, x_{n-2}, \cdots, x_{n-k}) \tag{8.5}$$

と表される．x_{n+1} を計算するには，$x_{n-1}, x_{n-2}, \cdots, x_{n-k}$ のいずれかを x_n で置き換えればよい．さて，式（8.5）で表される反復法において，n 回目と $n+1$ 回目との反復の関係が，反復関数の収束の度合いをはかるのに用いられる．まず，n 回目の反復を行なったときの，極限値（根）x^L との誤差を ε_n，$n+1$ 回目の反復を行なったときの誤差を ε_{n+1} とすると

$$\varepsilon_n = x^L - x_n, \quad \varepsilon_{n+1} = x^L - x_{n+1}$$

と表される．もし，上式がある実数 $r \geq 1$ に対し

$$\lim_{n \to \infty} \frac{|\varepsilon_{n+1}|}{|\varepsilon_n|^r} = \lim_{n \to \infty} \frac{|x^L - x_{n+1}|}{|x^L - x_n|^r} = C \neq 0 \tag{8.6}$$

という関係が成立するとき，この反復法は r 位の反復法であるという．ここで定数 C を**漸近誤差定数**という．式（8.6）から，1 位の反復（$r=1$）のとき，$C<1$ でなくてはならないが，1 位以上の反復に対しては $C<1$ の条件を必ずしも必要としない．

8.2.3 エイトケン（Aitken）の $\it{\Delta}^2$-加速法

1 位の反復法では，リチャードソンの補外法と同じように収束を早める方法がある．

反復法による計算がある極限値 x^L に収束するなら，極限値にごく近い状態で，式（8.6）は

$$x^L - x_{n+1} \cong C(x^L - x_n)$$

と置ける．ここで，添字を 1 だけ進めると

$$x^L - x_{n+2} \cong C(x^L - x_{n+1})$$

上の二式から，C を消去すると

$$\frac{x^L - x_{n+2}}{x^L - x_{n+1}} \cong \frac{x^L - x_{n+1}}{x^L - x_n}$$

上式を，x^L について解く．

$$x^L \cong \frac{x_n x_{n+2} - x_{n+1}^2}{x_{n+2} - 2x_{n+1} + x_n}$$

上式を差分で表現するように変形すると

$$x^L \cong x_{n+2} - \frac{(x_{n+2}-x_{n+1})^2}{x_{n+2}-2x_{n+1}+x_n} = x_{n+2} - \frac{(\Delta x_{n+1})^2}{\Delta^2 x_n} \tag{8.7}$$

または

$$x^L \cong x_n - \frac{(x_{n+1}-x_n)^2}{x_{n+2}-2x_{n+1}+x_n} = x_n - \frac{(\Delta x_n)^2}{\Delta^2 x_n} \tag{8.8}$$

したがって，十分大きな n（極限値の近傍）に対し，数列 $\{x_n\}$ より収束が速いであろう新しい数列 $\{x_n'\}$ が得られる．すなわち

$$x_n' = \begin{cases} x_n - \dfrac{(\Delta x_n)^2}{\Delta^2 x_n} \\ x_{n+2} - \dfrac{(\Delta x_{n+1})^2}{\Delta^2 x_n} \end{cases} \tag{8.9}$$

この方法は，エイトケンによることから**エイトケンの Δ^2-加速法**と呼ばれている．

例 1 $f(x)=x-\sqrt{x}=0$ の根を求めるのに，反復法とエイトケンの Δ^2-加速法を用いて比較せよ．ただし $0.5 \leq x \leq 1.5$ とする．

漸化式は

$$x_{n+1} = \sqrt{x_n}$$

となり，反復関数は $F(x)=\sqrt{x}$ となる．区間内で $|F'(x)|<1$ であることは容

表 8.1

n	$\{x_n\}$ $x_{n+1}=\sqrt{x_n}$	Δx_n	$\Delta^2 x_n$	$\{x_n'\}$ $x_n - \dfrac{(\Delta x_n)^2}{\Delta^2 x_n}$
0	0.50000	0.20711	−0.07332	1.08503
1	0.70711	0.13379	−0.05769	1.01738
2	0.84090	0.07610	−0.03550	1.00403
3	0.91700	0.04060	−0.01963	1.00097
4	0.95760	0.02097	−0.01031	1.00025
5	0.97857	0.01066	−0.00529	1.00005
6	0.98923	0.00537	−0.00267	1.00003
7	0.99460	0.00270	−0.00135	1.00000
8	0.99730	0.00135	−0.00068	
9	0.99865	0.00067		
10	0.99932			

易に確かめられる．したがって，適当な初期値に対し収束することがわかる．表 8.1 に初期値 $x_0=0.5$ としたときの結果を示す*．反復法による数列 $\{x_n\}$ が 10 回の反復で 2 桁の精度を得るのに対し，$\varDelta^2$-加速法を用いた数列 $\{x_n'\}$ は，7 回目ですでに小数点以下 5 桁まで正確である．

8.3 逐次2分法と線形逆補間法

ここでは，非線形方程式の数値解法のうちで最も簡単な逐次2分法と線形逆補間法について説明する．これらの方法は，与えられた区間内に根が存在する限り必ず収束するが，収束速度は必ずしも速くない古典的な反復法であり，三重対角行列の固有値計算などに広く用いられている．

8.3.1 逐次2分法

非線形方程式

$$y=f(x)=0 \qquad (8.10)$$

の根を求めるのに，まず概測によりつぎのような根の存在条件（図 8.4）**

$$f(x_1)f(x_2)<0 \qquad (8.11)$$

を満足する適当な初期値 $x_1, x_2 (x_1<x_2)$ を決める．このとき，式 (8.10) が区間 (x_1, x_2) で唯一の根を持つと仮定する．そこで，区間 (x_1, x_2) の中点 x_3 を次式より求める***．

$$x_3=(x_1+x_2)/2$$

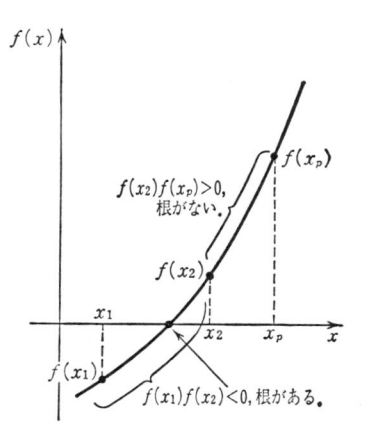

図 8.4 根の存在条件

つぎに，点 x_3 により等分割された区間 $(x_1, x_3), (x_3, x_2)$ のうち，根の存在条件を満足する区間を新しい分割区間とする．この区間を改めて (x_1, x_2) とし同

---

* 桁数の小さい電卓で計算するときは，$\dfrac{\varDelta x_n}{\varDelta^2 x_n} \times \varDelta x_n$ として計算すると桁落ちを防げる．
** 付録 A1, A2 参照．
*** 根が区間内で存在する確率が一様分布していると考えると，分割点を区間の中点にとれば情報量が最も大きい．

じ手続きを繰り返し根に収束させてゆく．この方法を **逐次2分法** という．図 8.5 に逐次2分法の例を示す．反復は $|x_2-x_1|$ が所定の誤差範囲内に納まるまで続ける．すなわち，誤差の許容範囲を ε とすると

$$|x_2-x_1| \leq \varepsilon$$

を満足するまで反復を行う．この方法は必ず収束するという特長を持つが，誤差範囲内に収束させるまでに反復回数が多くなるという欠点がある．

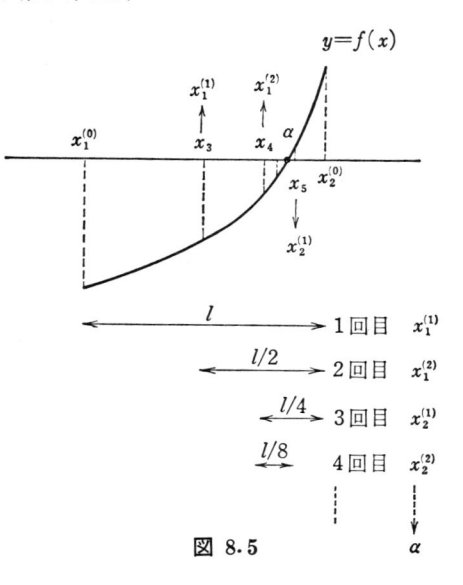

図 8.5

例 2 つぎの方程式

$$y=f(x)=x^3-6x^2+12x-11=0$$

において，区間 $(x_1=3, x_2=4)$ の間にある根を逐次2分法で求めよ．

$f(x_1)=-2,\ f(x_2)=5$ であるから $f(x_1)f(x_2)<0$ を満足する．したがって，

表 8.2

n	x_1	x_2	x_3
0	3	4	3.5
1	3	3.5	3.25
2	3.25	3.5	3.375
3	3.375	3.5	3.4375
4	3.4375	3.5	3.46875
5	3.4375	3.46875	3.453125
6	3.4375	3.453125	3.4453125
7	3.4375	3.4453125	3.4414062
8	3.4414062	3.4453125	3.4433593
9	3.4414062	3.4433593	3.4423827
10	3.4414062	3.4423827	3.4418944
15	3.4422300	3.4422606	3.4422453
20	3.4422491	3.4422510	3.4422495

$x_3=(3+4)/2=3.5$

これより，$f(x_3)=0.375>0$ であるから，新しい区間は $(3, 3.5)$ となるので $x_3^{(2)}=3.25$

このようにして順次区間を縮小してゆくと表 8.2 のようになる．小数点以下 7 桁まで正確な値は $x=3.4422496$ である．なお，4 桁まで正確な値を得るのに 15 回の反復を要した．

8.3.2 線形逆補間法

方程式

$$y=f(x)=0$$

の根を求めるのに，前と同じように $f(x_1)f(x_2)<0$ を満足する区間 (x_1, x_2) を与えて，$f(x)$ を点 $(x_1, f(x_1))$，$(x_2, f(x_2))$ を通る直線で近似する．この直線と x 軸との交点を図 8.6 に示すように x_3 とする．x_3 を根の第 1 近似とし，つぎに点 $(x_1, f(x_1))$，$(x_3, f(x_3))$ を通る直線を作り x 軸との交点を x_4 とする．この方法を繰り返し行うことにより解が求まる．反復はつぎの条件

$$|x_n-x_{n-1}|<\varepsilon|x_n| \qquad (0<\varepsilon<1)$$

を満足するまで行う．

上の説明では固定点を x_1 としたが，これはつぎの条件により定まる．すなわち

$$f'(x)f''(x)>0$$

のとき，固定点は区間の右端に置く．つまり，根は固定点 x_1 の左側にある．

$$f'(x)f''(x)<0$$

のときは，固定点は区間の左端に置く．

つぎに，反復関数は 2 点 $(x_1, f(x_1))$，$(x_n, f(x_n))$ を通る直線*

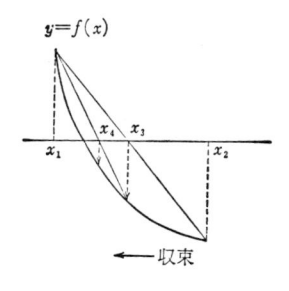

図 8.6

---

* 線形補間．

$$y = \frac{x - x_n}{x_1 - x_n} f(x_1) + \frac{x - x_1}{x_n - x_1} f(x_n) \tag{8.12}$$

と，x 軸との交点 x_{n+1} から求まり

$$x_{n+1} = x_n - \frac{x_n - x_1}{f(x_n) - f(x_1)} f(x_n) \tag{8.13}$$

となる．

なお，線形逆補間法が収束するための**十分条件は**

$$\begin{cases} f(x_1) f(x_2) < 0 \\ f(x_1) f''(x_1) > 0 \\ f''(x) \neq 0 \quad (x_1 < x < x_2) \end{cases} \tag{8.14}$$

であり，このとき極限値は区間 (x_1, x_2) における唯一の根である．

例 3 つぎの方程式

$$y = f(x) = x^3 - 6x^2 + 12x - 11 = 0$$

で，区間 $(3, 4)$ の間にある根を線形逆補間法で求めよ．

固定点は $f'(x) f''(x) > 0$ であるから $x_1 = 4$ とする．x_3 は

$$x_3 = 3 - \frac{3 - 4}{-2 - 5} \times (-2) = 3\frac{2}{7} = 3.2857142$$

つぎに，これを用いると

$$x_4 = 3.2857142 + 0.1063452 = 3.3920594$$

$n = 10$ までを表 8.3 に示した．反復回数 9 回で 4 桁まで正確な解を得た．

表 8.3 線形逆補間法 固定点 $x_1 = 4$

n	x	n	x	n	x
0	3	4	3.4375092	8	3.4422090
1	3.2857142	5	3.4408066	9	3.4422372
2	3.3920594	6	3.4418108	10	3.4422458
3	3.4267335	7	3.4421162		

例 4 $y = f(x) = e^{-x} - \sin x = 0$ の根を，逐次 2 分法と線形逆補間法を用いて，4 桁まで正確に求めよ．ただし，区間 $(0, 1)$ にある 1 根を求めよ．

$f(0)f(1)<0$ より，区間 $(0,1)$ に根が存在する．線形逆補間法を用いる場合，区間 $(0,1)$ で $f'(x)f''(x)<0$ であるから，固定点は左端 $x_1=0$ となる．結果を表8.4に示す．求める根の4桁まで正確な値は，$x=0.5885$ である．逐次2分法では 16 回の反復を必要としているのに対し，線形逆補間法では，7 回ですでに4桁まで正確であることがわかる．

表 8.4

n	逐次2分法		線形逆補間法 x_n
	x_1	x_2	
0	0.000000	1.000000	1.000000
1	0.500000	1.000000	0.678614
2	0.500000	0.750000	0.605692
3	0.500000	0.625000	0.591707
4	0.562500	0.625000	0.589117
5	0.562500	0.593750	0.588640
6	0.578125	0.593750	0.588552
7	0.585938	0.593750	0.588536
8	0.585938	0.589844	0.588533
9	0.587891	0.589844	
10	0.587891	0.588867	
11	0.588379	0.588867	
12	0.588379	0.588623	
13	0.588501	0.588623	
14	0.588501	0.588562	
15	0.588531	0.588562	
16	0.588531	0.588547	

8.4 条件付きで収束する反復公式

前節で扱った方法は，根への収束が保証されていたが必ずしも最適とはいえない．ここでは，条件さえ満足していれば，より収束が速いいくつかの方法について述べる．いずれもテイラー展開を基にした方法である．

8.4.1 ニュートン・ラプソン (Newton-Raphson) 法

非線形方程式の近似根を求めるのに最も一般的に用いられている方法が**ニュートン・ラプソン法**である．

いま，区間 (a, b) で $x=X$ が方程式 (8.10) の根であると仮定し，$f(x)$ が $x=X$ の近傍で2回微分可能であるとする．ここで，$f(x)$ を n 回目の反復で得られた近似根 x_n の近傍でテイラー展開すると

$$0 = f(X) = f(x_n) + (X-x_n)f'(x_n) + \frac{(X-x_n)^2}{2!}f''(\xi_n) \quad (a<\xi_n<b)$$

(8.15)

さらに，上式の右辺第3項は，$\varepsilon_n = X-x_n$ が十分小さいとして省略し，X について解くと

$$X \cong x_n - \frac{f(x_n)}{f'(x_n)}$$

ここで，$X \to x_{n+1}$ に置き換えると反復公式

$$x_{n+1} = x_n - \frac{f(x_n)}{f'(x_n)} \tag{8.16}$$

を得る．この反復式より求まる数列 $\{x_n\}$ を根 X へ収束させる方法を，**ニュートン・ラプソン法**という．

さて，$n+1$ 回目の反復による誤差 $\varepsilon_{n+1} = X - x_{n+1}$ は，式 (8.16) より

$$\varepsilon_{n+1} = X - x_{n+1} = X - x_n + \frac{f(x_n)}{f'(x_n)}$$

さらに，式 (8.15) を用いると

$$\varepsilon_{n+1} = -\frac{1}{2}(X-x_n)^2 \frac{f''(\xi_n)}{f'(x_n)}$$

$$\varepsilon_{n+1} = -\frac{1}{2} \frac{f''(\xi_n)}{f'(x_n)} \varepsilon_n^2$$

$$\frac{|\varepsilon_{n+1}|}{|\varepsilon_n|^2} = \frac{1}{2}\left|\frac{f''(\xi_n)}{f'(x_n)}\right| \tag{8.17}$$

上式は，式 (8.6) で $r=2$ となるので，ニュートン・ラプソン法は2位の反復法であり，逐次2分法や線形逆補間法より収束が速い．

なお，ニュートン・ラプソン法は図 8.7 で示すように，関数 $f(x)$ を $x=x_n$ を通る接線で近似し，これと x 軸の交点を第 $n+1$ 近似根 x_{n+1} とし，さらに点 $(x_{n+1}, f(x_{n+1}))$ を通る接線を作り x 軸との交点を求め x_{n+2} として，この操作を繰り返す方法である．すなわち，式(8.16)は，点 $(x_n, f(x_n))$ を通る接線

$$y = f'(x_n)(x - x_n) + f(x_n) \tag{8.18}$$

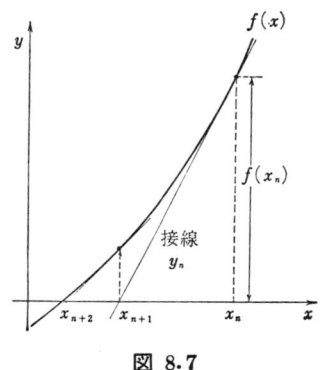

図 8.7

と x 軸との交点 x_{n+1}

$$x_{n+1} = x_n - \frac{f(x_n)}{f'(x_n)}$$

を表していることになる．

ニュートン・ラプソン法は収束は速いが必ずしも収束するとは限らない．**場合によっては発散することもあり得る．そこで，この方法が収束するための条件を求めよう．**ニュートン・ラプソン法の反復関数は

$$F(x) = x - \frac{f(x)}{f'(x)} \tag{8.19}$$

であるから，上式を x で微分すると

$$F'(x) = \frac{f(x) f''(x)}{[f'(x)]^2}$$

したがって，**収束の条件**は式（8.4）より

$$|F'(x)| = \frac{|f(x) f''(x)|}{[f'(x)]^2} < 1 \qquad (a \leq x \leq b) \tag{8.20}$$

となる．初期値は上の条件を満足するように選ぶ．さらに，区間 (a, b) をつぎのように選定すれば，初期値をどのようにとっても根へ収束する．

(i) $f(a)f(b)<0$

(ii) $f'(x) \neq 0$ $\qquad (a \leq x \leq b)$

(iii) $f''(x) \neq 0$ $\qquad (a \leq x \leq b)$ $\qquad\qquad$ (8.21)

(iv) $\left|\dfrac{f(x_0)}{f'(x_0)}\right| \leq |b-a|$ $\quad$ (ただし，x_0 は $|f'(a)| \lesseqgtr |f'(b)|$ の小さいほうの a, b をとる)

条件（i）は区間内に根が存在するための条件，(ii) および (iii) は $f(x)$ が区間内で単調変化であり，変曲点がないということ，(iv) は $f(x)$ の接線と x 軸との交点が常に区間 (a, b) に含まれることを示している．

例5 つぎの方程式

$$y = f(x) = x^3 - 6x^2 + 12x - 11 = 0$$

で，初期値を $x_0 = 4$ として根を求めよ．

与式を微分すると

$$f'(x) = 3x^2 - 12x + 12$$

第1回目の反復は

$$x_1 = 4 - \frac{4^3 - 6 \times 4^2 + 12 \times 4 - 11}{3 \times 4^2 - 12 \times 4 + 12} = 4 - \frac{5}{12} = 3.58333333$$

となる．2回以降の反復は表8.5に示す．5回の反復で小数点以下8桁まで正確に求められた．

表 8.5

n	x_n	$f(x_n)$	$f'(x_n)$
0	4.00000000	5.00000000	12.00000000
1	3.58333333	0.96932870	7.52083333
2	3.45444752	0.07676388	6.34625278
3	3.44235158	0.00063663	6.24113427
4	3.44224957	0.00000004	6.24025153
5	3.44224957	0.00000000	6.24025146

例6 例4をニュートン・ラプソン法を用いて，小数点以下6桁まで正確に求めよ．

$$y = e^{-x} - \sin x = 0$$

初期値 $x_0=1$ とする．式 (8.16) より反復式は

$$x_{n+1} = x_n - \frac{e^{-x_n} - \sin x_n}{-e^{-x_n} - \cos x_n}$$

結果は表 8.6 に示す．4 回で 8 桁まで正確に求まっている．4 桁までは線形逆補間法の半分の反復回数である．

表 8.6

n	0	1	2	3	4	5
x_n	1	0.47852779	0.58415702	0.58852511	0.58853274	0.58853274

つぎに，ニュートン・ラプソン法による**複素根の求め方**について述べる．

まず，与えられた方程式のうちで，すべての実根 $x_1, x_2, \cdots, x_n$ を求める．これより方程式を $(x-x_1)(x-x_2)\cdots(x-x_n)$ で割って，複素根だけを含む方程式とし，ニュートン・ラプソン法を適用する．

いま，複素数を根とする方程式

$$f(z) = 0$$

の解を $z=Z$ とし，n 回目の反復で得られた近似値 z_n で展開すると

$$0 = f(Z) = f(z_n) + (Z-z_n)f'(z_n) + \frac{1}{2!}(Z-z_n)^2 f''(z_n) + \cdots$$

上式の 1 次の項までとって，Z の近似値として z_{n+1} をとれば反復公式

$$z_{n+1} = z_n - \frac{f(z_n)}{f'(z_n)} = \{\mathrm{Re}[z_n] + \varepsilon_n\} + i\{\mathrm{Im}[z_n] + \delta_n\}$$

を得る．ここに，Re[ ]，Im[ ] は [ ] 内の実数部あるいは虚数部をとることを表し，ε_n, δ_n はそれぞれ

$$\varepsilon_n = \mathrm{Re}[-f(z_n)/f'(z_n)], \quad \delta_n = \mathrm{Im}[-f(z_n)/f'(z_n)]$$

とする．なお，出発点 z_0 は複素数をとる．

例 7 つぎの方程式の根を求めよ．

$$f(z) = z^2 - 4z + 5 = 0$$

上式の 1 次導関数は

$$f'(z) = 2z - 4$$

計算の結果は表 8.7 のようになる．真の値は $Z = 2 \pm i$ であり，4 回の反復

表 8.7

反復回数 n	$Z_n = \text{Re}[Z_n] + i\,\text{Im}[Z_n]$		$-f(Z_n)/f'(Z_n) = \varepsilon_n + i\delta_n$	
	$\text{Re}[Z_n]$	$\text{Im}[Z_n]$	ε_n	δ_n
0	3	2	-0.6	-0.8
1	2.4	1.2	-0.325	-0.255
2	2.075	0.945	-0.07923	0.05329
3	1.99577	0.99828	0.00424	0.00171
4	2.00001	0.99999	0.00000	0.00000

で小数点以下3桁まで正確な値を得る.

また, 概測により方程式が**近接した根**を持つことがわかっている場合には, ニュートン・ラプソン法をそのまま適用しないで以下のように行う.

まず, 方程式が重根を持つかどうかを調べる場合は, $f(x)$ とその導関数 $f'(x)$ の共通因子をみつけだすことにより重根がわかる. 例えば, 図8.8のように

$$f(x) = x^3 - 4x^2 + 5x - 2, \quad f(1) = 0$$
$$f'(x) = 3x^2 - 8x + 5, \quad f'(1) = 0$$

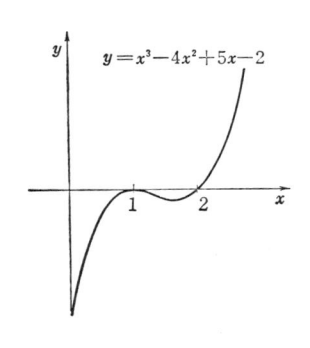

図 8.8

が与えられたとき, y は $x=1$ で重根をもつ. これは, 3重根以上の場合もさらに高次の導関数をしらべれば判定がつく. 上の場合, 与えられた方程式は

$$f(x) = (x-1)^2(x-2) = 0$$

ということで, この導関数は

$$f'(x) = (x-1)(3x-5)$$

であり, 重根の場合 $x-1$ が共通因子であることがわかる.

つぎに, 予備的な概測によって根が近接していることがわかっている場合は, つぎのようにする.

まず, $f'(x)$ の根を求め, これを x_m とする

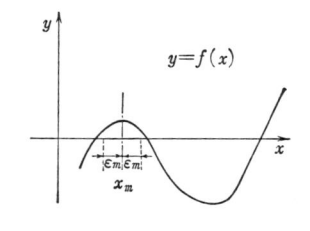

図 8.9

(図 8.9)．方程式の根が近接しているので，その2根は $x_0 = x_m \pm \varepsilon_m$ の近傍にあるから，これを x_m でテイラー展開すると

$$0 = f(x_m \pm \varepsilon_m) = f(x_m) \pm \varepsilon_m f'(x_m) + \frac{1}{2!}\varepsilon_m^2 f''(x_m) \pm \cdots$$

右辺第2項は $f'(x_m) = 0$ であるから，第3項までとって ε_m を求めこれより

$$x_0 = x_m \pm \sqrt{-\frac{2f(x_m)}{f''(x_m)}}$$

さらに，上で求めた x_0 を初期値として，前述のニュートン・ラプソン法を別々に適用すれば近接した2根の近似値を得る．

8.4.2 ニュートン・ラプソン法の変形

ニュートン・ラプソン法は，式 (8.16) で示されるように，反復過程において常に1階導関数を必要とする．この微分係数の部分を，微分係数を用いない形に変形したものを以下に述べる．

(a) ホイタッカー (Wittaker) 法

ニュートン・ラプソン法の反復公式は

$$x_{n+1} = x_n - \frac{f(x_n)}{f'(x_n)}$$

であった．もし，n 回目の反復で得られた x_n が，根 X に非常に近いとすれば $f'(x)$ の変動はさほどないと考えられる．したがって，反復過程が進んだ段階においては $f'(x)$ の計算はあまり意味がないものになる．そこで，必要とする根の精度に対して

$$|x_{n+1} - x_n| < \varepsilon$$

なる ε をあらかじめ決めておき，反復過程で上式が満足された段階 $n = N$ から

$$x_{n+1} = x_n - \frac{f(x_n)}{f'(x_N)} \qquad (n \geq N) \tag{8.22}$$

と，$f'(x_n) = f'(x_N)$ ($n = N, N+1, \cdots$) を固定する方法である．

(b) 分割法

この方法は，式 (8.16) の微分係数 $f'(x_n)$ を二つ前までの値をもとに差分商で近似する方法である．つまり，$y=f(x)$ を $(x_n, y_n), (x_{n-1}, y_{n-1})$ という2点を通る直線で近似する方法である．すなわち

$$f'(x_n) \cong \frac{f(x_n)-f(x_{n-1})}{x_n-x_{n-1}}$$

より，式 (8.16) を変形すると

$$x_{n+1} = \frac{x_{n-1}f(x_n)-x_nf(x_{n-1})}{f(x_n)-f(x_{n-1})} \tag{8.23}$$

(c) ミューラー (Muller) 法

前述の分割法が直前の連続した2点における線形補間を行なったのに対し，**ミューラー法はさらに一つ前までの値を用い2次式で補間する方法**である．

いま，3点 (x_{n-2}, f_{n-2}), (x_{n-1}, f_{n-1}), (x_n, f_n) を通る2次曲線は式 (3.1) より

$$f_q(x) = \frac{(x-x_{n-1})(x-x_n)}{(x_{n-2}-x_{n-1})(x_{n-2}-x_n)}f_{n-2} + \frac{(x-x_{n-2})(x-x_n)}{(x_{n-1}-x_{n-2})(x_{n-1}-x_n)}f_{n-1}$$
$$+ \frac{(x-x_{n-2})(x-x_{n-1})}{(x_n-x_{n-2})(x_n-x_{n-1})}f_n \tag{8.24}$$

と表される．ただし，$f_i = f(x_i)$ とした．ここで，$x - x_n = h_n$ として式 (8.24) を変形すると

$$f_q(x) = \frac{x_{n-1}-x_{n-2}}{x_n-x_{n-2}}(Ah_n^2 + Bh_n + C) \tag{8.25}$$

ここに

$$A = \frac{(x_{n-1}-x_{n-2})f_n + (x_{n-2}-x_n)f_{n-1} + (x_n-x_{n-1})f_{n-2}}{(x_n-x_{n-1})(x_{n-1}-x_{n-2})^2}$$

$$B = \frac{(x_{n-1}-x_{n-2})(2x_n-x_{n-1}-x_{n-2})f_n - (x_n-x_{n-2})^2 f_{n-1} + (x_n-x_{n-1})^2 f_{n-2}}{(x_n-x_{n-1})(x_{n-1}-x_{n-2})^2}$$

$$C = \frac{x_n-x_{n-2}}{x_{n-1}-x_{n-2}}f_n$$

である．さて，図 8.10 で示されるように3点を通る2次曲線が x 軸と交わる点は式 (8.25) より

$$Ah_n{}^2 + Bh_n + C = 0 \quad (8.26)$$

であるから，h_n は

$$h_n = \frac{-B \pm \sqrt{B^2 - 4AC}}{2A}$$

$$= \frac{2C}{-B \mp \sqrt{B^2 - 4AC}} \quad (8.27)$$

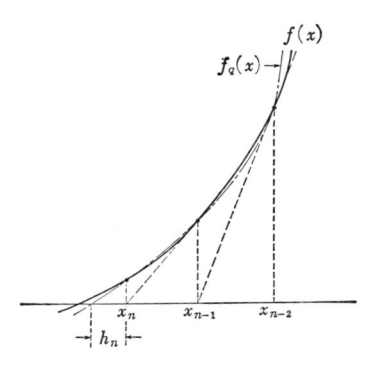

図 8.10

となる．なお，式 (8.27) の下の式は桁落ちを防ぐため分子を有理化したもので，符号は h_n の絶対値の小さいほうをとる．従って，反復公式は図 8.10 からわかるように $x - x_n = h_n$ として

$$x_{n+1} = x_n - \frac{2C}{-B \pm \sqrt{B^2 - 4AC}} \quad (8.28)$$

と書かれる．この初期値の選定方法としては $f(x)$ の $x = 0$ における2次までのテイラー展開を基にしたものがよく用いられる．

8.5 ベイリー (Bailey) 法

前節のニュートン・ラプソン法は，近似根 $x = x_n$ におけるテイラー展開の1次近似であった．**ベイリー法**は，テイラー展開の2次の項まで用いた2次近似である．つまり，近似根 $x = x_{n+1}$ を求めるのに，$f(x_n), f'(x_n), f''(x_n)$ を用いて $x = x_n$ における3点近似の2次曲線を用いる方法である．

3点近似の2次曲線は，$x = x_n$ における2次までのテイラー展開で

$$f_q(x) = f(x_n) + (x - x_n)f'(x_n) + \frac{(x - x_n)^2}{2!}f''(x_n) \quad (8.29)$$

と表される．$n+1$ 回目の近似根 x_{n+1} は，上式が x 軸と交わる点であるから

$$0 = f(x_n) + (x_{n+1} - x_n)f'(x_n) + \frac{(x_{n+1} - x_n)^2}{2!}f''(x_n)$$

これを x_{n+1} について解くと

$$x_{n+1} = x_n - \frac{f(x_n)}{f'(x_n) + \frac{1}{2}(x_{n+1}-x_n)f''(x_n)}$$

ここで右辺の分母第2項における $(x_{n+1}-x_n)$ に，式 (8.16) を用いると，ベイリー法の反復公式

$$x_{n+1} = x_n - \frac{f(x_n)}{f'(x_n) - \frac{1}{2}\frac{f(x_n)f''(x_n)}{f'(x_n)}} \tag{8.30}$$

が求まる．ベイリー法は3位の反復法であり，ニュートン・ラプソン法と比較して同一初期値に対しより少ない反復回数で根へ収束する．しかし式 (8.30) と式 (8.16) との反復公式を比べると，ベイリー法は1反復あたりの計算回数が増えるという欠点がある．

8.6 非線形連立方程式

非線形連立方程式

$$\begin{cases} f(x, y) = 0 \\ g(x, y) = 0 \end{cases} \tag{8.31}$$

を解くのに，ニュートン・ラプソン法を2変数に拡張した方法について述べる．ここでは，2変数について述べるが，3変数以上の場合も同じような方法を用いることができる．

いま，式 (8.31) の根を

$$x = X, \quad y = Y$$

とする．さて，根のごく近くの点 (x_n, y_n) で式 (8.31) を1次までテイラー展開すると

$$\begin{cases} f(X, Y) \cong f(x_n, y_n) + \varepsilon_n f_x(x_n, y_n) + \delta_n f_y(x_n, y_n) \\ g(X, Y) \cong g(x_n, y_n) + \varepsilon_n g_x(x_n, y_n) + \delta_n g_y(x_n, y_n) \end{cases} \tag{8.32}$$

ここに，$\varepsilon_n = X - x_n, \quad \delta_n = Y - y_n$

8.6 非線形連立方程式

$$f_x(x,y) = \frac{\partial f(x,y)}{\partial x}, \quad f_y(x,y) = \frac{\partial f(x,y)}{\partial y}$$

とする．ここで，式 (8.32) の等号が成立するとして，ε_n, δ_n について解くと

$$\begin{cases} \varepsilon_n = -\dfrac{1}{J}\begin{vmatrix} f(x_n, y_n) & f_y(x_n, y_n) \\ g(x_n, y_n) & g_y(x_n, y_n) \end{vmatrix} \\ \delta_n = -\dfrac{1}{J}\begin{vmatrix} f_x(x_n, y_n) & f(x_n, y_n) \\ g_x(x_n, y_n) & g(x_n, y_n) \end{vmatrix} \end{cases} \tag{8.33}$$

ここに

$$J = \begin{vmatrix} f_x(x_n, y_n) & f_y(x_n, y_n) \\ g_x(x_n, y_n) & g_y(x_n, y_n) \end{vmatrix} \neq 0 \tag{8.34}$$

である．ここで

$$\varepsilon_n = x_{n+1} - x_n, \quad \delta_n = y_{n+1} - y_n$$

と置き換えると，非線形連立方程式を解く反復公式

$$\begin{aligned} x_{n+1} &= x_n - \dfrac{1}{J}\begin{vmatrix} f(x_n, y_n) & f_y(x_n, y_n) \\ g(x_n, y_n) & g_y(x_n, y_n) \end{vmatrix} \\ y_{n+1} &= y_n - \dfrac{1}{J}\begin{vmatrix} f_x(x_n, y_n) & f(x_n, y_n) \\ g_x(x_n, y_n) & g(x_n, y_n) \end{vmatrix} \end{aligned} \tag{8.35}$$

を得る．

例 8 つぎの連立方程式の第 1 象限にある根を小数点以下 5 桁の精度で求めよ．ただし，初期値 $x_0 = 1, y_0 = 1$ とする．

$$\begin{cases} f(x,y) = y - \sin x = 0 \\ g(x,y) = x^2 + 4y^2 - 1 = 0 \end{cases}$$

はじめに，f, g の偏導関数を計算すると

$$\begin{cases} f_x = f_x(x,y) = -\cos x, \quad f_y = f_y(x,y) = 1 \\ g_x = g_x(x,y) = 2x, \quad g_y = g_y(x,y) = 8y \end{cases}$$

となる．式 (8.34) より

$$J = \begin{vmatrix} f_x & f_y \\ g_x & g_y \end{vmatrix} = -8y\cos x - 2x$$

が求まる．J と式 (8.33) より ε_n, δ_n を計算し，反復式 (8.35) を適用すれば

表 8.8

n	ε_n	x_n	δ_n	y_n
0	-0.432076	1.000000	-0.391981	1.000000
1	-0.087872	0.567924	-0.144214	0.608019
2	-0.019657	0.480052	-0.019415	0.463805
3	-0.000385	0.460395	-0.000433	0.444390
4	-1.7×10^{-7}	0.460010	-8.8×10^{-8}	0.443957

各段階の近似値が求まる．各段階の $\varepsilon_n, x_{n+1}, \delta_n, y_{n+1}$ を表 8.8 に示す．これより5桁まで正確に

$$x \cong 0.46001, \quad y \cong 0.44396$$

となる．

8.7 代数方程式の解法

ここでは，実係数 n 次代数方程式の根の求め方について述べる．

$$f(x) = x^n + a_1 x^{n-1} + \cdots + a_{n-1} x + a_n = 0 \qquad (8.36)$$

n 次代数方程式は，クロネッカーの定理より n 根持つことが知られている．また，一般に5次以上の代数方程式は，代数的に解けないことも証明されている．したがって，高次代数方程式の数値計算においてはいかに精度よく根を求めるかが問題である．

8.7.1 3次および4次方程式の代数的解法

1次および2次方程式の解法は周知のことであるから，3次および4次方程式の解法について，一般によく知られているものをあげておく．

(a) 3次方程式の解法：カルダノ (Cardano) の方法

いま，3次方程式

$$f(x) = x^3 + a_1 x^2 + a_2 x + a_3 = 0 \qquad (8.37)$$

の根を求める方法について述べる．つぎの1次変換

8.7 代数方程式の解法

$$x = y - \frac{a_1}{3} \tag{8.38}$$

を行うと，2次の項のない3次方程式

$$y^3 + ay + b = 0 \tag{8.39}$$

に変形される．ただし

$$\begin{cases} a = -\dfrac{a_1^2}{3} + a_2 \\ b = \dfrac{2a_1^3}{27} - \dfrac{a_1 a_2}{3} + a_3 \end{cases} \tag{8.40}$$

とする．ここで

$$y = u + v \tag{8.41}$$

とすると，式 (8.39) は

$$u^3 + v^3 + b + (3uv + a)(u + v) = 0$$

となる．これより

$$\begin{cases} u^3 + v^3 + b = 0 \\ 3uv + a = 0 \end{cases} \tag{8.42}$$

上式を変形し

$$\begin{cases} u^3 + v^3 = -b \\ u^3 v^3 = -\dfrac{a^3}{27} \end{cases}$$

$u^3 = t$, $v^3 = r$ と置くと，この連立方程式は

$$t^2 + bt - \frac{a^3}{27} = 0 \tag{8.43}$$

となる．u^3, v^3 は上式より

$$\begin{cases} u^3 = -\dfrac{b}{2} + \sqrt{s} \\ v^3 = -\dfrac{b}{2} - \sqrt{s} \end{cases} \tag{8.44}$$

を得る．ここに

$$s = \frac{b^2}{4} + \frac{a^3}{27}$$

である.式(8.44)の立方根はそれぞれ三通りのとり方があるが,いずれの立方根をとっても式(8.42)の関係を満足することができるので

$$u = \sqrt[3]{-\frac{b}{2} + \sqrt{s}}, \quad v = \sqrt[3]{-\frac{b}{2} - \sqrt{s}} \tag{8.45}$$

とすると,式(8.39)の根は式(8.41)より

$$y_1 = u + v, \quad y_2 = \omega u + \omega^2 v, \quad y_3 = \omega^2 u + \omega v \tag{8.46}$$

ここに,ω は1の虚数立方根の一つで

$$\omega = \frac{-1 + i\sqrt{3}}{2}$$

とする.したがって,式(8.37)の根は

$$x_1 = y_1 - \frac{a_1}{3}, \quad x_2 = y_2 - \frac{a_1}{3}, \quad x_3 = y_3 - \frac{a_1}{3} \tag{8.47}$$

(b) 4次方程式の解法:オイラー(Euler)の方法

4次方程式

$$f(x) = x^4 + a_1 x^3 + a_2 x^2 + a_3 x + a_4 = 0 \tag{8.48}$$

をつぎの変換

$$x = y - \frac{a_1}{4} \tag{8.49}$$

により

$$y^4 + a y^2 + b y + c = 0 \tag{8.50}$$

とする.ここに

$$\begin{cases} a = -\dfrac{3}{8} a_1^2 + a_2 \\ b = \dfrac{a_1^3}{8} - \dfrac{a_1 a_2}{2} + a_3 \\ c = -\dfrac{3}{256} a_1^4 + \dfrac{a_1^2 a_2}{16} - \dfrac{a_1 a_3}{4} + a_4 \end{cases} \tag{8.51}$$

ここで

$$y = u + v + w \tag{8.52}$$

とすると，式 (8.50) は

$$(u^2+v^2+w^2)^2 + 4(u^2v^2+v^2w^2+w^2u^2) + a(u^2+v^2+w^2) + c$$
$$+ 2\{2(u^2+v^2+w^2)+a\}(uv+vw+wu)$$
$$+ (8uvw+b)(u+v+w) = 0 \tag{8.53}$$

これより

$$\begin{cases} (u^2+v^2+w^2)^2 + 4(u^2v^2+v^2w^2+w^2u^2) + a(u^2+v^2+w^2) + c = 0 \\ 2(u^2+v^2+w^2) + a = 0 \\ 8uvw + b = 0 \end{cases}$$

となり，変形すると

$$\begin{cases} u^2+v^2+w^2 = -\dfrac{a}{2} \\ u^2v^2+v^2w^2+w^2u^2 = \dfrac{a^2}{16} - \dfrac{c}{4} \\ u^2v^2w^2 = \dfrac{b^2}{64} \end{cases} \tag{8.54}$$

となる．u^2, v^2, w^2 は3次方程式

$$t^3 + \frac{a}{2}t^2 + \left(\frac{a^2}{16} - \frac{c}{4}\right)t - \frac{b^2}{64} = 0 \tag{8.55}$$

の根として求まる．この3次方程式の根は，カルダノの公式を用いて求められるので，その三つの根を t_1, t_2, t_3 とすると，u, v, w は

$$u = \pm\sqrt{t_1}, \quad v = \pm\sqrt{t_2}, \quad w = \pm\sqrt{t_3}$$

となる．これらの組み合わせは，式 (8.54) の $uvw = -b/8$ より決定され，式 (8.50) の根は

$$\begin{cases} y_1 = \sqrt{t_1} + \sqrt{t_2} + \sqrt{t_3} \\ y_2 = \sqrt{t_1} - \sqrt{t_2} - \sqrt{t_3} \\ y_3 = -\sqrt{t_1} + \sqrt{t_2} - \sqrt{t_3} \\ y_4 = -\sqrt{t_1} - \sqrt{t_2} + \sqrt{t_3} \end{cases} \tag{8.56}$$

より求まる．したがって式 (8.48) の根は，式 (8.49) と式 (8.56) より求めることができる．

8.7.2 ホーナー (Horner) の方法

代数方程式の実根の近似値を計算する方法について述べる．初めに1次因子の組立除法を用いる**ホーナーの方法**について述べる．

この方法は，1回の計算手順で1桁ごとに根に漸近してゆくので，根の第1近似値を求めるいわゆる根の概測に便利である．

いま，多項式

$$f(x) = a_0 x^n + a_1 x^{n-1} + \cdots + a_{n-1} x + a_n \tag{8.57}$$

が連続した整数 $a, a+1$ の間に1根 α を持つとし，これを

$$\alpha = a.b_1 b_2 b_3 \cdots$$

と表す．ここで，式 (8.57) を $x = a$ で展開すると

$$a_{01}(x-a)^n + a_{11}(x-a)^{n-1} + \cdots + a_{n-1,1}(x-a) + a_{n,1} = 0$$

となる．上式の $x-a$ を

$$x_1 = x - a = 0.b_1 b_2 b_3 \cdots \tag{8.58}$$

と置いて x_1 で表すと

$$a_{01} x_1^n + a_{11} x_1^{n-1} + \cdots + a_{n-1,1} x_1 + a_{n,1} = 0 \tag{8.59}$$

上式は式 (8.58) より 0 と 1 の間に根 $0.b_1 b_2 b_3 \cdots$ を持つことがわかる．つぎに

$$x_1 = y_1 / 10$$

として，上式を式 (8.59) に代入すると

$$a_{01} y_1^n + 10 a_{11} y_1^{n-1} + \cdots + 10^{n-1} a_{n-1,1} y_1 + 10^n a_{n,1} = 0 \tag{8.60}$$

となる．したがって，上の方程式の根は式 (8.59) の根の 10 倍の値を持つ．すなわち

$$y_1 = b_1.b_2 b_3 \cdots$$

今度は b_1 が 0 と 10 の間の数となるから

$$z_k = y_1 - b_1 = 0.b_2 b_3 \cdots$$

とし，$y_1 = b_1$ で式 (8.60) を展開する．以下，前と同じ操作を繰り返す．この方法を**ホーナーの方法**といい，1回の操作で根が1桁ずつ求まる．

この方法では，各繰り返し段階において b_1, b_2, b_3 のような整数をみつけ出すという手間を必要とする．なお，多項式を展開するには，組立除法を用いるとよい．

組立除法：式 (8.57) を，$x-a$ で割ったときの商 $g(x)$ と剰余 $b_n = f(a)$ を求める方法について述べる．1次因子で割ると，商はたかだか $n-1$ 次の多項式であるから

$$g(x) = b_0 x^{n-1} + b_1 x^{n-2} + \cdots + b_{n-2} x + b_{n-1}$$

で表される．ここに

$$b_0 = a_0$$
$$b_k = a_k + a b_{k-1} \qquad (k=1, 2, \cdots, n) \tag{8.61}$$

式 (8.57) を $x-a$ で割ることは図式的につぎのように表される．

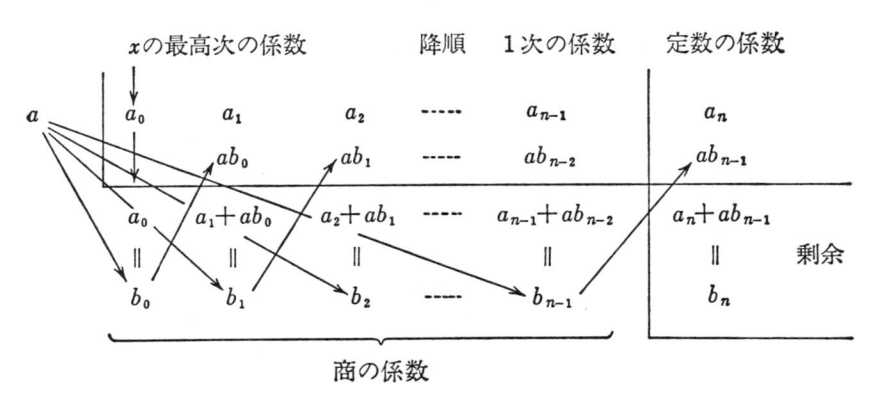

(8.62)

この方法を**組立除法**という．

例9 $x^4 + 2x^3 - 5x - 9$ を $x-2$ で割ったときの，商と剰余を求めよ．

式 (8.57) に従って，係数を順次書き並べて計算する．

```
2 | 1   2   0  -5 | -9
  |     2   8  16 | 22
  |―――――――――――――――|――――
    1   4   8  11 | 13
```

したがって

$$商：x^3+4x^2+8x+11 \quad 剰余：13$$

例 10 $f(x)=x^3+2x^2-x-9=0$ の唯一の実根を，小数点以下 3 桁まで正確に求めよ．

概測により与式が $(1,2)$ の間で根を持つことを確かめる．そこで，$x=1$ で $f(x)$ を展開する．

$$x_1=x-1$$

```
1 | 1  2 -1 | -9
  |    1  3 |  2
1 | 1  3  2 | -7
  |    1  4
1 | 1  4  6
  |    1
    1  5
```

より

$$x_1{}^3+5x_1{}^2+6x_1-7=0$$

つぎに，$x_1=y_1/10$ を代入する．

$$y_1{}^3+50y_1{}^2+600y_1-7000=0$$

上式は，0 と 10 の間に根を持つ．ここで，上式の第 1 項が十分小さいとすると

$$50y_1{}^2+600y_1-7000\cong 0$$
$$y_1{}^2+12y_1-140\cong 0$$
$$y_1\cong 7.27$$

となる．ここで，y_1 のもう一つの根は 0 と 10 の間に入らないのでとらない．つぎに，$z_1=y_1-7$ で展開すると

```
7 | 1  50   600  | −7000
   |    7   399  |  6993
7 | 1  57   999  | −7
   |    7   448  |
7 | 1  64  1447
   |    7
     1  71
```

より
$$z_1{}^3+71z_1{}^2+1447z_1-7=0$$

つぎに，$z_1=y_2/10$ を代入する
$$y_2{}^3+710y_2{}^2+144700y_2-7000=0$$

同様に，上式は 0 と 10 の間に根を持つ．上式の第1項と第2項が十分小さいとすると
$$144700y_2-7000\cong 0$$
$$y_2\cong 0.048$$

となる．$y_2\cong 0.048$ なので，y_2 の 100 倍を根とする y_4 にとぶ．すなわち
$$y_2=y_4/100$$

より
$$y_4{}^3+71000y_4{}^2+1447000000y_4-7000000000=0$$

再び上式は 0 と 10 の間に根を持つ．上式の第1項と第2項が十分小さいとすると
$$y_4\cong 4.8\cdots$$

したがって，根は $\alpha=1.7004\cdots$ となるので3桁まで正確に
$$\alpha=1.700$$

と求まる．

8.7.3 グレェフェ (Graeffe) の方法

ホーナーの方法は分離された区間内の1根を求める方法であったが，**グレェ**

フェの方法は方程式が n 個の相異なる実根を持つとき，すべての実根の近似値を同時に求める方法である．

式 (8.57) は $a_0=1$ としても一般性を失なわないので，これを

$$f_0(x) = x^n + a_{1,0}x^{n-1} + \cdots + a_{n-1,0}x + a_{n,0} = 0 \tag{8.63}$$

とする．上式は相異なる n 個の実根 x_i $(i=1,2,\cdots,n)$ を持つとし，その大きさを

$$|x_1| > |x_2| > \cdots > |x_n| \tag{8.64}$$

とする．このとき $f_0(x)$ は

$$f_0(x) = (x-x_1)(x-x_2)\cdots(x-x_n) \tag{8.65}$$

と書ける．ここで，$f_0(-x)$ を上式に乗ずると

$$(-1)^n f_0(x) f_0(-x) = (x^2-x_1{}^2)(x^2-x_2{}^2)\cdots(x^2-x_n{}^2)$$

となる．いま

$$f_1(y) = (-1)^n f_0(x) f_0(-x) = (y-x_1{}^2)(y-x_2{}^2)\cdots(y-x_n{}^2)$$
$$y = x^2$$

とすると，上式の根は $f_0(x)$ の根の2乗となる．さらに

$$f_2(z) = (-1)^n f_1(y) f_1(-y) = (z-x_1{}^4)(z-x_2{}^4)\cdots(z-x_n{}^4)$$
$$z = y^2$$

とすれば，上式の根は $f_0(x)$ の根の4乗となる．この手続きを k 回繰り返すと

$$f_k(w) = (w-x_1{}^{2^k})(w-x_2{}^{2^k})\cdots(w-x_n{}^{2^k}) \tag{8.66}$$

となる．これを変形すると

$$f_k(w) = w^n + a_{1,k}w^{n-1} + \cdots + a_{n-1,k}w + a_{n,k} = 0 \tag{8.67}$$

となる．このとき，$f_{k-1}(u)$ の方程式を

$$f_{k-1}(u) = u^n + a_{1,k-1}u^{n-1} + \cdots + a_{n-1,k-1}u + a_{n,k-1} = 0 \tag{8.68}$$

とすると，式 (8.67)，(8.68) の係数の関係は

$$f_k(w) = (-1)^n f_{k-1}(u) f_{k-1}(-u)$$

より求められて

8.7 代数方程式の解法

$$\begin{cases} a_{0,k}=1 \\ a_{i,k}=(-1)^i a_{i,k-1}^2+2\sum_{j=0}^{i-1}(-1)^j a_{j,k-1}a_{2i-j,k-1} & \begin{array}{l}(i=1,2,\cdots,n-1)\\(2i-j>n)\end{array} \\ a_{n,k}=(-1)^n a_{n,k-1}^2 \\ a_{N,k}=0 \quad (N>n) \end{cases}$$

(8.69)

となる．つぎに，式 (8.66) と (8.67) から根と係数の関係を求めると

$$\begin{cases} x_1^{2^k}+x_2^{2^k}+\cdots\cdots\cdots+x_n^{2^k}=-a_{1,k} \\ x_1^{2^k}x_2^{2^k}+x_1^{2^k}x_3^{2^k}+\cdots+x_{n-1}^{2^k}x_n^{2^k}=a_{2,k} \\ x_1^{2^k}x_2^{2^k}x_3^{2^k}+\cdots+x_{n-2}^{2^k}x_{n-1}^{2^k}x_n^{2^k}=-a_{3,k} \\ \cdots\cdots\cdots\cdots\cdots\cdots\cdots\cdots\cdots\cdots\cdots\cdots \\ x_1^{2^k}x_2^{2^k}x_3^{2^k}\cdots\cdots\cdots\cdots x_n^{2^k}=(-1)^n a_{n,k} \end{cases}$$

(8.70)

条件式 (8.64) から根の大小関係は k を十分大きくとると

$$x_1^{2^k} \gg x_2^{2^k} \gg \cdots \gg x_n^{2^k}$$

となるので，式 (8.70) は近似的に

$$x_1^{2^k} \cong -a_{1,k}$$
$$x_1^{2^k}x_2^{2^k} \cong a_{2,k}$$
$$\cdots\cdots\cdots$$

とできるので

$$x_1^{2^k} \cong -a_{1,k},\quad x_2^{2^k} \cong -a_{2,k}/a_{1,k},\cdots,x_n^{2^k}=-a_{n,k}/a_{n-1,k}$$

したがって，式 (8.63) の根の近似値は

$$|x_1| \cong |-a_{1,k}|^{1/2^k},\quad |x_i| \cong \left|-\frac{a_{i,k}}{a_{i-1,k}}\right|^{1/2^k} \quad (i=2,3,\cdots,n)$$

と表される．なお，x_i の符号は式 (8.63) に代入して調べる．

例 11 $x^3-2x^2-5x+6=0$ の近似根をグレェフェの方法を用いて求めよ．
式 (8.69) より係数は

$$a_{1,k}=-a_{1,k-1}^2+2a_{2,k-1}$$
$$a_{2,k}=a_{2,k-1}^2-2a_{1,k-1}a_{3,k-1}$$
$$a_{3,k}=-a_{3,k-1}^2$$

問題より，$a_{1,0}=-2,\ a_{2,0}=-5,\ a_{3,0}=6$ であるから

$$a_{1,1}=-(-2)^2+2\times(-5)=-14$$
$$a_{2,1}=(-5)^2-2\times(-2\times 6)=49$$
$$a_{3,1}=-6^2=-36$$

この計算を $k=3$ まで行なったものを表 8.9 に示す．

表 8.9

k	$a_{1,k}$	$a_{2,k}$	$a_{3,k}$
0	-2	-5	6
1	-14	49	-36
2	-98	1393	-1296
3	-6818	1686433	-1679616

これより，根の近似値は $k=3$ として

$$|x_1|\cong \sqrt[8]{6818}\cong 3.014$$

$$|x_2|\cong \sqrt[8]{\frac{1686433}{6818}}\cong 1.991$$

$$|x_3|\cong \sqrt[8]{\frac{1679616}{1686433}}=0.999$$

与えられた方程式にこれらの値を代入すると符号が定まり

$$x_1=3.014,\quad x_2=-1.991,\quad x_3=0.999$$

となる．なお，真値は $x_1=3,\ x_2=-2,\ x_3=1$ である．

8.7.4 ベアストウ（Bairstow）法

ホーナーの方法が1次因子の組立除法を用いたのに対し，**ベアストウ法は2次因子の組立除法**をもとにしている．この方法は n 次の多項式を2次式で割って，2次式と $n-2$ 次式の積を求め，この2次式を解いてまず二つの根を求める．さらに，$n-2$ 次式を2次式で割って二つの根を求める．この手続きを残りの多項式が2次以下になるまで繰り返し行うとすべての根が求まる．

なお，n 次多項式を2次式

$$z^2+pz+q$$

8.7 代数方程式の解法

で割るとき，割り切れないのが普通であるから，そこで，割り切れるような p, q を求めるために連立方程式をたてニュートン・ラプソン法でこれを求める．この方法は，実係数方程式の複素根を求めるのに有効な方法である．

いま，方程式 (8.71)

$$f(z) = z^n + a_1 z^{n-1} + \cdots + a_{n-1} z + a_n = 0 \tag{8.71}$$

を $z^2 + pz + q$ で割ると

$$f(z) = (z^2 + pz + q)(z^{n-2} + b_1 z^{n-3} + \cdots + b_{n-3} z + b_{n-2}) + Rz + S \tag{8.72}$$

と表されるとすれば，$z^2 + pz + q$ が2次因子となる*ためには，R, S についてつぎの連立方程式が成立しなければならない．

$$\begin{cases} R(p, q) = 0 \\ S(p, q) = 0 \end{cases} \tag{8.73}$$

そこで，この連立方程式を解いて2次因子を求めるのに，8.6 のニュートン・ラプソン法を用いるのがベアストウ法である．

式 (8.73) に式 (8.32) を適用し変形すると

$$\begin{cases} \varepsilon_m R_p(p_m, q_m) + \delta_m R_q(p_m, q_m) = -R(p_m, q_m) \\ \varepsilon_m S_p(p_m, q_m) + \delta_m S_q(p_m, q_m) = -S(p_m, q_m) \end{cases} \tag{8.74}$$

ここに，

$$R_p(p_m, q_m) = \left[\frac{\partial R(p, q)}{\partial p}\right]_{\substack{p = p_m \\ q = q_m}}, \quad R_q(p_m, q_m) = \left[\frac{\partial R(p, q)}{\partial q}\right]_{\substack{p = p_m \\ q = q_m}}$$

$$\varepsilon_m = p_{m+1} - p_m, \quad \delta_m = q_{m+1} - q_m \tag{8.75}$$

である．

つぎに，R_p, R_q, S_p, S_q 等を計算し，式 (8.74)，(8.75) から補正量 ε_{m+1}，δ_{m+1} を求める方法について述べる．まず，式 (8.72) を展開したときの z のべき係数と式 (8.71) のそれとを順次比較することにより

---

* 式 (8.71) が $z^2 + pz + q$ で割り切れる．

$$\begin{cases} a_0 = 1 = b_0 \\ a_1 = b_1 + p \\ a_2 = b_2 + pb_1 + q \\ \vdots \\ a_k = b_k + pb_{k-1} + qb_{k-2} \\ \vdots \\ a_{n-1} = R + pb_{n-2} + qb_{n-3} \\ a_n = S + qb_{n-2} \end{cases} \tag{8.76}$$

となる.ここで,上の a_k に関する式を変形すると

$$b_k = a_k - pb_{k-1} - qb_{k-2} \quad (1 \leq k \leq n) \tag{8.77}$$

$$\text{ただし,} \quad b_{-1} = 0, \; b_0 = 1$$

とする.式 (8.77) で $k = n-1, n$ とし,式 (8.76) を用い,R, S について解くと

$$\begin{cases} R = b_{n-1} \\ S = b_n + pb_{n-1} \end{cases} \tag{8.78}$$

が求まる.つぎに,式 (8.77) を p, q について偏微分すると

$$\begin{cases} \dfrac{\partial b_{-1}}{\partial p} = \dfrac{\partial b_0}{\partial p} = 0 \\[4pt] \dfrac{\partial b_{-1}}{\partial q} = \dfrac{\partial b_0}{\partial q} = 0 \\[4pt] \dfrac{\partial b_k}{\partial p} = -b_{k-1} - p\dfrac{\partial b_{k-1}}{\partial p} - q\dfrac{\partial b_{k-2}}{\partial p} \\[4pt] \dfrac{\partial b_k}{\partial q} = -b_{k-2} - p\dfrac{\partial b_{k-1}}{\partial q} - q\dfrac{\partial b_{k-2}}{\partial q} \quad (1 \leq k \leq n) \end{cases} \tag{8.79}$$

となる.ここで,式 (8.77) の b_k に対し

$$c_k = b_k - pc_{k-1} - qc_{k-2} \quad (1 \leq k \leq n) \tag{8.80}$$

$$\text{ただし,} \quad c_{-1} = 0, \; c_0 = 1$$

を導入すると,式 (8.79) の偏微分の部分は,

$$\begin{cases} \dfrac{\partial b_k}{\partial p} = -c_{k-1} \\[4pt] \dfrac{\partial b_k}{\partial q} = -c_{k-2} \end{cases} \tag{8.81}$$

と置き換わる．ここで，式 (8.74) に式 (8.78) を p, q で微分して代入すると

$$\varepsilon_m \frac{\partial b_{n-1}}{\partial p} + \delta_m \frac{\partial b_{n-1}}{\partial q} = -b_{n-1} \tag{8.82}$$

$$\varepsilon_m \left[\frac{\partial b_n}{\partial p} + b_{n-1} + p\frac{\partial b_{n-1}}{\partial p} \right] + \delta_m \left[\frac{\partial b_n}{\partial q} + p\frac{\partial b_{n-1}}{\partial q} \right] = -b_n - pb_{n-1} \tag{8.83}$$

となる．式 (8.82) を p 倍し，式 (8.83) から引くと

$$\varepsilon_m \left[\frac{\partial b_n}{\partial p} + b_{n-1} \right] + \delta_m \frac{\partial b_n}{\partial q} = -b_n \tag{8.84}$$

と表される．式 (8.82), (8.84) に式 (8.81) の関係を代入すると

$$\varepsilon_m c_{n-2} + \delta_m c_{n-3} = b_{n-1}$$

$$\varepsilon_m (c_{n-1} - b_{n-1}) + \delta_m c_{n-2} = b_n$$

と表される．$d_{n-1} = c_{n-1} - b_{n-1}$ と置き換えると

$$\begin{cases} \varepsilon_m c_{n-2} + \delta_m c_{n-3} = b_{n-1} \\ \varepsilon_m d_{n-1} + \delta_m c_{n-2} = b_n \end{cases}$$

となる．これは

$$J = \begin{vmatrix} c_{n-2} & c_{n-3} \\ d_{n-1} & c_{n-2} \end{vmatrix} \neq 0 \tag{8.85}$$

のとき，ε_m, δ_m が求められることになる．再び整理のため必要な公式を書き並べると

$$\begin{cases} b_k = a_k - p_m b_{k-1} - q_m b_{k-2} \\ b_{-1} = 0, \ b_0 = 1 \end{cases} \tag{8.86}$$

$$\begin{cases} c_k = b_k - p_m c_{k-1} - q_m c_{k-2} \\ c_{-1} = 0, \ c_0 = 1 \\ d_{n-1} = c_{n-1} - b_{n-1} \end{cases} \tag{8.87}$$

$$\begin{cases} \varepsilon_m c_{n-2} + \delta_m c_{n-3} = b_{n-1} \\ \varepsilon_m d_{n-1} + \delta_m c_{n-2} = b_n \end{cases} \tag{8.88}$$

$$\begin{cases} p_{m+1} = p_m + \varepsilon_m \\ q_{m+1} = q_m + \delta_m \end{cases} \tag{8.89}$$

となる．一般に初期値として $p_0, q_0 = 0$ と選ぶのが普通である．しかし，必ず

しも最適とは限らないことに注意が必要である.

例 12 $f(z) = z^4 - 3z^3 + 7z^2 + 21z - 26 = 0$ の根を求めよ.

初期値を $p_0 = q_0 = 0$ とする. b_k と c_k を式 (8.86), (8.87) より求め, これを式 (8.88) に代入して ε_m, δ_m を求める. さらに, これを式 (8.89) へ代入し p_{m+1}, q_{m+1} を求め, p, q が収束するまで反復する.

表 8.10

		m	0		1	
k	a_k	b_k		c_k	b_k	c_k
0	1	1		1	1	1
1	-3	-3		-3	-4.408	-5.816
2	7	7		7	16.920	28.823
3	21	21		21	-19.195	-81.378
4	-26	-26			63.867	

表 8.11

m	p_m	q_m	b_{n-1}	b_n	c_{n-3}	c_{n-2}	d_{n-1}	ε_m	δ_m
0	0	0	21	-26	-3	7	0	1.408	-3.714
1	1.408	-3.714	-19.02	63.87	-5.816	28.87	-62.18	-0.388	1.380
2	1.020	-2.334	-2.085	7.482	-5.040	20.91	-33.09	-0.022	0.323
3	0.998	-2.011	-0.0015	0.161	-4.996	20.00	-30.01	0.002	0.0111
4	1.000	-2.000							
*	式 (8.89)		式 (8.86)		式 (8.87)			式 (8.88)	

* の欄は数値を求めるために必要とする式を示す.

$m = 0, 1$ のときの b_k, c_k の値を表 8.10 に示し, 式 (8.88) の各係数を表 8.11 に示した. ここで, 表の各定数で添字が n であるものは与えられた問題が4次方程式であるから4をとる. 表 8.11 の最終結果から $p_4 = 1, q_4 = -2$ となる. これを式 (8.86) に代入して $b_0 \sim b_2$ を求めると $b_0 = 1, b_1 = -4, b_2 = 13$, となる. したがって, 式 (8.72) より与式は

$$f(z) = (z^2 + 1.000z - 2.000)(z^2 - 4.000z + 13.000) = 0$$

と書かれる. これより2次方程式を解くと各根は

$$z^2+1.000z-2.000=0, \quad z=1.000, \quad -2.000$$
$$z^2-4.000z+13.000=0, \quad z=2.000\pm 3.000i$$

となる．なお，真値は 1, -2, $2\pm 3i$ である．

8.7.5 デュランド・カーナー (Durand-Kerner) 法

これまでに述べた代数方程式の数値解法は，根が求まるたびに次数を下げてさらに根を求めるという手続きを繰り返えしてすべての根を求める．この次数低下の操作を行うと丸め誤差が加わるので，与えられた代数方程式の次数が高くなるに従い累積誤差が増加してもとの方程式の根とは似ても似つかないものになることがある．

このようなとき，すべての根を同時に反復演算して求めることのできる大域収束性をもった**デュランド・カーナー法 (DK 法)** が有効である．この方法は，すべての根を同時に反復計算して解を求めるため，演算における丸め誤差の影響がなく，しかも任意の初期値から出発できる特徴がある．また，多重根を含む方程式に対しても用いることができる．

DK 法は n 元連立非線形方程式を解くニュートン法であり，n 個の根が異なれば局所的に 2 次収束する．

方程式 (8.36) に対する DK 法の反復公式は，ν 回目の反復の第 k 番目の近似根を $x_k^{(\nu)}$ とすると

$$x_k^{(\nu)}=x_k^{(\nu-1)}-\frac{f(x_k^{(\nu-1)})}{\prod_{\substack{j=1\\ \neq k}}^{n}(x_k^{(\nu-1)}-x_j^{(\nu-1)})} \quad \begin{cases}(k=1,2,\cdots,n)\\(\nu=1,2,3,\cdots\cdots)\end{cases} \quad (8.90)$$

で与えられる．上式はニュートン・ラプソンの反復公式の $f'(x_k^{(\nu-1)})$ を乗積 $\prod_{\substack{j=1\\ \neq k}}^{n}(x_k^{(\nu-1)}-x_j^{(\nu-1)})$ と置き換えたものに等しい*．

一般に，DK 法の初期値としては任意の値を用いることができるが，式 (8.23) の根の重心 $-a_1/n$ を中心とし，半径を r とする円周上の n 等分点

$$x_k^{(0)}=-\frac{a_1}{n}+r\exp\left[i\pi\left\{\frac{2(k-1)}{n}+\frac{1}{2n}\right\}\right] \quad (8.91)$$

を初期値とする．図 8.11 に DK 法によって与えられた初期値から根へ収束

---
* 付録 B.6 参照．

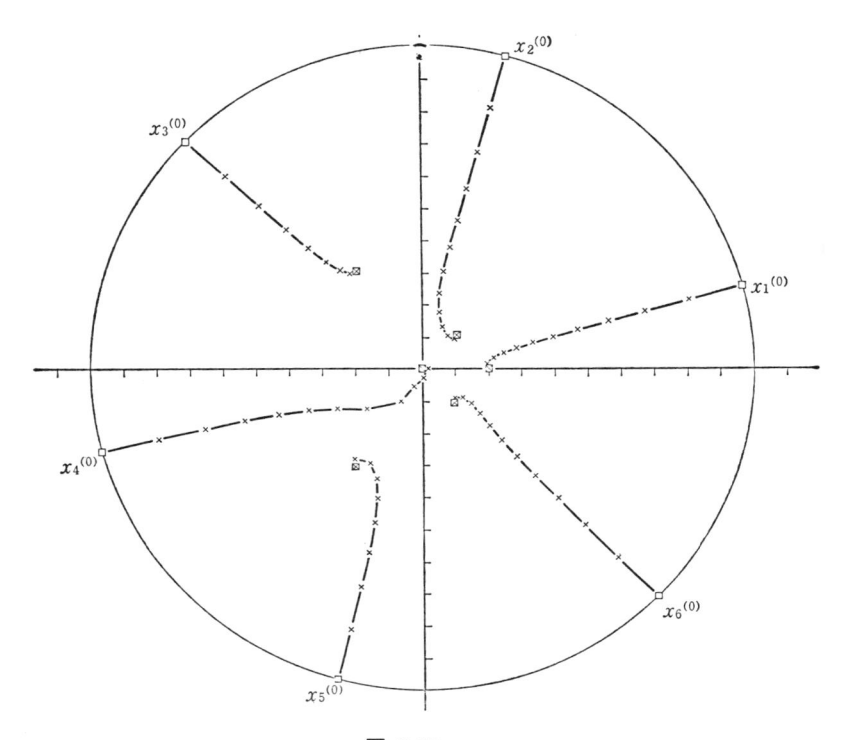

図 8.11

する様子を示す．初期値は任意に選んでもよいが，むやみに選ぶと計算機の桁あふれや演算時間の増大などの原因となるので，つぎに述べるアバースの方法による ω_0 や擬似偏差法による s を用いるとより効率の良い計算を行うことができる．

アバースの初期値: 式 (8.36) を $-a_1/n$ で展開すると

$$f(x) = \left(x + \frac{a_1}{n}\right)^n + c_2\left(x + \frac{a_1}{n}\right)^{n-2} + \cdots + c_n \tag{8.92}$$

となる．式 (8.92) を変形すると

$$S(\omega) = \omega^n - \{|c_2|\omega^{n-2} + |c_3|\omega^{n-3} + \cdots + |c_n|\} = 0 \tag{8.93}$$

となり，これは**デカルトの符号律***より唯一の正根 ω_0 をもつ．アバースの方法は，式 (8.91) の半径 r にこの ω_0 を用いるもので，このようにすると代数方

---
* 付録 A.9 参照．

程式 (8.36) のすべての根はこの円の内部に含まれる．この方法では，初期値を過大評価しやすいので計算機のオーバーフローがしばしば起きる．

　擬似偏差法：　式 (8.36) の真の根を X_k ($k=1, 2, \cdots, n$) とし，**擬似分散**を

$$s^2 = \frac{1}{n} \left| \sum_{j=1}^{n} \left(X_j + \frac{a_1}{n} \right)^2 \right| \tag{8.94}$$

とする．このとき平方根を**擬似偏差** s とし，擬似偏差はつぎのように書くことができる．

$$s = \sqrt{\frac{1}{n} \left| \left(1 - \frac{1}{n}\right) a_1^2 - 2a_2 \right|} \tag{8.95}$$

擬似偏差法は式 (8.91) の半径 r にこの s を用いるものであるが，正しくない根に誤って収束する場合があるので，ε を正の小さな数として，誤収束判定

$$\left| \frac{f(x_k^{(\nu)})}{f'(x_k^{(\nu)})} \right| \leq \varepsilon \tag{8.96}$$

を行う．この方法は代数方程式の次数が高くなるほどアバース法よりオーバーフローが少なく収束速度が速い．

　また，求められた近似根の精度は，つぎのスミスの定理[*]

$$|x_k^{(\nu)} - X_k| \leq n \left| \frac{f(x_k^{(\nu)})}{\prod_{\substack{j=1 \\ \neq k}}^{n} (x_k^{(\nu)} - x_j^{(\nu)})} \right| \tag{8.97}$$

を用いて評価することができる．

　例 13　初期半径を 10 としてつぎの方程式

$$x^4 - 5x^3 + 5x^2 + 25x - 26 = 0$$

の根を DK 法で求めよ．

　与式の根の重心は $n=4$, $a_1 = -5$ で $-a_1/n = 1.25$ となる．x_1 の初期値は式 (8.91) より $k=1$ として

$$x_1^{(0)} = 1.25 + 10 \exp(i\pi/8)$$
$$= 10.48880 + 3.82683 i$$

となる．同様に他の初期値を求めるとつぎの表のようになる．

---
[*] 付録 A.10 参照．

第8章 非線形方程式

k	$x_k^{(0)}$ の実数部	$x_k^{(0)}$ の虚数部
1	10.48880	3.82683
2	−2.57683	9.23880
3	−7.98880	−3.82683
4	5.07683	−9.23880

この初期値をもとに式（8.90）で反復を行うとつぎのようになる．図 8.12 は各根が初期値から収束するまでの様子を示す．

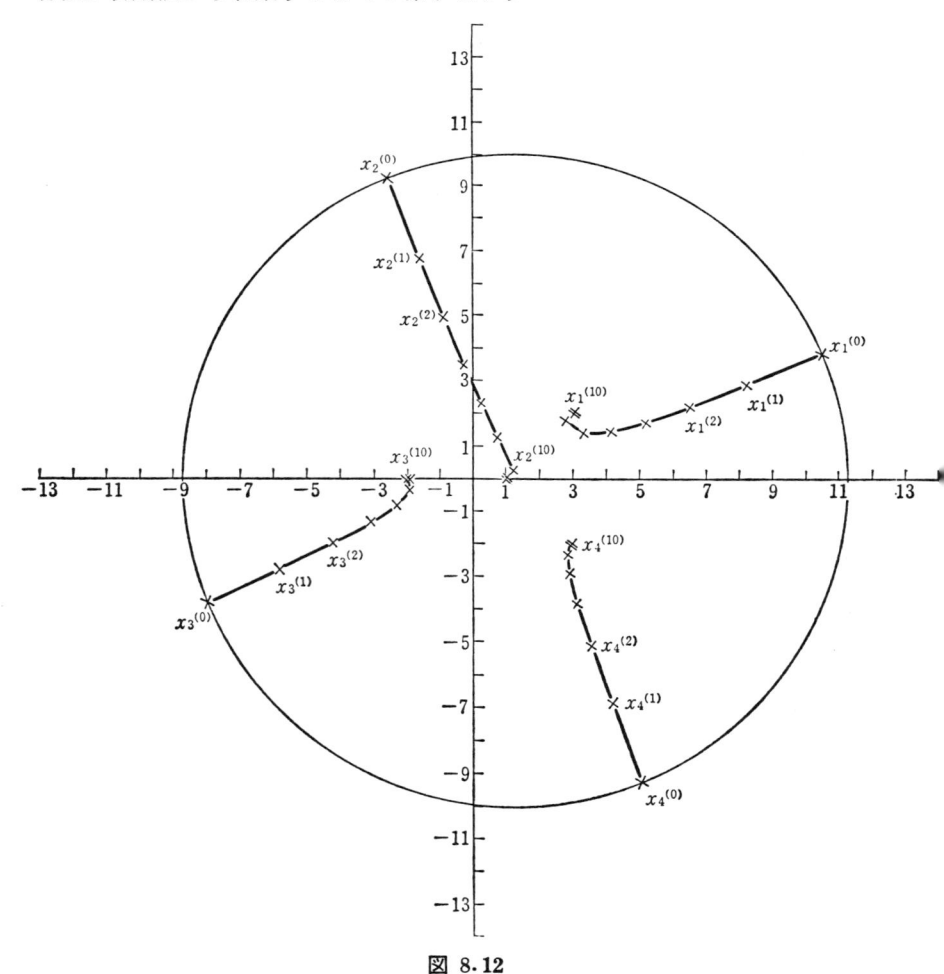

図 8.12

k	$x_k^{(1)}$ の実数部	$x_k^{(1)}$ の虚数部
1	8.24093	2.86826
2	−1.62464	6.78883
3	−5.81827	−2.79092
4	4.20198	−6.86617

k	$x_k^{(2)}$ の実数部	$x_k^{(2)}$ の虚数部
1	6.51783	2.17794
2	−0.88312	4.94731
3	−4.19396	−2.00174
4	3.55925	−5.12351

k	$x_k^{(10)}$ の実数部	$x_k^{(10)}$ の虚数部	誤　　差
1	3.00000	2.00000	0.
2	1.00000	0.00000	3.055 D −28
3	−2.00000	−0.00000	1.561 D −15
4	3.00000	−2.00000	6.189 D −15

演 習 問 題

8.1 つぎの方程式の根を，反復法を用いて小数点以下4桁まで正確に求めよ．また，エイトケンの Δ^2-加速法を用いたときはどうなるか．

（a） $f(x)=x-e^{-x}=0$

（b） $f(x)=x^3-2x^2-5x+7=0$ 　　　$(1 \leq x \leq 2)$

（ヒント） 反復関数 $F(x)$ として，つぎの形が考えられる．

$$x=F(x)=\frac{x^3-2x^2+7}{5}, \quad x=F(x)=\frac{x^3-5x+7}{2x}, \quad x=F(x)=\frac{5x-7}{x^2-2x} \quad \text{など}$$

ここで，区間 $(1,2)$ で $F(x)$ が式 (8.4) $|F'(x)|<1$ を満足する最小のものを採用すればよい．この場合，$F(x)=\dfrac{x^3-2x^2+7}{5}$ である．

8.2 つぎの方程式の根を，逐次2分法と線形逆補間法を用いて小数点以下4桁まで正確に求めよ．

（a） $e^{-x}=\sqrt{x}$

（b） $\log x=\sin x$ 　　　（原点に最も近い正根）

（c） $f(x)=e^{-x}-\sin x=0$ （　　　〃　　　）

8.3 つぎの方程式の根を，ニュートン・ラプソン法を用いて小数点以下5桁まで正確に

求めよ．
(a) $f(x) = x - \sin x - \cos x = 0$ $(1 \leqq x \leqq 1.5)$
(b) $f(x) = x^3 - 2x^2 - 5x + 7 = 0$ $(1 \leqq x \leqq 2)$

8.4 ニュートン・ラプソン法を用いて，ある正数 a の n 乗根を求める方法を示せ．また，導出した式を用いて，$\sqrt{3}$ および $\sqrt[3]{3}$ を小数点以下5桁まで正確に求めよ．

8.5 つぎの連立方程式の根を線形逆補間法を用いて求めよ．ただし，小数点以下4桁まで正確に求めよ．
$$\begin{cases} -y + x^3 + 4x^2 - 3x + 6 = 0 \\ 2y - 8x^2 + 4x - 14 = 0 \end{cases}$$

8.6 つぎの連立方程式の根を小数点以下4桁まで正確に求めよ．
(a) $\begin{cases} x = x^2 + y^2 \\ y = x^2 - y^2 \end{cases}$ $(x_0 = 0.8,\ y_0 = 0.4)$
(b) $\begin{cases} x = \sin(x + y) \\ y = \cos(x - y) \end{cases}$ （初期値 $x_0 = 0,\ y_0 = 0$ とせよ）

8.7 つぎの代数方程式の1と2の間の根をホーナーの方法を用いて，小数点以下3桁まで求めよ．
$$f(x) = x^3 - 3x^2 - x + 4 = 0$$

8.8 ニュートン・ラプソン法を用いて，つぎの方程式の複素根を小数点以下5桁まで正確に求めよ．ただし，初期値 $x_0 = 2,\ y_0 = 2$ とする．
$$f(z) = z^3 - z^2 + 8z + 10 = 0$$

8.9 つぎの代数方程式の根を指定した方法で求めよ．
(a) $f(z) = z^4 - 3z^3 + 10z^2 - 6z - 20 = 0$ （ベアストウ法）
(b) $f(z) = z^3 + 2z^2 - 8z + 1 = 0$ （グレッフェの方法）

8.10 カルダノ法とオイラー法を用いて，前問の根を求めよ．

第9章　微分方程式の数値解法

　具体的な問題から作られた微分方程式には解析的に解けないものが多い．このような微分方程式を解析的に解くには，微小項の省略や物理的な状況をもとにいくつかの仮定を置く場合が多く，このようにして求められた解は問題の概略を定性的に説明するのは適しているが，現実的な解にはほど遠いことがある．これに対し，できるだけ近似を少なくして直接数値的に解く方法はより実際的な解に近いことが多い．

　また，微分方程式が解析的に解ける場合でも解が級数，特殊関数の形になっていて具体的な値を知ることが困難なこともあり，最初から数値的に解くほうが良い場合もある．

　ここでは，微分方程式の数値解法の代表的なものについて述べる．

9.1　テイラー（Taylor）法

　微分方程式の初期解を求める方法の一つとしてテイラー展開による方法がある．

　1階の常微分方程式は，一般に

$$\frac{dy}{dx} = f(x, y) \tag{9.1}$$

という形で表すことができる．これを初期条件

$$y(x_0) = y_0$$

のもとで解く．

いま，$x_n = x_0 + nh$，$y_n = y(x_n)$，$y_0^{(k)} = (d^k y/dx^k)_{x=x_0}$ と置くと y_n のテイラー展開は

$$y_n = y_0 + \frac{hy_0'}{1!}n + \frac{h^2 y_0''}{2!}n^2 + \cdots + \frac{h^r y_0^{(r)}}{r!}n^r + \frac{h^{r+1} y^{(r+1)}(\xi)}{(r+1)!}n^{r+1}$$

$$(x_0 < \xi < x_0 + nh) \tag{9.2}$$

と表される．

1階の導関数は与えられた微分方程式より

$$\frac{dy}{dx} = y' = f(x, y)$$

2階の導関数は上式を x で微分して

$$y'' = \frac{d^2 y}{dx^2} = \frac{\partial f(x, y)}{\partial x} + \frac{\partial f(x, y)}{\partial y} \cdot \frac{dy}{dx} = f_x(x, y) + f_y(x, y) y'$$

同じように y''' も

$$y''' = f_{xx}(x, y) + 2y' f_{xy}(x, y) + y'^2 f_{yy}(x, y) + y'' f_y(x, y)$$

ここに

$$f_{xx}(x, y) = \frac{\partial^2 f(x, y)}{\partial x^2}, \quad f_{xy}(x, y) = \frac{\partial^2 f(x, y)}{\partial x \partial y}$$

を示す．これに初期条件を代入すると x_0, y_0 における1階および2階の微分値は

$$y_0' = f(x_0, y_0), \quad y_0'' = f_x(x_0, y_0) + y_0' f_y(x_0, y_0), \cdots$$

上の数値を式（9.2）に代入して nh が 1 より小さい範囲内での $n (= 1, 2, 3, \cdots, N)$ に対し y_n の値を求めることができる．N より大きな値に対しては，求められた y_N をもとに x_N のまわりのテイラー展開

$$y_{N+m} = y_N + \frac{hy_N'}{1!}m + \frac{h^2 y_N''}{2!}m^2 + \cdots \tag{9.3}$$

により反復することができる．

例1 つぎの微分方程式

$$\frac{dy}{dx} = 2x + x^2 - y, \quad y(0) = y_0 = -1 \tag{9.4}$$

の解をテイラー法で求めよ．

与えられた方程式より各階の導関数は

$$y'=2x+x^2-y, \quad y''=2+2x-y', \quad y'''=2-y'',$$
$$y^{(4)}=-y''', \quad y^{(5)}=-y^{(4)}, \cdots$$

と求められるから，初期値を上式に代入すると

$$y_0=-1, \quad y_0'=1, \quad y_0''=1, \quad y_0'''=1, \quad y_0^{(4)}=-1, \quad y_0^{(5)}=1, \cdots$$

ここで，$h=1/10$ とすると，式 (9.2) より

$$y_n = -1 + \frac{n}{10} + \frac{1}{2}\left(\frac{n}{10}\right)^2 + \frac{1}{6}\left(\frac{n}{10}\right)^3 - \frac{1}{24}\left(\frac{n}{10}\right)^4 + \frac{1}{120}\left(\frac{n}{10}\right)^5$$
$$- \frac{1}{720}\left(\frac{n}{10}\right)^6 + \frac{1}{5040}\left(\frac{n}{10}\right)^7 + \cdots \tag{9.5}$$

となる．上式を第4項までと8項までを用いて求めた y の近似値および小数点以下6桁までの正確な y の値を表9.1に示す．

表 9.1

n	y_n		y 正確な値
	4項まで	8項まで	
0			-1
1	-0.894834	-0.894838	-0.894837
2	-0.778667	-0.778731	-0.778731
3	-0.650500	-0.650818	-0.650818
4	-0.509334	-0.510320	-0.510320

なお，与えられた微分方程式の正確な解は

$$y=x^2-e^{-x}$$

である．

9.2 ピカール (Picard) の解法

ピカールの解法は1階の微分方程式

$$\frac{dy}{dx}=f(x,y)$$

の点 x_0 付近におけるべき級数解を求める方法である．

上式を区間 $[x_0, x]$ で積分すると

$$y(x)=y(x_0)+\int_{x_0}^{x}f(x,y(x))dx \tag{9.6}$$

となる．ここで，第1次近似 $y_1(x)$ は積分項の $y(x)$ を近似的に $y(x_0)$ として

$$y_1(x)=y(x_0)+\int_{x_0}^{x}f(x,y(x_0))dx$$

一般に，第 n 次近似は

$$y_n(x)=y(x_0)+\int_{x_0}^{x}f(x,y_{n-1}(x))dx \tag{9.7}$$

と表される．この方法は $f(x, y_r)$ を積分しなければならないので使用範囲が限られる．

例として式（9.4）の微分方程式の解をピカールの方法で求めてみよう．式（9.7）を用いると第 n 次近似解 $y_n(x)$ は式（9.4）より

$$y_n(x)=y(x_0)+\int_{x_0}^{x}[2x+x^2-y_{n-1}(x)]dx$$

と表されるから，第1次近似解は上式で $n=1$ とすると

$$y_1(x)=-1+\int_{0}^{x}[2x+x^2-(-1)]dx=-1+x+x^2+\frac{x^3}{3}$$

同じように

$$y_2(x)=-1+\int_{0}^{x}\left[2x+x^2-\left(-1+x+x^2+\frac{x^3}{3}\right)\right]dx$$

$$=-1+x+\frac{x^2}{2}-\frac{x^4}{12}$$

$$y_3(x)=-1+x+\frac{x^2}{2}+\frac{x^3}{6}+\frac{x^5}{48}$$

$$y_4(x)=-1+x+\frac{x^2}{2}+\frac{x^3}{6}-\frac{x^4}{24}-\frac{x^6}{240}$$

このように近似解は次第に式（9.4）の級数解

$$y(x) = -1 + x + \frac{x^2}{2} + \frac{x^3}{6} - \frac{x^4}{24} + \frac{x^5}{120} - \frac{x^6}{720} + \cdots \quad (9.8)$$

に近づくことがわかる.

また，式 (9.6) の右辺が解析的に積分できない場合は数値積分公式を用いる．いま，式 (9.6) を区間 $[x_0, x_1]$ の積分とすると

$$y(x_1) = y(x_0) + \int_{x_0}^{x_1} f(x, y(x)) dx$$

となる．右辺第 2 項の積分を高さ $f(x_0, y(x_0))$，幅 h の矩形の面積で近似すると

$$\int_{x_0}^{x_1} f(x, y(x)) dx \simeq h f(x_0, y(x_0))$$
$$(h = x_1 - x_0)$$

となり

$$y(x_1) = y(x_0) + h f(x_0, y(x_0))$$

と表される．これは，$y(x)$ を図 9.1 の点線のように $x = x_0$ での接線で近似し $y(x_1)$ を求めるもので，後で述べるオイラー法である．

さらに，積分を台形公式で近似すると

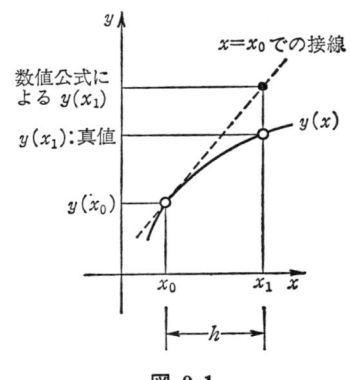

図 9.1

$$y(x_1) = y(x_0) + \frac{h}{2}[f(x_0, y(x_0)) + f(x_1, y(x_1))] \quad (h = x_1 - x_0) \quad (9.9)$$

のような公式が求まる．

例 2 例 1 の微分方程式の数値解を式 (9.9) を用いて求めよ．

いま，式 (9.9) を式 (9.4) に適用すると

$$y(x_1) = y(x_0) + \frac{h}{2}[2x_0 + x_0^2 - y(x_0) + 2x_1 + x_1^2 - y(x_1)]$$

であるから，これを $y(x_1)$ について解くと

$$y(x_1) = \frac{1}{1 + \frac{h}{2}} \left[\left(1 - \frac{h}{2}\right) y(x_0) + h \left\{ x_0 + x_1 + \frac{x_0^2 + x_1^2}{2} \right\} \right] \quad (9.10)$$

数値を代入すると $y(0.1) = -0.894762$ が求まる．

そのほか，初めにいくつかの値がわかっていればさらに高次の積分公式，例

えばシンプソン公式

$$y(x_2)=y(x_0)+\frac{h}{3}[f(x_0,y(x_0))+4f(x_1,y(x_1))+f(x_2,y(x_2))]$$
(9.11)

などを用いることができる．

9.3 オイラー（Euler）法

テイラー展開による方法を1次で打ち切って反復する方法を**オイラー法**という．式 (9.2) で，$n=1$，反復式 (9.3) で $m=1$ とし，与えられた微分方程式より

$$y_0'=f(x_0,y_0)$$

であるから

$$y_1=y_0+hf(x_0,y_0), \quad y_2=y_1+hf(x_1,y_1)$$

となる．これより，つぎのような反復公式

$$y_n=y_{n-1}+hf(x_{n-1},y_{n-1}) \quad (n=1,2,3,\cdots) \qquad (9.12)$$

を得る．ここに，x_n は前と同じように

$$x_n=x_0+nh$$

とする．

表 9.2

n	x_n	y_n
0	0	-1
1	0.1	-0.9
2	0.2	-0.789
3	0.3	-0.6661
4	0.4	-0.53049
5	0.5	-0.381441

ここで，式 (9.4) の微分方程式にオイラー法を適用すると

$$y_n=y_{n-1}+h[2x_{n-1}+x_{n-1}^2-y_{n-1}]$$

となる．これに初期条件および間隔を

$$x_0=0, \quad y(x_0)=-1, \quad h=0.1$$

として解を求めると表 9.2 のようになる．

9.4 ルンゲ・クッタ (Runge-Kutta) 法

n 次のテイラー法と同じ程度の精度をもつように工夫されているのが **n 次のルンゲ・クッタ法**である．これは，n 個の関数の値を計算することにより微分値の計算を行わないですむようにしてある．

ここでは，2次のルンゲ・クッタ法を求めてみよう．

いま，y_n を2次までテイラー展開すると

$$y_n = y_{n-1} + h y_{n-1}' + \frac{h^2}{2} y_{n-1}'' + O(h^3)$$

ここに，$O(h^3)$ は h^3 項以後を表す．

上式の y_{n-1} の各微係数は **9.1** で求めたものを用いて

$$y_n = y_{n-1} + h f_{n-1} + \frac{h^2}{2}(f_x + f \cdot f_y)_{n-1} + O(h^3) \qquad (9.13)$$

ここに，$f_x = \partial f / \partial x$ とし，$(\ )_{n-1}$ は (x_{n-1}, y_{n-1}) における値を示すものとする．

また，一方 y_n を y_{n-1} と3個の関数値で表すために

$$\left.\begin{array}{l} y_n = y_{n-1} + a k_1 + b k_2 \\ k_1 = h f(x_{n-1}, y_{n-1}) \\ k_2 = h f(x_{n-1} + ph, y_{n-1} + q k_1) \end{array}\right\} \qquad (9.14)$$

と置く．上式をテイラー展開して式 (9.13) と比較し，未定係数を定めればよい．2変数関数 $f(x+\alpha, y+\beta)$ のテイラー展開は

$$f(x+\alpha, y+\beta) = \sum_{m=0}^{\infty} \frac{1}{m!} \left(\alpha \frac{\partial}{\partial x} + \beta \frac{\partial}{\partial y} \right)^m f(x, y) \qquad (9.15)$$

であるから，k_2 は

$$k_2 = h[f_{n-1} + ph(f_x)_{n-1} + q k_1 (f_y)_{n-1}] + O(h^3)$$

と展開される．上式の k_1 に式 (9.14) の第2式を代入して

$$k_2 = h f_{n-1} + h^2 [p(f_x)_{n-1} + q(f \cdot f_y)_{n-1}] + O(h^3)$$

これを式 (9.14) の第1式に代入すると

$$y_n = y_{n-1} + (a+b)hf_{n-1} + h^2[bp(f_x)_{n-1} + bq(f \cdot f_y)_{n-1}] + O(h^3) \quad (9.16)$$

上式と式 (9.13) を比較するとつぎの式を得る．

$$a + b = 1 \quad (9.17)$$

$$bp = 1/2 \quad (9.18)$$

$$bq = 1/2 \quad (9.19)$$

未知数4個に対して条件は3個となる．したがって，1個の未知数は任意に選ぶことができる．ここでは，つぎの条件式

$$p = 1 \quad (2.20)$$

を加える．式 (9.17)～(9.20) から各係数の値が求まりつぎのようになる．

$$\left. \begin{array}{l} a = b = 1/2 \\ p = q = 1 \end{array} \right\} \quad (9.21)$$

これを式 (9.14) に代入して，**ルンゲ・クッタの2次の公式**が求まりつぎのようになる．

$$\left. \begin{array}{l} y_n = y_{n-1} + \dfrac{1}{2}(k_1 + k_2) \\ k_1 = hf(x_{n-1}, y_{n-1}) \\ k_2 = hf(x_{n-1} + h, y_{n-1} + k_1) \end{array} \right\} \quad (9.22)$$

これを**ホイン（Heun）法**という．上式を

$$y_n = \frac{1}{2}[\{y_{n-1} + hf(x_{n-1}, y_{n-1})\} + \{y_{n-1} + hf(x_{n-1} + h, y_{n-1} + k_1)\}]$$

と書きなおすと，図9.2のように表すことができる．

図からもわかるように y_n は y_{n-1} に点 (x_{n-1}, y_{n-1}) の傾きと h の積，$(x_{n-1} + h, y_{n-1} + k_1)$ の傾きと h の積の和の平均を加えたもので表される．

つぎに，式 (9.20) の代わりに別の条件

$$p = 1/2 \quad (9.23)$$

を適用すると，式 (9.17)～(9.19) より

$$a = 0, \quad b = 1, \quad p = q = 1/2 \quad (9.24)$$

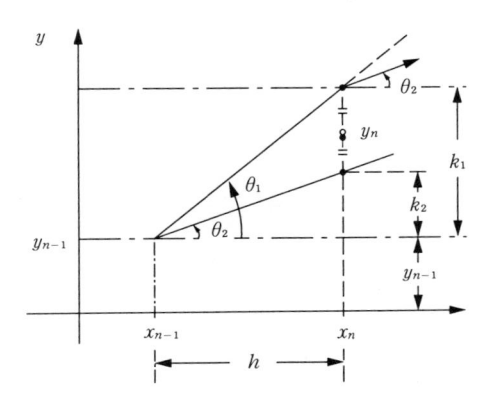

$$\tan\theta_1 = f(x_{n-1}, y_{n-1})$$
$$\tan\theta_2 = f(x_{n-1}+h, y_{n-1}+k_1)$$
図 9.2

となり

$$\left.\begin{array}{l} y_n = y_{n-1} + hk_2 \\ k_1 = hf(x_{n-1}, y_{n-1}) \\ k_2 = hf(x_{n-1}+h/2,\ y_{n-1}+k_1/2) \end{array}\right\} \quad (9.25)$$

となる．これは改良オイラー法という．

さらに，同じように h^3 の項までテイラー法と一致させることにより，ルンゲ・クッタの3次の公式が求まり，つぎのようになる*．

$$\left.\begin{array}{l} y_n = y_{n-1} + \dfrac{1}{6}(k_1 + 4k_2 + k_3) \\ k_1 = hf(x_{n-1}, y_{n-1}) \\ k_2 = hf\left(x_{n-1}+\dfrac{1}{2}h,\ y_{n-1}+\dfrac{1}{2}k_1\right) \\ k_3 = hf(x_{n-1}+h,\ y_{n-1}-k_1+2k_2) \end{array}\right\} \quad (9.26)$$

---

* 問題 9.6 参照

上式は h^4 程度の打ち切り誤差をもつ．

また，同じ方法で h^4 の項までテイラー展開と一致させることにより，つぎのような **4次のルンゲ・クッタの公式**が求まる*．

$$\left.\begin{aligned} y_n &= y_{n-1} + \frac{1}{6}(k_1 + 2k_2 + 2k_3 + k_4) \\ k_1 &= hf(x_{n-1}, y_{n-1}) \\ k_2 &= hf\left(x_{n-1} + \frac{1}{2}h, y_{n-1} + \frac{1}{2}k_1\right) \\ k_3 &= hf\left(x_{n-1} + \frac{1}{2}h, y_{n-1} + \frac{1}{2}k_2\right) \\ k_4 &= hf(x_{n-1} + h, y_{n-1} + k_3) \end{aligned}\right\} \quad (9.27)$$

これはルンゲ・クッタ法として最も使われている公式である**．打ち切り誤差は h^5 程度である．式 (9.27) は $f(x, y)$ が x のみの関数であれば h を $2h$ と置き換えるとシンプソンの 1/3 則と一致する．

例 3 例 1 の微分方程式

$$\frac{dy}{dx} = 2x + x^2 - y, \quad y(0) = -1$$

の解を 4 次のルンゲ・クッタ公式で求めよ．

$x_0 = 0, \ h = 0.1$ として

$$k_1 = 0.1 \times (+1) = 0.1$$
$$k_2 = 0.1 \times \{2 \times 0.05 + 0.05^2 - (-1 + 0.5 \times 0.1)\} = 0.10525$$
$$k_3 = 0.1 \times \{2 \times 0.05 + 0.05^2 - (-1 + 0.5 \times 0.10525)\} \cong 0.10499$$
$$k_4 = 0.1 \times \{2 \times 0.1 + 0.1^2 - (-1 + 0.10499)\} \cong 0.11050$$

したがって，$y_1 = y(0.1)$ は

$$y(0.1) = -1 + \frac{1}{6}(0.1 + 2 \times 0.10525 + 2 \times 0.10499 + 0.11050)$$
$$= -0.89484$$

---

* 問題 9.7 参照
** 次数と性能の関係について報告もある [14]．

同じようにして，2回目は

$k_1 = 0.1 \times \{2 \times 0.1 + 0.1^2 - (-0.89484)\} \cong 0.11048$

$k_2 = 0.1 \times \{2 \times 0.15 + 0.15^2 - (-0.89484 + 0.5 \times 0.11048)\} \cong 0.11621$

のようになり，これらの値を $x=1.0$ まで表 9.3 に示す.

表 9.3

*** 4 TH ORDER RUNGE-KUTTA METHOD ***

$X_0 = 0.00 \quad Y_0 = -1.00 \quad H = 0.1$

N	X	Y	K1	K2	K3	K4
1	.10	−.89484	.10000	.10525	.10499	.11050
2	.20	−.77874	.11048	.11621	.11592	.12189
3	.30	−.65083	.12187	.12803	.12772	.13410
4	.40	−.51033	.13408	.14063	.14030	.14705
5	.50	−.35654	.14703	.15393	.15359	.16067
6	.60	−.18882	.16065	.16787	.16751	.17490
7	.70	−.00659	.17488	.18239	.18201	.18968
8	.80	.19067	.18966	.19743	.19704	.20495
9	.90	.40343	.20493	.21294	.21254	.22068
10	1.00	.63212	.22066	.22887	.22846	.23681

ルンゲ・クッタ法を改良したものに**ルンゲ・クッタ・ギル法**があり，これは計算機の記憶容量の節約と丸め誤差の自動消去を特長としている．この公式は

$$\left. \begin{aligned} y_n &= y_{n-1} + \frac{1}{6}[k_1 + (2-\sqrt{2})k_2 + (2+\sqrt{2})k_3 + k_4] \\ k_1 &= hf(x_{n-1}, y_{n-1}) \\ k_2 &= hf\left(x_{n-1} + \frac{h}{2}, y_{n-1} + \frac{k_1}{2}\right) \\ k_3 &= hf\left(x_{n-1} + \frac{h}{2}, y_{n-1} + (-1+\sqrt{2})\frac{k_1}{2} + \left(1 - \frac{1}{\sqrt{2}}\right)k_2\right) \\ k_4 &= hf\left(x_{n-1} + h, y_{n-1} - \frac{k_2}{\sqrt{2}} + \left(1 + \frac{1}{\sqrt{2}}\right)k_3\right) \end{aligned} \right\} \quad (9.28)$$

実際の計算手順は，出発点で $q_0 = 0$ として

$$\left.\begin{aligned}
k_1 &= hf(x_{n-1}, y_{n-1}) \\
r_1 &= (k_1 - 2q_0)/2 \\
y_A &= y_{n-1} + r_1 \\
q_1 &= q_0 + 3r_1 - k_1/2 \\
k_2 &= hf(x_{n-1} + h/2, y_A) \\
r_2 &= (1 - \sqrt{1/2})(k_2 - q_1) \\
y_B &= y_A + r_2 \\
q_2 &= q_1 + 3r_2 - (1 - \sqrt{1/2})k_2 \\
k_3 &= hf(x_{n-1} + h/2, y_B) \\
r_3 &= (1 + \sqrt{1/2})(k_3 - q_2) \\
y_C &= y_B + r_3 \\
q_3 &= q_2 + 3r_3 - (1 + \sqrt{1/2})k_3 \\
k_4 &= hf(x_{n-1} + h, y_C) \\
r_4 &= (k_4 - 2q_3)/6 \\
y_n &= y_C + r_4 \\
q_4 &= q_3 + 3r_4 - k_4/2
\end{aligned}\right\} \quad (9.29)$$

となる．q_4 は反復公式のつぎの計算で q_0 と置いて計算を進める．なお，浮動小数点演算では式 (9.29) の第2式，第3式の r_1，およびこれと同じ r_2, r_3, r_4 は意味が異なってくるので，前者の丸め誤差を含ませたものを後者の式に適用しないと丸め誤差が自動的に修正されない．

9.5 予測子-修正子法

　ルンゲ・クッタ法のような前進形の解法では，わずかな積分区間でも打ち切り誤差が次第に増してゆき修正の方法がない．

　これに対し，あらかじめ与えられた小さな許容誤差範囲内に修正量が納まるように反復計算を行う方法として**予測子-修正子法**がある．

　この方法は，出発値と呼ばれるいくつかの y の値，例えば図9.3のように $y_{n-4}, y_{n-3}, y_{n-2}, y_{n-1}$ を用いて予測子により y_n の値を求め，さらにこの y_n を用いて修正子により再び y_n の値を求める．この y_n と先に求めた値との差があらかじめ決めた許容量 ε より大きいときは再び修正子を用いて ε より小さく

9.5 予測子-修正子法

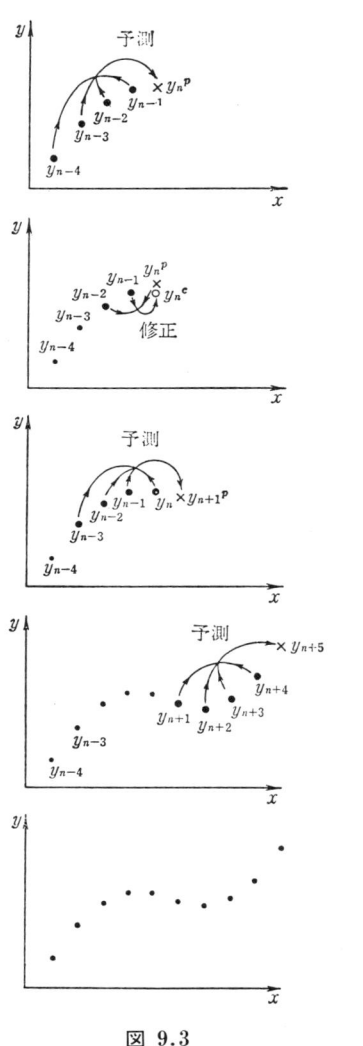

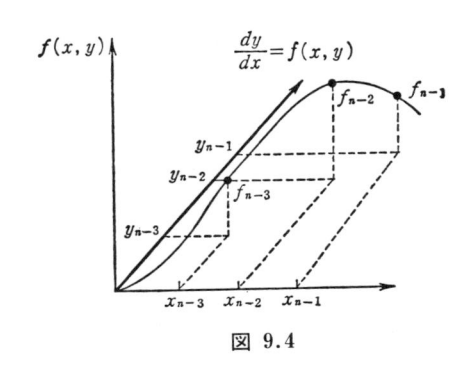

図 9.4

なるまで反復する．

予測子-修正子法の代表的なものにつぎに示すようなミルン（**Milne**）法があげられる．

ミルン法

与えられた微分方程式

$$\frac{dy}{dx} = f(x, y)$$

で，変数は初期値を x_0, y_0 として

$$x_n = x_0 + nh \quad (n = 1, 2, \cdots)$$

とする．このとき，y_n の予測値を $y_n{}^P$ として

予測子：

$$y_n{}^P = y_{n-4} + \frac{4}{3}h(2f_{n-3} - f_{n-2} + 2f_{n-1})$$
(9.30)

$y_n{}^P$ を用いて計算される修正値 $y_n{}^C$ は

修正子： $y_n{}^C = y_{n-2} + \dfrac{h}{3}(f_{n-2} + 4f_{n-1} + f_n)$ (9.31)

計算方法：与えられた初期値 y_0 と別の方法で求められた出発値 y_1, y_2, y_3 より微分方程式から f_1, f_2, f_3 を求め（図9.4），これらを式 (9.30) に代入し（こ

図 9.3

の例では $n=4$), $y_4{}^P$ を求める．$y_4{}^P$ を微分方程式に代入し $f_4(x_4, y_4{}^P)$ を求め，前の f_2, f_3 および y_2 とを式 (9.31) に代入し $y_4{}^{C_1}$ を求める．

このとき，初回の修正量 C_1 は

$$C_1 = |y_4{}^{C_1} - y_4{}^P| \tag{9.32}$$

で求まる．C_1 があらかじめ与えた許容量 ε より大きいときは，$y_4{}^{C_1}$ を微分方程式に代入して $f_4(x_4, y_4{}^{C_1})$ を求め，前と同じようにして式 (9.31) より2回目の修正値 $y_4{}^{C_2}$ を求める．2回目の修正量は

$$C_2 = |y_4{}^{C_2} - y_4{}^{C_1}|$$

より求まる．$C_2 > \varepsilon$ なら，さらにこの手続きを $C_i < \varepsilon$ となるまで繰り返し，最終の $y_4{}^{C_i}$ を y_4 とする．この y_4 を用いてつぎの x_5 における y_5 を前と同じようにして求める．

出発値の求め方：出発値を求めるには前に述べたテイラー法やルンゲ・クッタ法などを用いる．出発値の精度を高くしないと数値的不安定の原因となる．

テイラー法の式 (9.2) より $n = 1, 2, 3$ として，h の3次までとると

$$\begin{cases} y_1 = y_0 + hf_0 + h^2 f_0'/2 + h^3 f_0''/6 \\ y_2 = y_0 + 2hf_0 + 2h^2 f_0' + 4h^3 f_0''/3 \\ y_3 = y_0 + 3hf_0 + 9h^2 f_0'/2 + 9h^3 f_0''/2 \end{cases} \tag{9.33}$$

上式で求めた各近似値を用い，別の精度の良い積分公式を反復使用して出発値を求める．これには，例えば式 (6.19) のシンプソンの 3/8 則

$$\int_{x_0}^{x_3} f(x, y) dx = \frac{3}{8} h [f_0 + 3f_1 + 3f_2 + f_3]$$

を用いれば y_3 に対する式が求められ，同じようにして3次近似式を区間 $[x_0, x_0+h], [x_0, x_0+2h], [x_0, x_0+3h]$ で積分すれば y_1, y_2, y_3 に対する式が求められ，つぎのようになる．

$$\left. \begin{aligned} y_1 &= y_0 + \frac{h}{24} [9f_0 + 19f_1 - 5f_2 + f_3] \\ y_2 &= y_0 + \frac{h}{3} [f_0 + 4f_1 + f_2] \\ y_3 &= y_0 + \frac{3h}{8} [f_0 + 3f_1 + 3f_2 + f_3] \end{aligned} \right\} \tag{9.34}$$

式 (9.34) より精度をあげるなら，同じように4次近似式を積分して

$$y_1 = y_0 + \frac{h}{720}[251f_0 + 646f_1 - 264f_2 + 106f_3 - 19f_4]$$

$$y_2 = y_0 + \frac{h}{90}[29f_0 + 124f_1 + 24f_2 + 4f_3 - f_4] \qquad (9.35)$$

$$y_3 = y_0 + \frac{h}{80}[27f_0 + 102f_1 + 72f_2 + 42f_3 - 3f_4]$$

得られる式[21]を用いるとよい．

例 4 例1の微分方程式の解をミルン法で求めよ．

まず，式 (9.33) で用いる $f'(x,y), f''(x,y)$ は式 (9.4) を微分して

$$f'(x,y) = 2(1+x) - y'$$

上式に式 (9.4) を代入して，

$$f'(x,y) = 2 - x^2 + y$$

同じように，2階の導関数は

$$f''(x,y) = x^2 - y$$

これらに $y(0) = y_0 = -1$ を代入すると

$$f_0 = 1, \quad f_0' = 1, \quad f_0'' = 1$$

そこで，$h = 0.1$ であるとして上の値を式 (9.33) に代入すると

$$y_1 = -0.894833, \quad y_2 = -0.778666, \quad y_3 = -0.650500$$

これを式 (9.4) に代入し

$$f_1 = 2 \times 0.1 + 0.1^2 - (-0.894833) = 1.104833, \quad f_2 = 1.218666,$$
$$f_3 = 1.340500$$

そこでこの値を式 (9.34) に代入し

$$y_1 = -0.894838, \quad y_2 = -0.778733, \quad y_3 = -0.650838$$

のような初期値を得た*．上の値を式 (9.4) に代入し

$$f_1 = 1.104838, \quad f_2 = 1.218733, \quad f_3 = 1.340838$$

を得，つぎに $n = 4$ のときの予測子の式 (9.30) に上の値を代入し

$$y_4{}^P = -0.510317$$

を得た．再び微分方程式 (9.4) に代入し

$$f_4(y_4{}^P) = 1.470317$$

---

* 初期値の精度が悪いと後の計算の回数が増し精度もあがらない．ここでは，一つの例として示した．なお，この例にはルンゲ・クッタ法で得た表 9.3 の値を用いるとよい．

これから修正値は

$$y_4{}^{C_1} = -0.510320$$

初回の修正量は

$$C_1 = 0.000003$$

となる．ε を $\varepsilon = 0.000002$ とすれば，$C_1 > \varepsilon$ であるからつぎの修正を行う．そこで，$y_4{}^{C_1}$ より

$$f_4(y_4{}^{C_1}) = 1.470320$$

上の値を再び式 (9.31) に代入し

$$y_4{}^{C_2} = -0.510320, \quad C_2 = 0.000000 < \varepsilon$$

となり，y_4 の値 -0.510320 を得た．さらに，前の y_2, y_3 とこの y_4 より y_5, $y_6, \cdots$ と求めればよい．

　ミルンの方法における予測式 (9.30) は 6 章で述べた開いた形のニュートン・コーツ公式，式 (6.22) であり，修正子はシンプソンの 1/3 則，式 (6.16) である．**ハミング** (Hamming) は二つの公式の誤差評価式を用いてつぎのような修正を行なった[16]．

　式 (6.17)，(6.23) および式 (9.30)，(9.31) より y_n は

$$y_n = y_n{}^P + \frac{28}{90} A \tag{9.36}$$

$$y_n = y_n{}^C - \frac{1}{90} A \tag{9.37}$$

となる．ここに，区間 (x_{n-4}, x_n) で両者の微分係数は等しいとして

$$A = h^5 \left[\frac{\partial^4}{\partial x^4} f(x, y) \right]_{\xi, \eta}$$

とする．式 (9.36)，(9.37) より

$$y_n{}^C - y_n{}^P = \frac{29}{90} A$$

したがって，A は

$$A = \frac{90}{29} [y_n{}^C - y_n{}^P] \tag{9.38}$$

となる．これを式 (9.37) に代入し，新しい修正式 $y_n{}^m$

$$y_n{}^m = y_n{}^c - \frac{1}{29}[y_n{}^c - y_n{}^P] \tag{9.39}$$

を得る．

また，ミルンの方法より精度は低いが初期値の他に出発値が1点だけの中点公式と台形公式を用いたものがあり，あまり精度を必要としない場合に用いられる．

中点-台形公式

予測子：$y_n{}^P = y_{n-2} + 2hf_{n-1}$ \hfill (9.40)

修正子：$y_n{}^c = y_{n-1} + \dfrac{h}{2}(f_n + f_{n-1})$ \hfill (9.41)

そのほか，差分を用いる**アダムス・バッシュフォース**（Adams-Bashforth）**法**があり，式 (3.28) を積分することにより求められる*．

予測子：$y_n = y_{n-1} + h\left(1 + \dfrac{1}{2}\nabla + \dfrac{5}{12}\nabla^2 + \dfrac{3}{8}\nabla^3 + \dfrac{251}{720}\nabla^4 + \cdots\right)f_{n-1}$
$$\tag{9.42}$$

修正子：$y_n = y_{n-1} + h\left(1 - \dfrac{1}{2}\nabla - \dfrac{1}{12}\nabla^2 - \dfrac{1}{24}\nabla^3 - \dfrac{19}{720}\nabla^4 - \cdots\right)f_n$
$$\tag{9.43}$$

9.6　2 階の微分方程式

2 階の微分方程式の数値解法は1階の微分方程式の解法を応用することにより求めることができる．一般の2階の微分方程式は

$$y'' = \frac{d^2y}{dx^2} = f(x, y, y') \tag{9.44}$$

と書かれる．いま，ミルン法の予測式 (9.30) は

$$y_n{}^P = y_{n-4} + \frac{4}{3}h(2y_{n-3}{}' - y_{n-2}{}' + 2y_{n-1}{}') \tag{9.45}$$

であるが，これを x で微分すると

$$y_n{}'^P = y_{n-4}{}' + \frac{4}{3}h(2y_{n-3}{}'' - y_{n-2}{}'' + 2y_{n-1}{}'') \tag{9.46}$$

---

* 問題 9.13 参照．

となる．初期条件と別の手段により求められた出発値を用いて，上式より $y_n'^P$ を求める．さらに，$y_n'^P$ をミルン法の修正子

$$y_n^C = y_{n-2} + \frac{h}{3}(y_{n-2}' + 4y_{n-1}' + y_n') \tag{9.47}$$

の y_n' に代入し $y_n^{C_1}$ を求める．これを，もとの微分方程式（9.44）に代入し y_n'' を求める．つぎに，式（9.47）を x で微分した式

$$y_n'^C = y_{n-2}' + \frac{h}{3}(y_{n-2}'' + 4y_{n-1}'' + y_n'') \tag{9.48}$$

に y_n'' を代入し $y_n'^C$ を求め，再び式（9.47）の y_n' に $y_n'^C$ を代入し $y_n^{C_2}$ を求める．必要な精度を得るまでこの方法を繰り返す．

また，1階の導関数を含まない2階の微分方程式に対しては

予測子：$y_n = y_{n-1} + y_{n-3} - y_{n-4} + \dfrac{h^2}{4}(5y_{n-1}'' + 2y_{n-2}'' + 5y_{n-3}'')$

$$+ \frac{17}{240} h^6 y^{(6)}(\xi) \tag{9.49}$$

あるいは，

$$y_n = 2y_{n-2} - y_{n-3} + \frac{4h^2}{3}(y_{n-1}'' + y_{n-2}'' - y_{n-3}'') + \frac{16}{240} h^6 y^{(6)}(\xi) \tag{9.50}$$

修正子：$y_n = 2y_{n-1} - y_{n-2} + \dfrac{h^2}{12}(y_n'' + 10y_{n-1}'' + y_{n-2}'')$

$$- \frac{h^6}{240} y^{(6)}(\xi) \tag{9.51}$$

9.7 偏微分方程式

電磁波の波動方程式や半導体における多数キャリアの拡散方程式あるいは熱伝導方程式など実用上の問題は偏微分方程式で表されることが多い．ここでは，偏微分方程式を2章で述べた差分で近似して解く方法について述べる．

9.7.1 放物形偏微分方程式

放物形偏微分方程式の例として熱やキャリアの拡散方程式がある．これは，

一般に

$$C\frac{\partial^2 u}{\partial x^2} = \frac{\partial u}{\partial t} \tag{9.52}$$

と書かれる．初期条件は

$$u(x, 0) = f(x) \tag{9.53}$$

また，境界条件は

$$u(x_0, t) = \alpha, \quad u(x_0 + nh, t) = \beta \tag{9.54}$$

と与えられているものとする．

式（9.52）の右辺は式（5.2）の第 1 項の差分だけで近似して

$$\frac{\partial u}{\partial t} \cong \frac{1}{\tau}\Delta u = \frac{1}{\tau}\{u(x, t+\tau) - u(x, t)\} \tag{9.55}$$

とする．ここに，τ は t の時間間隔とする．また，左辺は 2 階の偏微分であるから，偏微分を中心差分で近似して

$$\frac{\partial u}{\partial x} \cong \frac{1}{h}\delta u = \frac{1}{h}\left\{u\left(x+\frac{1}{2}h, t\right) - u\left(x-\frac{1}{2}h, t\right)\right\} \tag{9.56}$$

とする．これより，2 階の偏微分は

$$\frac{\partial^2 u}{\partial x^2} \cong \frac{1}{h^2}\delta^2 u = \frac{1}{h^2}\{u(x+h, t) - 2u(x, t) + u(x-h, t)\} \tag{9.57}$$

となる．したがって，拡散方程式（9.52）は式（9.55），（9.57）より

$$u(x, t+\tau) \cong \gamma u(x+h, t) + (1-2\gamma)u(x, t) + \gamma u(x-h, t) \tag{9.58}$$

$$\gamma = c\frac{\tau}{h^2} \tag{9.59}$$

と表せる．ここに，γ は 1/2 より小さくとらないと解が不安定になる*．

偏微分方程式（9.52）の解は与えられた初期条件と境界条件を式（9.58）に適用して求めることができる．

解は，$x_0 + kh = x_k$，初期条件，式（9.53）を $u(x_k, 0) = f(x_k) = f_k$ とし，式（9.58）を用いて図 9.5 のように逐次計算する．まず，各条件より

$$u(x_1, \tau) = \gamma u(x_2, 0) + (1-2\gamma)u(x_1, 0) + \gamma u(x_0, 0)$$
$$= \gamma f_2 + (1-2\gamma)f_1 + \gamma \cdot \alpha$$

同様に

---

* $\gamma = 1/6$ にとるとよい．

図 9.5

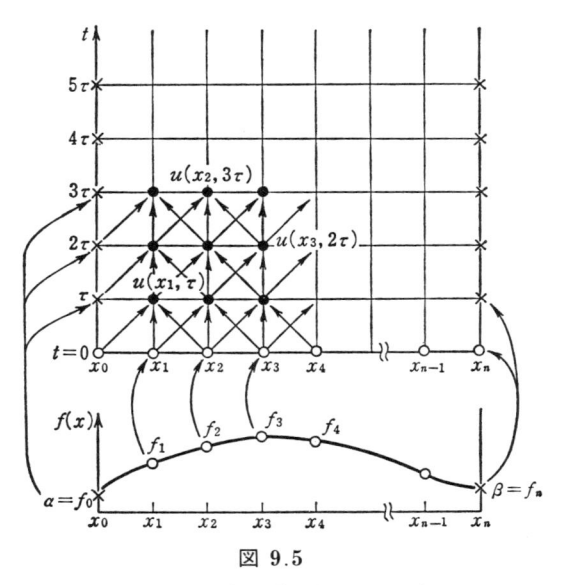

$$u(x_2, \tau) = \gamma f_3 + (1 - 2\gamma)f_2 + \gamma f_1$$

・・・・・・・・・・・・・・・・・・・・・・・・・・・・・・・・・・・・

つぎに，$t = 2\tau$ は上で求めた値と境界条件を適用して

$$u(x_1, 2\tau) = \gamma u(x_2, \tau) + (1 - 2\gamma)u(x_1, \tau) + \gamma \cdot \alpha$$

このようにして各点における解を順次求めて最終的な解を得る．

例 5 つぎのような初期条件と境界条件より $t = 50$ における解を求めよ．ただし，$h = \tau = 1$，$\gamma = 1/6$ とする．

初期条件　$f_0 = f_{10} = 0$,
　　　　　　$f_1 = f_5 = f_9 = 0.33333$,
　　　　　　$f_2 = f_4 = f_6 = f_8 = 0.66667$,
　　　　　　$f_3 = f_7 = 1.00000$

境界条件　$u(0, t) = u(10, t) = 0$

式 (9.58) に初期条件と境界条件を代入して反復するとつぎの表のようになる．図 9.6 は $t = 0$ の状態から順次変化する様子を示す．

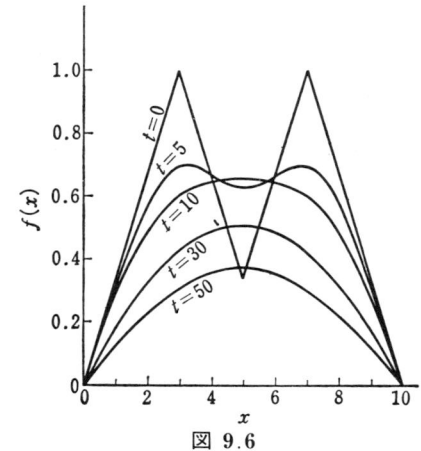

図 9.6

表 9.4

T/X	0	1	2	3	4	5	6	7	8	9	10
T= 0	.000	.333	.667	1.000	.667	.333	.667	1.000	.667	.333	.000
T= 1	.000	.333	.667	.889	.667	.444	.667	.889	.667	.333	.000
T= 2	.000	.333	.648	.815	.667	.519	.667	.815	.648	.333	.000
T= 3	.000	.330	.623	.762	.667	.568	.667	.762	.623	.330	.000
T= 4	.000	.324	.598	.723	.666	.601	.666	.723	.598	.324	.000
T= 5	.000	.316	.573	.693	.665	.623	.665	.693	.573	.316	.000
T= 6	.000	.306	.550	.668	.662	.637	.662	.668	.550	.306	.000
T= 7	.000	.296	.529	.648	.659	.645	.659	.648	.529	.296	.000
T= 8	.000	.285	.510	.630	.655	.650	.655	.630	.510	.285	.000
T= 9	.000	.275	.492	.614	.650	.652	.650	.614	.492	.275	.000
T=10	.000	.266	.476	.600	.644	.651	.644	.600	.476	.266	.000
T=20	.000	.198	.369	.494	.568	.592	.568	.494	.369	.198	.000
T=30	.000	.161	.305	.417	.487	.511	.487	.417	.305	.161	.000
T=40	.000	.135	.257	.353	.414	.435	.414	.353	.257	.135	.000
T=50	.000	.114	.218	.299	.352	.370	.352	.299	.218	.114	.000
T=60	.000	.097	.184	.254	.298	.314	.298	.254	.184	.097	.000
T=70	.000	.082	.156	.215	.253	.266	.253	.215	.156	.082	.000
T=80	.000	.070	.133	.183	.215	.226	.215	.183	.133	.070	.000

9.7.2 双曲形偏微分方程式

双曲形偏微分方程式としては波動方程式

$$c^2\frac{\partial^2 u}{\partial x^2} = \frac{\partial^2 u}{\partial t^2} \tag{9.60}$$

$$u(x, 0) = f(x) \tag{9.61}$$

$$\left.\frac{\partial u(x, t)}{\partial t}\right|_{t=0} = g(x) \tag{9.62}$$

$$u(x_0, t) = \alpha, \quad u(x_0 + nh, t) = \beta \tag{9.63}$$

がある.上式は式(9.57)と同様に中心差分で

$$\frac{c^2}{h^2}\{u(x+h, t) - 2u(x, t) + u(x-h, t)\}$$
$$\cong \frac{1}{\tau^2}\{u(x, t+\tau) - 2u(x, t) + u(x, t-\tau)\}$$

と近似する.ここで,

$$\gamma = c^2\frac{\tau^2}{h^2} \tag{9.64}$$

とすると

$$u(x, t+\tau) \cong \gamma u(x+h, t) + 2(1-\gamma)u(x, t)$$
$$+ \gamma u(x-h, t) - u(x, t-\tau) \qquad (9.65)$$

上式を計算するとき，$t=0$，$t=\tau$ の値が必要となるが，テイラー展開の第1項までとって，式 (9.61),(9.62) を代入すると

$$u(x, \tau) \cong u(x, 0) + \tau u'(x, 0)$$
$$= f(x) + \tau g(x) \qquad (9.66)$$

となる．これらの式を用いて前項と同様に解を求める．ここに，安定な解を求めるためには $\tau/h<1$ とする必要がある．

9.7.3 ラプラス演算子の差分解法

拡散方程式や波動方程式が 2 変数以上で表されるときは $\partial^2 u/\partial x^2 \to \nabla^2 u = \dfrac{\partial^2 u}{\partial x^2} + \dfrac{\partial^2 u}{\partial y^2} + \dfrac{\partial^2 u}{\partial z^2}$ のようになる．このとき，∇^2 をラプラスの演算子という．

ここでは，x, y，2 変数のラプラス演算子の差分近似を行う．$\nabla^2 u(x, y)$ は前述した中心差分近似を用いて

$$\nabla^2 u(x, y) \cong \frac{1}{h^2}[u(x+h, y) + u(x-h, y)] - 2\left(\frac{1}{h^2} + \frac{1}{k^2}\right)u(x, y)$$
$$+ \frac{1}{k^2}[u(x, y+k) + u(x, y-k)] \qquad (9.67)$$

と表すことができる．式 (9.67) を (9.52),(9.60) の左辺に用いれば 2 変数の拡散方程式や波動方程式の差分方程式を得る．

演 習 問 題

9.1 テイラー法を用いてつぎの微分方程式
$$y' = xy^{1/3}$$
で初期条件が $y(1)=1$ と与えられているとき，x が 1 から 3 までの解を小数点以下 3 桁まで正確に求めよ．

9.2 テイラー法を用いて，初期条件が $y(0)=2$ の微分方程式
$$y' = -xy^2$$
の解を $h=0.01$ として $x=0.1$ まで求めよ．

9.3 つぎの微分方程式
$$y' = x^2 + 2xy, \quad y(0) = 0$$

の級数解をピカールの解法で求めよ．

9.4 つぎの微分方程式
$$y'=xy^{1/3},\quad y(1)=1$$
の解を $h=0.2$ として，オイラー法で $x=2$ まで求めよ．

9.5 オイラー法で $h=0.1, 0.05, 0.01$ として，微分方程式
$$y'=-xy^2,\quad y(0)=2$$
の解を $x=1$ までとり，これらを比較せよ．

9.6 式 (9.26) を導出せよ．

9.7 式 (9.27) を導出せよ．

9.8 3次のルンゲ・クッタの公式を用いて，微分方程式
$$y'=xy^{1/3},\quad y(1)=1$$
の1段目の解 $y_1=y(1.1)$ を求めよ．ただし，$h=0.1$ とする．

9.9 4次のルンゲ・クッタの公式を用いて，微分方程式
 （a） $y'=xy^{1/3},\ y(1)=1$
 （b） $y'=-xy^2,\ y(0)=2$
の1段目の解 y_1 を求めよ．ただし，$h=0.1$ とする．

9.10 ミルン法によりつぎの微分方程式
 （a） $y'=xy^{1/3},\ y(1)=1$
 （b） $y'=-xy^2,\ y(0)=2$
の解を y_5 まで求めよ．ただし，$h=0.2$，$\varepsilon=10^{-4}$ として，出発値には前問までの結果を利用するとよい．

9.11 前問でハミングの修正による A の値を求めよ．

9.12 中点-台形公式により問 9.10 の解を求めよ．

9.13 式 (9.42)，(9.43) を導出せよ．

9.14 式 (9.42)，(9.43) を ∇^3 までで打ち切って f_n で表せ．

9.15 つぎの微分方程式
$$y''-(1-y^2)y'/10+y=0,\quad y(0)=1,\quad y'(0)=0$$
の解 y_4, y_5 をミルン法で小数点以下2桁まで正確に求めよ．ただし，$h=0.2$ とする．

付　　　録

A.1　中間値の定理

ある区間において連続な関数 $f(x)$ が，この区間に属する点 a, b において相異なる値 $f(a)=\alpha$, $f(b)=\beta$ をとるとき，α, β の間にある任意の値を γ とすれば $f(x)$ は区間 (a, b) 内のある点 ξ においてこの γ なる値をとる．すなわち

$$f(\xi)=\gamma \quad (a<\xi<b)$$

なる ξ が存在する．

A.2　根の存在条件

$f(x)$ が定義域 A において連続なるとき，A に属する二つの値に対し

$$f(a)f(b)<0$$

ならば開区間 (a, b) 内で $f(x)=0$ とならしめる x が少なくとも一つ存在する．

A.3　ロール (Rolle) の定理

$f(x)$ は閉区間 $[a, b]$ で連続で，開区間 (a, b) で微分可能，かつ $f(a)=f(b)$ ならば，区間 (a, b) のある点で $f'(x)$ が 0 になる．すなわち

$$f'(\xi)=0 \quad (a<\xi<b)$$

を満足する ξ が少なくとも一つ存在する．

A.4　微分法の平均値の定理

$f(x)$ は $[a, b]$ において連続，(a, b) で微分可能ならば

$$\frac{f(b)-f(a)}{b-a}=f'(\xi) \quad (a<\xi<b)$$

を満足する ξ が少なくとも一つ存在する．

A.5　積分法の平均値の第一定理

$f(x)$ が $[a, b]$ で連続ならば

$$\int_a^b f(x)\,dx = (b-a)f(\xi) \qquad (a < \xi < b)$$

を満足する ξ が少なくとも一つ存在する.

A.6　積分法の平均値の第二定理

$f(x)$ が $[a, b]$ で連続で，かつ $g(x)$ が積分可能でかつその区間で符号を変えないならば

$$\int_a^b f(x)g(x)\,dx = f(\xi)\int_a^b g(x)\,dx \qquad (a < \xi < b)$$

を満足する ξ が少なくとも一つ存在する.

A.7　テイラーの定理

ある区間において $f(x)$ が第 n 階まで微分可能ならば，a を定点，x を任意の点とするとき

$$f(x) = f(a) + (x-a)\frac{f'(a)}{1!} + (x-a)^2\frac{f''(a)}{2!} + \cdots + (x-a)^{n-1}\frac{f^{(n-1)}(a)}{(n-1)!} + R_n$$

ただし，R_n は剰余項で

$$R_n = (x-a)^n \frac{f^{(n)}(\xi)}{n!} \qquad (\xi = a + \theta(x-a),\ 0 < \theta < 1)$$

これをラグランジュの剰余項という．また，剰余項は積分形で

$$R_n = \frac{1}{(n-1)!}\int_a^b (b-x)^{n-1} f^{(n)}(x)\,dx$$

とも表される.

また，区間内のすべての x に対して

$$\lim_{n \to \infty} R_n = 0$$

であるとき，無限級数の形に書けて

$$f(x) = f(a) + (x-a)\frac{f'(a)}{1!} + (x-a)^2\frac{f''(a)}{2!} + \cdots + (x-a)^n\frac{f^{(n)}(a)}{n!} + \cdots$$

これを $f(x)$ のテイラー級数という.

A.8 二項定理

指数 n が任意の複素数なるとき,$(1+z)^n$ は複素数 z が $|z|<1$ において収束するテイラー展開を有する.すなわち,二項展開は

$$(1+z)^n = \sum_{r=0}^{\infty} \binom{n}{r} z^r \qquad (|z|<1)$$

n が自然数のときは,n より大きい r に対して

$$\binom{n}{r} = 0 \qquad (r>n)$$

となる.

A.9 デカルトの符号律

実係数 n 次代数方程式

$$p(x) = x^n + a_1 x^{n-1} + \cdots + a_n = 0$$

の係数列 $a_1, a_2, \cdots, a_n$ の符号の変化の回数を M とすれば,$p(x)=0$ の正根の数は M または,それよりも偶数個だけ少ない.

A.10 スミスの定理

$x_1, x_2, \cdots, x_n$ を相異なる複素数とすると,$p(x)=0$ の n 個の根は,円 k_j

$$|x-x_j| \leq n \left| \frac{p(x_j)}{\prod_{\substack{l=1 \\ \neq j}}^{n}(x_l-x_j)} \right|$$

から成る領域を作ると,それらの連結領域内にちょうどその連結の個数だけ根が存在する.すなわち,円 k_j ($j=1,2,\cdots,n$) が m 個連結していれば,その連結領域内に m 根存在し,円 k_j が孤立していれば,その孤立領域内に 1 根存在する.

A.11 べき級数展開

$$\frac{1}{a+x} = \sum_{k=0}^{\infty} (-1)^k \frac{x^k}{a^{k+1}} = \frac{1}{a}\left(1 - \frac{x}{a} + \frac{x^2}{a^2} - \frac{x^3}{a^3} + \frac{x^4}{a^4} - \frac{x^5}{a^5} + \cdots \right)$$

$$\sqrt{a+x} = a^{1/2} \left[\sum_{k=0}^{\infty} (-1)^{k+1} \frac{(2k)^{(k)} x^k}{2^{2k} k!(2k-1) a^k} \right]$$

$$= a^{1/2} \left[1 + \frac{x}{2a} - \frac{x^2}{8a^2} + \frac{x^3}{16a^3} - \frac{5x^4}{128a^4} + \cdots \right]$$

$$\frac{1}{\sqrt{a+x}} = \frac{1}{a^{1/2}} \left[\sum_{k=0}^{\infty} (-1)^k \frac{(2k)^{(k)} x^k}{4^k k! a^k} \right]$$

$$= \frac{1}{a^{1/2}} \left[1 - \frac{x}{2a} + \frac{3x^2}{8a^2} - \frac{5x^3}{16a^3} + \frac{35x^4}{128a^4} - \cdots \right]$$

以上 $(|x|<|a|)$

$$e^x = \sum_{k=0}^{\infty} \frac{x^k}{k!} = 1 + \frac{x}{1!} + \frac{x^2}{2!} + \frac{x^3}{3!} + \frac{x^4}{4!} + \frac{x^5}{5!} + \cdots \quad (|x|<\infty)$$

$$a^k = \sum_{k=0}^{\infty} \frac{(\log a)^k x^k}{k!} = 1 + \frac{\log a}{1!} x + \frac{(\log a)^2}{2!} x^2 + \frac{(\log a)^3}{3!} x^3 + \cdots$$
$$(a>0, |x|<\infty)$$

$$\log(1+x) = \sum_{k=1}^{\infty} (-1)^{k-1} \frac{x^k}{k} = x - \frac{x^2}{2} + \frac{x^3}{3} - \frac{x^4}{4} + \frac{x^5}{5} - \cdots \quad (-1<x\leq 1)$$

$$\sin^{-1} x = \sum_{k=0}^{\infty} \frac{\{(2k)^{(k)}\}^2 x^{2k+1}}{4^k (2k+1)!} = x + \frac{x^3}{6} + \frac{3x^5}{40} + \frac{5x^7}{112} + \frac{35x^9}{1152} + \cdots \quad (|x|<1)$$

$$\tan^{-1} x = \sum_{k=1}^{\infty} (-1)^{k-1} \frac{x^{2k-1}}{2k-1} = x - \frac{x^3}{3} + \frac{x^5}{5} - \frac{x^7}{7} + \frac{x^9}{9} - \cdots \quad (|x|\leq 1)$$

$$\sinh x = \sum_{k=0}^{\infty} \frac{x^{2k+1}}{(2k+1)!} = \frac{x}{1!} + \frac{x^3}{3!} + \frac{x^5}{5!} + \frac{x^7}{7!} + \frac{x^9}{9!} + \cdots \quad (|x|<\infty)$$

$$\cosh x = \sum_{k=0}^{\infty} \frac{x^{2k}}{(2k)!} = 1 + \frac{x^2}{2!} + \frac{x^4}{4!} + \frac{x^6}{6!} + \frac{x^8}{8!} + \cdots \quad (|x|<\infty)$$

A.12 積 分 公 式

$$\int_0^{\infty} e^{-t} dt = 1$$

$$\int_0^{\infty} t^{\alpha} e^{-t} dt = \Gamma(\alpha+1) \quad (\alpha>-1)$$

$$\int_0^{\infty} \sin \alpha t \cdot e^{-t} dt = \frac{\alpha}{\alpha^2+1}$$

$$\int_0^{\infty} \cos \alpha t \cdot e^{-t} dt = \frac{1}{\alpha^2+1}$$

$$\int_0^{\infty} \sin^{2n} t \cdot e^{-t} dt = \frac{(2n)!}{5 \cdot 17 \cdot 37 \cdots (4n^2+1)}$$

$$\int_0^{\infty} \sin^{2n+1} t \cdot e^{-t} dt = \frac{(2n+1)!}{2 \cdot 10 \cdot 26 \cdots \{(2n+1)^2+1\}}$$

$$\int_0^{\infty} \sqrt{t}\, e^{-t} dt = \frac{\sqrt{\pi}}{2}$$

$$\int_0^{\infty} \frac{1}{\sqrt{t}} e^{-t} dt = \sqrt{\pi}$$

$$\int_0^{\infty} \log t \cdot e^{-t} dt = -0.57721 \cdots \quad (\text{オイラーの定数})$$

$$\int_0^{\infty} t^{\alpha-1} \log t \cdot e^{-t} dt = \Gamma'(\alpha)$$

$$\int_{-\infty}^{\infty} e^{-t^2} dt = \sqrt{\pi}$$

$$\int_{-\infty}^{\infty} t^{2n} e^{-t^2} dt = \frac{1 \cdot 3 \cdot 5 \cdots (2n-1)}{2^n} \sqrt{\pi} \qquad (n=1, 2, \cdots)$$

$$\int_{-\infty}^{\infty} t^{2n+1} e^{-t^2} dt = 0$$

$$\int_{-\infty}^{\infty} \cos \alpha t \cdot e^{-t^2} dt = \sqrt{\pi} \, e^{-(\alpha/2)^2}$$

$$\int_{-\infty}^{\infty} t^2 \cos \alpha t \cdot e^{-t^2} dt = \frac{\sqrt{\pi}}{2} \left(1 - \frac{\alpha^2}{2}\right) e^{-(\alpha/2)^2}$$

$$\int_{-1}^{+1} \frac{t^{2\alpha}}{\sqrt{1-t^2}} dt = \frac{(2\alpha)! \pi}{2^{2\alpha} (\alpha!)^2}$$

$$\int_{-1}^{+1} \frac{t^{2\alpha+1}}{\sqrt{1-t^2}} dt = 0$$

$$\int_0^1 \log t \cdot \frac{dt}{\sqrt{1-t^2}} = -\frac{\pi}{2} \log 2$$

B.1 ラグランジュの補間公式の導出

与えられた $n+1$ 個の点 $(x_0, f(x_0)), (x_1, f(x_1)), \cdots, (x_n, f(x_n))$ をすべて通る n 次の多項式 $P(x)$ を求めるためにはつぎのように考える.

まず,上記の点を通る n 次多項式は

$$(x-x_0)(x-x_1)\cdots(x-x_n)$$

となるから,$x=x_0$ で,$P(x_0)=f(x_0)$ となり,しかもその他の点では 0 となるには a_0 を定数として $a_0(x-x_1)(x-x_2)\cdots(x-x_n)$ の項が $P(x)$ にあるはずである. 同様のことをその他の各点で考えると

$$P(x)=a_0(x-x_1)(x-x_2)\cdots(x-x_n)+a_1(x-x_0)(x-x_2)\cdots(x-x_n)$$
$$+\cdots+a_n(x-x_0)(x-x_1)\cdots(x-x_{n-1}) \tag{1}$$

式 (1) に $x=x_0$ を代入すると,第 1 項以外は 0 となるから

$$P(x_0)=a_0(x_0-x_1)(x_0-x_2)\cdots(x_0-x_n)=f(x_0)$$

これより,a_0 を求めると

$$a_0=\frac{f(x_0)}{(x_0-x_1)(x_0-x_2)\cdots(x_0-x_n)} \tag{2}$$

以下,同様にして $x=x_1, \cdots, x_n$ を代入すると $a_1, \cdots, a_n$ が求まる. これらを式 (1) に代入すると

$$P(x)=\frac{(x-x_1)(x-x_2)\cdots(x-x_n)}{(x_0-x_1)(x_0-x_2)\cdots(x_0-x_n)}f(x_0)+\frac{(x-x_0)(x-x_2)\cdots(x-x_n)}{(x_1-x_0)(x_1-x_2)\cdots(x_1-x_n)}f(x_1)$$
$$+\cdots+\frac{(x-x_0)(x-x_1)\cdots(x-x_{n-1})}{(x_n-x_0)(x_n-x_1)\cdots(x_n-x_{n-1})}f(x_n) \tag{3}$$

B.2 応力スプライン関数

応力スプライン関数[*] は,スプライン関数を用いた場合にときどき生ずる異常屈曲点をなくすために考えられたもので[4],スプライン関数が 2 次微分値を連続としたのに対し $f''-\sigma^2 f$ を連続としたものである. この σ は応力係数と呼ばれるパラメータで,$\sigma=0$ ならばスプライン関数となる.

いま,$f(x)$ を 2 回連続微分可能として,スプライン関数のときと同じように分割された小区間を

$$[x_j, x_{j+1}] \quad (0 \leq j \leq n-1)$$

また,x_j における関数値を

$$f(x_j)=f_j \quad (j=0,1,2,\cdots,n) \tag{1}$$

とする. このとき,応力スプライン関数を $S_\sigma(x)$ とすれば,スプライン関数の場合と対応

---

[*] 応力スプラインの名称は Spline under tension の和訳で文献 [5] に従った.

付　　　録

させて考えると

$$S_\sigma''(x) - \sigma^2 S_\sigma(x) = [f''(x_j) - \sigma^2 f_j]\frac{x_{j+1}-x}{h_j} + [f''(x_{j+1}) - \sigma^2 f_{j+1}]\frac{x-x_j}{h_j} \quad (2)$$

上式は線形2階微分方程式で，その一般解は

$$S_\sigma(x) = c_1 e^{\sigma x} + c_2 e^{-\sigma x} \quad (3)$$

であり，さらに特解を加えて式（1）より定数を決めると

$$S_{\sigma j}(x) = \frac{f''(x_j)\sinh[\sigma(x_{j+1}-x)]}{\sigma^2 \sinh(\sigma h_j)} + \frac{f''(x_{j+1})\sinh[\sigma(x-x_j)]}{\sigma^2 \sinh(\sigma h_j)}$$
$$+ \left[f_j - \frac{f''(x_j)}{\sigma^2}\right]\frac{x_{j+1}-x}{h_j} + \left[f_{j+1} - \frac{f''(x_{j+1})}{\sigma^2}\right]\frac{x-x_j}{h_j} \quad (4)$$

これが区間 $[x_j, x_{j+1}]$ における応力スプライン関数である．

ここで，式（4）を x で微分し，1次微分値が連続であるという条件

$$S_{\sigma j-1}'(x_j) = S_{\sigma j}'(x_j) \quad (5)$$

を用いると

$$\left[\frac{1}{h_{j-1}} - \frac{\sigma}{\sinh(\sigma h_{j-1})}\right]\frac{f''(x_{j-1})}{\sigma^2} + \left[\frac{\sigma\cosh(\sigma h_{j-1})}{\sinh(\sigma h_{j-1})} - \frac{1}{h_{j-1}}\right.$$
$$\left. + \frac{\sigma\cosh(\sigma h_j)}{\sinh(\sigma h_j)} - \frac{1}{h_j}\right]\frac{f''(x_j)}{\sigma^2} + \left[\frac{1}{h_j} - \frac{\sigma}{\sinh(\sigma h_j)}\right]\frac{f''(x_{j+1})}{\sigma^2}$$
$$= \frac{f_{j+1}-f_j}{h_j} - \frac{f_j-f_{j-1}}{h_{j-1}} \quad (6)$$

上式と端点の条件*

$$f''(x_0) = \alpha, \quad f''(x_n) = \beta \quad (7)$$

から $j = 0, 1, 2, \cdots, n$ に対する $f''(x_j)$ を求め，これを式（4）に代入して応力スプライン関数を構成する $S_{\sigma j}(x)$ を得る．

B.3　離散的データの最小2乗近似

離散的データをもつ関数 $f(x)$ の最小2乗近似には総和で表した直交関係

$$\sum_{s=0}^{N} w(s)\phi_r(s,N)q_{r-1}(s) = 0 \quad (r \leq N) \quad (1)$$

をもつ多項式 $\phi_r(s,N)$ を用いる．ここに，$w(s)$ は重み関数，$q_{r-1}(s)$ は $r-1$ 次以下の多項式である．いま，区間 $[a,b]$ を N 等分し，分点を

$$x = a + sh \quad (s = 0, 1, 2, \cdots, N)$$

---

* スプライン関数の場合と同じように条件が2個不足しているので α, β を与える．普通0とする．

とする．ここで，上記の直交関係を満足する多項式をみつけるために

$$w(s)\phi_r(s,N)=\varDelta^r U_r(s,N) \tag{2}$$

と置くと，式（1）は

$$\sum_{s=0}^{N}[\varDelta^r U_r(s,N)]q_{r-1}(s)=0 \tag{3}$$

となる．上式は式（2.6）と

$$\varDelta^r q_{r-1}(s)=0$$

を用いて

$$\left[\{\varDelta^{r-1}U_r(s,N)\}q_{r-1}(s)-\{\varDelta^{r-2}U_r(s+1,N)\}\varDelta q_{r-1}(s)+\cdots\right.$$
$$\left.+(-1)^{r-1}\{U_r(s+r-1,N)\}\varDelta^{r-1}q_{r-1}(s)\right]_{s=0}^{s=N+1}=0 \tag{4}$$

と表される（問題 4.5 参照）．これは変形された直交条件である．

つぎに，式（2）を書きなおすと

$$\phi_r(s,N)=\frac{1}{w(s)}\varDelta^r U_r(s,N)$$

となり，$\phi_r(s,N)$ は r 次の多項式であるから $r+1$ 回差分すると零となるのでつぎの差分方程式を得る．

$$\varDelta^{r+1}\left[\frac{1}{w(s)}\varDelta^r U_r(s,N)\right]=0 \tag{5}$$

直交多項式 $\phi_r(s,N)$ は上式の解から求まる．

そこで，直交条件式（4）は $s=0$ および $N+1$ において $U_r(s+r-1,N)$, $\varDelta U_r(s+r-2,N)$, $\cdots$, $\varDelta^{r-1}U_r(s,N)$ がすべて零になると満足される．これは差分関係

$$\varDelta U_r(s+r-2,N)=U_r(s+r-1,N)-U_r(s+r-2,N)$$

を考慮すればつぎの $2r$ 個の条件に書き換えることができる．

$$\left.\begin{array}{l}U_r(k,N)=0 \quad (k=0,1,\cdots,r-1)\\ U_r(N+k,N)=0 \quad (k=1,2,\cdots,r)\end{array}\right\} \tag{6}$$

したがって，r 次の多項式 $\phi_r(s,N)$ が直交条件式（4）を満たすように，式（5）と（6）を用いて $U_r(s,N)$ を求め，これを

$$\phi_r(s,N)=\frac{1}{w(s)}\varDelta^r U_r(s,N) \tag{7}$$

に代入して直交多項式を決定する．

離散点における最小2乗近似はこの直交多項式を用い式（4.1）と同じように

$$f(a+sh)\cong\sum_{r=0}^{n}a_r\phi_r(s,N) \tag{8}$$

とする．2乗誤差を最小にするには

$$\frac{\partial}{\partial a_r}\sum_{s=0}^{N}w(s)\left[f(a+sh)-\sum_{r=0}^{n}a_r\phi_r(s,N)\right]^2=0$$

であり，直交条件を用いて

$$a_r = \frac{1}{\alpha_r(N)} \sum_{s=0}^{N} w(s) f(a+sh) \phi_r(s, N) \qquad (9)$$

ここに，

$$\alpha_r(N) = \sum_{s=0}^{N} w(s) \phi_r^2(s, N) \qquad (10)$$

である．

つぎに，離散的データの最小2乗近似によく用いられるグラムの多項式を求める．

まず条件として重み関数 $w(s)$ を1とする．また，$U_r(s, N)$ は式（5），（6）より s についての $2r$ 次の多項式となるので，c_1 を定数とすると

$$U_r(s, N) = c_1 s^{(r)} (s-N-1)^{(r)} \qquad (11)$$

と表せる．したがって，$\phi_r(s, N)$ は式（7）より

$$\phi_r(s, N) = c_1 \Delta^r s^{(r)} (s-N-1)^{(r)}$$

と書けるから，これを和分すると，

$$\phi_r(s, N) = c_1 (-1)^r \sum_{k=0}^{r} (-1)^k \frac{r^{(k)}(r+k)^{(r)}}{k!} (N-k)^{(r-k)} s^{(k)}$$

となる．ここで，新しく定数 c を $c = (-1)^r r! N^{(r)} c_1$ とすれば

$$\phi_r(s, N) = c \sum_{k=0}^{r} (-1)^k \frac{(r+k)^{(2k)}}{(k!)^2} \cdot \frac{s^{(k)}}{N^{(k)}} \qquad (12)$$

と表せる．

実際に応用する場合，最小2乗法では偶数個の区間をとり，本文図4.3で示すようにその中心が原点となるようつぎのような変数変換

$$N = 2m, \quad s = m+t \qquad (13)$$

を行う．ここで，定数 c を

$$c = (-1)^r$$

関数を

$$p_r(t, 2m) \equiv \phi_r(s, 2m)$$

と定義する．これを，**グラムの多項式**といい式（12）より

$$p_r(t, 2m) = (-1)^r \sum_{k=0}^{r} (-1)^k \frac{(r+k)^{(2k)}}{(k!)^2} \cdot \frac{(m+t)^{(k)}}{(2m)^{(k)}} \qquad (14)$$

と表される．

B.4 DK法の乗積 $\prod_{\substack{j=1 \\ \neq k}}^{n} (x_k^{(\nu)} - x_j^{(\nu)})$ と $f'(x_k^{(\nu)})$ の関係

方程式（8.36）の n 個の根を X_j ($j=1, 2, \cdots, n$) とすると，式（8.36）は

$$f(x) = \prod_{j=1}^{n} (x - X_j) \qquad (1)$$

と表せる．いま，上式の両辺を x で微分すると

$$f'(x) = \sum_{i=1}^{n} \prod_{\substack{j=1 \\ \neq i}}^{n} (x - X_j) \tag{2}$$

ここで，ν 回反復した解を $x_k^{(\nu)}$ として上式に $x = x_k^{(\nu)}$ を代入すると

$$f'(x_k^{(\nu)}) = \sum_{i=1}^{n} \prod_{\substack{j=1 \\ \neq i}}^{n} (x_k^{(\nu)} - X_j) \tag{3}$$

となる．微小量を ε_k として X_k を

$$X_k = x_k^{(\nu)} + \varepsilon_k \tag{4}$$

とし，式（3）に代入すると

$$f'(x_k^{(\nu)}) = \sum_{i=1}^{n} \prod_{\substack{j=1 \\ \neq i}}^{n} (x_k^{(\nu)} - x_j^{(\nu)} - \varepsilon_j) \tag{5}$$

となる．上式で，$i=k$ のとき以外の項は $(x_k^{(\nu)} - x_k^{(\nu)} - \varepsilon_k)$ が必ず含まれるので，これを分けて書くと

$$f'(x_k^{(\nu)}) = \prod_{\substack{j=1 \\ \neq k}}^{n} (x_k^{(\nu)} - x_j^{(\nu)} - \varepsilon_j) - \sum_{\substack{i=1 \\ \neq k}}^{n} \sum_{\substack{j=1 \\ \neq i,k}}^{n} \varepsilon_k (x_k^{(\nu)} - x_j^{(\nu)} - \varepsilon_j) \tag{6}$$

式（6）の ε_k を非常に小さいとして無視すると

$$f'(x_k^{(\nu)}) \cong \prod_{\substack{j=1 \\ \neq k}}^{n} (x_k^{(\nu)} - x_j^{(\nu)}) \tag{7}$$

C.1 最小2乗近似のプログラム

```fortran
C *** GRAMの多項式による最小2乗近似 ***
      PARAMETER (MAX=6)
      IMPLICIT REAL*8(A-H,O-Z)
      DIMENSION DATAF(-MAX:MAX),P(-MAX:MAX,0:MAX),
     &    ALH(0:MAX),A(0:MAX),FP(-MAX:MAX,0:MAX),
     &    SFP(0:MAX),ER2(-MAX:MAX,0:MAX),SER(0:MAX),
     &    Y(-MAX:MAX,0:MAX),ICT(-MAX:MAX)
      CHARACTER FPLA(0:MAX)*3,YLA(0:MAX)*2
C
C ** データの読み込み **
C     ICENT:データの中央値
C     ICENT-M≦t≦ICENT+M
C
    1 CONTINUE
      READ(5,*,END=999) M
      READ(5,*) (DATAF(I),I=-M,M)
      READ(5,*) ICENT
      IF(M.LE.0) GO TO 1
C
C ** 初期値の設定 **
C
      M2=2*M
      DO 10 I=0,M2
        A(I)=0.0D00
        ALH(I)=0.0D00
        SFP(I)=0.0D00
        SER(I)=0.0D00
        KCOD=48+I
        FPLA(I)(1:2)='FP'
        FPLA(I)(3:3)=CHAR(KCOD)
        YLA(I)(1:1)='Y'
        YLA(I)(2:2)=CHAR(KCOD)
   10 CONTINUE
C
C ** 係数の計算 **
C
      DO 20 J=0,M2
        IR=J
        DO 30 I=-M,M
          T=DFLOAT(I)
          P(I,J)=FUNP(T,M2,IR)
          ALH(J)=ALH(J)+P(I,J)*P(I,J)
          FP(I,J)=DATAF(I)*P(I,J)
          SFP(J)=SFP(J)+FP(I,J)
   30   CONTINUE
        A(J)=SFP(J)/ALH(J)
   20 CONTINUE
```

```
C
C  ** 関数値と誤差の2乗和の計算 **
C
      DO 40 J=0,M2
        DO 50 I=-M,M
          T=DFLOAT(I)
          Y(I,J)=0.0D00
          DO 60 K=0,J
            KK=K
            Y(I,J)=Y(I,J)+A(K)*FUNP(T,M2,KK)
   60     CONTINUE
          ER2(I,J)=(DATAF(I)-Y(I,J))*(DATAF(I)-Y(I,J))
          SER(J)=SER(J)+ER2(I,J)
   50   CONTINUE
   40 CONTINUE
C
C  ** 結果の印字 **
C
      DO 70 I=-M,M
        ICT(I)=I+ICENT
   70 CONTINUE
      WRITE(6,600)
      WRITE(6,601) (ICT(I),I=-M,M)
      WRITE(6,602) (DATAF(I),I=-M,M)
      WRITE(6,603) (FPLA(I),I=0,M2)
      DO 80 J=-M,M
        WRITE(6,604) ICT(J),(FP(J,I),I=0,M2)
   80 CONTINUE
      WRITE(6,605) (SFP(I),I=0,M2)
      WRITE(6,606) (A(I),I=0,M2)
      WRITE(6,607) (I,I=1,M2)
      WRITE(6,608)
      WRITE(6,609) (YLA(I),YLA(I),I=1,M2)
      DO 90 J=-M,M
        WRITE(6,610) ICT(J),DATAF(J),
     &               (Y(J,I),ER2(J,I),I=1,M2)
   90 CONTINUE
      WRITE(6,611) (SER(J),J=1,M2)
      GO TO 1
  999 CONTINUE
      STOP
  600 FORMAT(1H1//)
  601 FORMAT(25X,NP12,NC't',8(8X,I2))
  602 FORMAT(/22X,NP12,NC'データ:f',8(F8.2,2X))
  603 FORMAT(/////24X,NP12,NC't',2X,8(7X,A3))
  604 FORMAT(23X,I2,5X,8(F8.2,2X))
```

```
  605 FORMAT(//22X,NP12,NC'Σfpr',8(F9.2,1X))
  606 FORMAT(/22X,NP12,NC'ar   ',8(F9.2,1X))
  607 FORMAT(/////NP9,22X,8(2X,I2,NC'次',13X))
  608 FORMAT(/3X,NP12,NC't',5X,NP12,NC'f')
  609 FORMAT(/NP9,19X,8(2X,A2,4X,NC'(f-',A2,')**2'))
  610 FORMAT(2X,I2,2X,F7.3,2X,6(F9.2,F9.4))
  611 FORMAT(/NP12,8X,NC'En',9X,6(3X,F11.6,4X))
      END

      DOUBLE PRECISION FUNCTION FUNP(T,M2,IR)
C ** グラムの多項式の計算 **
      IMPLICIT REAL *8(A-H,O-Z)
      M=M2/2
      SUM=1.0D00
      IF(IR.NE.0) THEN
        SGN=1.0D00
        TM=DFLOAT(M)+T
        A2M=DFLOAT(M2)
        DO 10 K=1,IR
          SGN=-SGN
          FCS=1.0D00
          RK2=DFLOAT(IR+K)
          RK1=DFLOAT(IR)
          TMK=TM
          A2MK=A2M
          FACTK=DFLOAT(K)
          DO 20 I=1,K
            F1=RK2/FACTK
            F1=RK1/FACTK*F1
            F1=TMK/A2MK*F1
            FCS=FCS*F1
            RK2=RK2-1.0D00
            RK1=RK1-1.0D00
            TMK=TMK-1.0D00

            A2MK=A2MK-1.0D00
            FACTK=FACTK-1.0D00
   20     CONTINUE
          SUM=SUM+SGN*FCS
   10   CONTINUE
        SUM=SUM*SGN
      ENDIF
      FUNP=SUM
      RETURN
      END
```

C.2 ルジャンドル・ガウスの積分公式の分点と重み係数のプログラム

```fortran
C  ***  ルジャンドル・ガウス積分公式の分点と重み係数  ***
       PARAMETER (NLOOP=10)
       IMPLICIT REAL*8(A-H,O-Z)
       PAI=3.141592653589793238460D00
       WRITE(6,600)
       DO 10 N=0,NLOOP
         WRITE(6,610)
         NO=N
         N1=N+1
         WA=DFLOAT(N1)
         DO 20 K=0,N
           WB=DFLOAT(N1-K)
           WXK=DCOS((WB-0.25D00)*PAI/(WA+0.5D00))
     1     CONTINUE
           XK=WXK-FUNPN(WXK,N1)/FUNDPN(WXK,N1)
           WEX=DABS(XK-WXK)
           IF(WEX.GE.0.5D-15) THEN
             WXK=XK
             GO TO 1
           ENDIF
           WPM=FUNPN(XK,NO)
           WEIGHT=2.0D00*(1.0D00-XK*XK)/(WA*WA*WPM*WPM)
           WRITE(6,620) K,XK,WEIGHT
           IF(K.EQ.0) WRITE(6,630) N
   20    CONTINUE
   10  CONTINUE
       STOP
  600  FORMAT(1H1///4X,NP12,NC'N',2X,NP12,NC'k',
      &        7X,NP12,NC'分点',8X,NP12,NC'重み係数')
  610  FORMAT(1H )
  620  FORMAT(5X,I4,1X2F14.10)
  630  FORMAT(1H+,I5)
       END
```

```
      DOUBLE PRECISION FUNCTION FUNLN(X,N)
      IMPLICIT REAL*8(X)
      X0=1.0D00
      IF(N.EQ.0) THEN
        FUNLN=X0
        RETURN
      ELSE
        X1=1.0D00-X
        IF(N.EQ.1) THEN
          FUNLN=X1
          RETURN
        ENDIF
      ENDIF
      DO 10 I=2,N
        XA=DFLOAT(2*I-1)
        XB=DFLOAT((I-1)*(I-1))
        X2=(XA-X)*X1-XB*X0
        X0=X1
        X1=X2
   10 CONTINUE
      FUNLN=X2
      RETURN
      END



      DOUBLE PRECISION FUNCTION FUNDLN(X,N)
      IMPLICIT REAL*8(X)
      M=N-1
      XN=DFLOAT(N)
      FUNDLN=XN*(FUNLN(X,N)-XN*FUNLN(X,M))/X
      RETURN
      END
```

C.3 ラゲール・ガウスの積分公式の分点と重み係数のプログラム

```
C  ***  ラゲール・ガウス積分公式の分点と重み係数  ***
       PARAMETER (NLOOP=10)
       IMPLICIT REAL*8(A-H,O-Z)
       PAI=3.141592653589793238460D00
       WRITE(6,600)
       DO 10 N=0,NLOOP
         WRITE(6,610)
         N0=N
         N1=N+1
         WA=DFLOAT(N1)
         WKAI=1.0D00
         IF(N.NE.0) THEN
           DO 20 K=1,N
             WKAI=WKAI*DFLOAT(K)
  20       CONTINUE
         ENDIF
         DO 30 K=0,N
           IF(K.LE.2) THEN
             WB=DFLOAT(K+1)-0.25D00
             WXK=WB*WB*PAI*PAI/(4.0D00*WA)
           ELSE
             WXK=3.0D00*X3-3.0D00*X2+X1
             X1=X2
             X2=X3
           ENDIF
   1     CONTINUE
         XK=WXK-FUNLN(WXK,N1)/FUNDLN(WXK,N1)
         WEX=DABS(XK-WXK)
         IF(WEX.GE.0.5D-15) THEN
           WXK=XK
           GO TO 1
         ENDIF
         WLM=FUNLN(XK,N0)
         WEIGHT=WKAI/(WA*WLM)
         WEIGHT=WEIGHT*WEIGHT*XK
         WRITE(6,620) K,XK,WEIGHT
         IF(K.EQ.0) THEN
           WRITE(6,630) N
           X1=XK
         ELSE IF(K.EQ.1) THEN
           X2=XK
         ELSE IF(K.GE.2) THEN
           X3=XK
         ENDIF
```

```
   30   CONTINUE
   10 CONTINUE
      STOP
  600 FORMAT(1H1///4X,NP12,NC'N',2X,NP12,NC'k',
     &         7X,NP12,NC'分点',8X,NP12,NC'重み係数')
  610 FORMAT(1H )
  620 FORMAT(5X,I4,2F14.10)
  630 FORMAT(1H+,I5)
      END


      DOUBLE PRECISION FUNCTION FUNPN(X,N)
      IMPLICIT REAL*8(X)
      X0=1.0D00
      IF(N.EQ.0) THEN
        FUNPN=X0
        RETURN
      ELSE
        X1=X
        IF(N.EQ.1) THEN
          FUNPN=X1
          RETURN
        ENDIF
      ENDIF
      DO 10 I=2,N
        XA=DFLOAT(I)
        XB=DFLOAT(I-1)
        XC=DFLOAT(2*I-1)
        X2=(XC*X*X1-XB*X0)/XA
        X0=X1
        X1=X2
   10 CONTINUE
      FUNPN=X2
      RETURN
      END



      DOUBLE PRECISION FUNCTION FUNDPN(X,N)
      IMPLICIT REAL*8(X)
      M=N-1
      XX=DFLOAT(N)/(1.0D00-X*X)
      FUNDPN=XX*(FUNPN(X,M)-X*FUNPN(X,N))
      RETURN
      END
```

C.4 エルミート・ガウスの積分公式の分点と重み係数のプログラム

```fortran
C *** エルミート・ガウス積分公式の分点と重み係数 ***
      PARAMETER (NLOOP=10)
      IMPLICIT REAL*8(A-H,O-Z)
      DIMENSION XH(0:NLOOP/2),WH(0:NLOOP/2)
      PAI=3.141592653589793238460D00
      WRITE(6,600)
      DO 10 N=0,NLOOP
        WRITE(6,610)
        NO=N
        N1=N+1
        IA=MOD(N,2)
        IF(IA.EQ.0) THEN
          JJ=4*N+7
        ELSE
          JJ=4*N+5
        ENDIF
        HH=PAI/DSQRT(JJ)*0.125D00
        WKAI=1.0D00
        W2N1=1.0D00
        IF(N.NE.0) THEN
          DO 20 K=1,N
            WKAI=WKAI*DFLOAT(K)
            W2N1=2.0D00*W2N1
 20       CONTINUE
        ENDIF
        WKAI=WKAI*W2N1*DSQRT(PAI)/DFLOAT(N1)
        X2=-HH/2.0D00
        KAZ=N/2
        DO 30 I=0,KAZ
          X1=X2
          X2=X2+HH
 1        CONTINUE
          IF(FUNHN(X1,N1)*FUNHN(X2,N1).LE.0.0D00)THEN
            XX1=X1
            XX2=X2
          ELSE
            X1=X2
            X2=X2+HH
            GO TO 1
          ENDIF
 2        CONTINUE
          XXK=(XX1+XX2)/2.0D00
          FNK=FUNHN(XXK,N1)
          WX1=FUNHN(XX1,N1)*FNK
          WX2=FUNHN(XX2,N1)*FNK
```

```
              IF(WX1.GT.0.0D00) THEN
                XX1=XXK
              ELSE
                XX2=XXK
              ENDIF
              WEX=DABS(XX2-XX1)
              IF(WEX.GE.0.5D-15) THEN
                GO TO 2
              ELSE
                XH(I)=(XX2+XX1)/2.0D00
                WHM=FUNHN(XH(I),NO)
                WH(I)=WKAI/(WHM*WHM)
              ENDIF
   30     CONTINUE
          DO 40 K=0,N
            IF(K.LE.KAZ) THEN
              J=KAZ-K
              XH(J)=-XH(J)
            ELSE
              J=K-KAZ-IA
              XH(J)=-XH(J)
            ENDIF
            WRITE(6,620) K,XH(J),WH(J)
            IF(K.EQ.0) WRITE(6,630) N
   40     CONTINUE
   10   CONTINUE
        STOP
  600   FORMAT(1H1///4X,NP12,NC'N',2X,NP12,NC'k',
     &          7X,NP12,NC'分点',8X,NP12,NC'重み係数')
  610   FORMAT(1H )
  620   FORMAT(5X,I4,2F14.10)
  630   FORMAT(1H+,I5)
        END
```

```
      DOUBLE PRECISION FUNCTION FUNHN(X,N)
      IMPLICIT REAL*8(X)
      X0=1.0D00
      IF(N.EQ.0) THEN
        FUNHN=X0
        RETURN
      ELSE
        X1=2.0D00*X
        IF(N.EQ.1) THEN
          FUNHN=X1
          RETURN
        ENDIF
      ENDIF
      DO 10 I=2,N
        X2=2.0D00*(X*X1-DFLOAT(I-1)*X0)
        X0=X1
        X1=X2
   10 CONTINUE
      FUNHN=X2
      RETURN
      END
```

C.5　チェビシェフ・ガウスの積分公式の分点と重み係数のプログラム

```
C *** チェビシェフ・ガウス積分公式の分点と重み係数 ***
      PARAMETER (NLOOP=10)
      IMPLICIT REAL*8(A-H,O-Z)
      PAI=3.14159265358979323846D00
      WRITE(6,600)
      DO 10 N=0,NLOOP
        WRITE(6,610)
        N1=N+1
        WEIGHT=PAI/DFLOAT(N1)
        DO 20 K=0,N
          J=2*(N-K)+1
          XK=DFLOAT(J)/DFLOAT(2*N1)
          XK=QCOS(XK*PAI)
          WRITE(6,620) K,XK
          IF(K.EQ.0) WRITE(6,630) N,WEIGHT
   20   CONTINUE
   10 CONTINUE
      STOP
  600 FORMAT(1H1///4X,NP12,NC'N',2X,NP12,NC'k',
     &         7X,NP12,NC'分点',8X,NP12,NC'重み係数')
  610 FORMAT(1H )
  620 FORMAT(5X,I4,F14.10)
  630 FORMAT(1H+,I5,17X,F14.10)
      END
```

参 考 文 献

[1] 泰野和郎 "区分的エルミート補間の誤差解析" 情報処理 **17**, 9, p. 786, 1976.
[2] M. LEILIOU "Spline Fit Made Easy" *IEEE, J. COMP*, C-25, **5**, p. 522, 1976.
[3] 泰野和郎 "補間スプラインの誤差解析" 情報処理 **18**, 1, p. 2, 1977.
[4] A. K. CLINE "Scalar and Planar Valued Curve Fitting Using Splines Under Tension" *Comm. ACM*, **17**, 4, p. 218, 1974.
[5] 伊勢武治, 藤村統一郎 "最近の内挿法のアルゴリズムと計算プログラム" 情報処理, **17**, 5, p. 420, 1976.
[6] H. AKIMA "A New Method of Interpolation and Smooth Curve Fitting Based on Local Procedures" *J. ACM*, **17**, 4, p. 589, 1970.
[7] H. AKIMA "Interpolation and Smooth Curve Fitting Based on Local Procedures" *Comm. ACM*, **15**, 10, p. 914, 1972.
[8] 長嶋秀世, 福田 馨 "差分商列による逐次的数値微分算法" 情報処理, **19**, 12, p. 1126, 1978
[9] 長嶋秀世, 常磐英晴 "レーザ光の電力分布の一直視法" 電子通信学会誌 (C) 57-C, 5, p. 167, 1972.
[10] 長嶋秀世, 溜渕一博 "ニュートン・コーツ形公式に対応する新しい数値積分公式" 電子通信学会誌 (D) 59-D, 11, p. 763, 1976.
[11] H. TAKAHASHI, M. MORI "Error estimation in the Numerical integration of analytic functions" Report of the Computer Centre. Univ. of Tokyo, **3**, p. 41, 1970.
[12] 溜渕一博, 長嶋秀世 "数値積分の誤差評価とこれを応用した新積分法" 電子通信学会誌 (D) 60-D, 11, p. 959, 1977.
[13] 石黒美佐子 "高次代数方程式の多重根を求めるための解法" 情報処理 **13**, p. 2, 1972.
[14] 田中, 山下, 島津, 広瀬 "Runge-Kutta 法の階数と性能との関係について" 情報処理 **12**, 5, 1967.
[15] 伊理, 松谷 "Runge-Kutta-Gill 法について" 情報処理, **8**, 2, p. 103, 1967.
[16] R. W. HAMMING "Stable Predictor-Corrector Methods for Ordinary Differential Equations" *Journal of the ACM*, **6**, p. 37, 1959.

[17] F. B. HILDEBRAND "Introduction to Numerical Analysis" McGraw-Hill, 1956.
[18] A. RALSTON "A First Course in Numerical Analysis" McGraw-Hill KOGAKUSHA, 1965.
[19] R. W. HAMMING "Numerical Methods for Scientist and Engineers" McGraw-Hill, 1962.
[20] J. H. AHLBERG, E. N. NILSON, J. L. WALSH "The Theory of Splines and Their Applications" Academic Press, 1967.
[21] A. D. BOOTH "Numerical Methods" Butterworth, 1955. ――宇田川, 中村共訳 "数値計算法" コロナ社, 1958.
[22] P. HENRICI "Elements of Numerical Analysis" John Wiley & Sons, 1964. ――一松, 平本, 本田共訳 "数値解析の基礎" 培風館, 1973.
[23] B. WENDROFF "Theoretical Numerical Analysis" Academic Press 1966. ――戸川隼人訳 "理論数値解析" サイエンス社, 1973.
[24] 吉沢 正 "数値解析Ⅰ, Ⅱ" 岩波講座基礎工学, 1968.
[25] 山本哲朗 "数値解析入門" サイエンス社, 1976.
[26] 新谷尚義 "数値計算Ⅰ" 朝倉基礎数学シリーズ 16, 1967.
[27] 宇野利雄 "計算機のための数値計算" 朝倉, 1963.
[28] 赤坂 隆 "数値計算" コロナ社応用数学講座 7, 1967.
[29] 森 正武 "数値解析" 共立数学講座 12, 1973.
[30] 森口, 宇田川, 一松 "数学公式Ⅱ" 岩波, p. 4, 316, 1957.
[31] 高木貞治 "解析概論" 岩波, p. 231, 1938.
[32] 岩田至康 "微分積分学" 文憲堂七星社, 1951.
[33] 尾崎 弘, 萩原 宏 "電気数学Ⅲ" オーム社, 1963.
[34] 長嶋秀世 "演習数値計算法", 槇書店 1982.

問 題 解 答

第 2 章

2.1 （1） $2 \cdot 3^x(3^h-1)+4 \cdot 5^x(5^h-1)$　　（2） $a^x[(x+h)^2 a^h - x^2]$
（3） $-h/[x(x+h)]$　　（4） $20\,x^{(3)}$
（5） $-2\sin\dfrac{ah}{2}\sin\left[a\left(x+\dfrac{h}{2}\right)+b\right]$　　（6） $\dfrac{h[2x^2+1-2(x+2)(2x+h)]}{[2(x+h)^2+1](2x^2+1)}$

2.2 定義式 (2.1) より
$$\varDelta\left[\frac{f(x)}{g(x)}\right] = \frac{f(x+h)}{g(x+h)} - \frac{f(x)}{g(x)} = \frac{f(x+h)g(x)-g(x+h)f(x)}{g(x)g(x+h)}$$
$$= \frac{f(x+h)g(x)-f(x)g(x)+f(x)g(x)-g(x+h)f(x)}{g(x)g(x+h)} = \frac{g(x)\varDelta f(x)-f(x)\varDelta g(x)}{g(x)g(x+h)}$$

2.3 （1） $y(x)=c\,3^x-2x-1+\dfrac{1}{2}5^x$　　（2） $y(x)=c\left(\dfrac{3}{2}\right)^x-x^2-x-5$

（3） $y(x)=c\dfrac{2^x}{x!}$　　（4） $y(x)=3bx+c$　　（5） $y(x)=\left(\dfrac{1}{2}x+c\right)2^x-1$

（6） $y(x)=(x+c)\left(\dfrac{1}{3}\right)^x+\dfrac{3}{2}x-\dfrac{9}{4}$

2.4 （1） 帰納的に解く．式 (2.15) を変形して
　　　　　$y(x+1)=y(x)+b$
$x=0$　　$y(1)=y(0)+b$
$x=1$　　$y(2)=y(1)+b=y(0)+2b$
$x=2$　　$y(3)=y(2)+b=y(0)+3b$
　⋮　　　　　⋮
$x=x-1$　$y(x)=y(x-1)+b=y(0)+xb$

（2） 式 (2.17) を変形して
　　　　　$y(x+1)=A(x)y(x)$
$x=0$　　$y(1)=A(0)y(0)$
$x=1$　　$y(2)=A(1)y(1)=A(1)A(0)y(0)$
$x=2$　　$y(3)=A(2)y(2)=A(2)A(1)A(0)y(0)$
　⋮　　　　　⋮
$x=x-1$　$y(x)=A(x-1)y(x-1)=A(x-1)\cdots A(2)A(1)A(0)y(0)=\displaystyle\prod_{i=0}^{x-1}A(i)y(0)$

2.5 （1） $y(x)=c_1(-3)^x+c_2 x(-3)^x$　　（2） $y(x)=c_1+c_2 x$

（3） $y(x)=c_1 2^x+c_2 3^x+\dfrac{3}{2}x+\dfrac{5}{4}$　　（4） $y(x)=c_1+c_2(-1)^x+\dfrac{1}{3}2^x$

2.6 （1） $y(x)=-3\left(\dfrac{3}{2}\right)^x+4$　　（2） $y(x)=\dfrac{5}{4}(-1)^x+\dfrac{3}{2}x-\dfrac{5}{4}$

（3） $y(x)=\dfrac{3}{4}3^x+\dfrac{1}{4}(-1)^x$　　（4） $y(x)=-\dfrac{12}{7}\left(\dfrac{1}{2}\right)^x-\dfrac{1}{28}(-3)^x+\dfrac{3}{4}$

2.7 （1） 前進差分の定義式 (2.1) および E の定義式 (2.38) より
$$\Delta f(x) = f(x+h) - f(x) = Ef(x) - f(x) = (E-1)f(x) \quad \therefore \Delta = E-1$$
（2） 式 (2.36) を用いて（1）と同様に
$$\nabla f(x) = f(x) - f(x-h) = f(x) - E^{-1}f(x) = (1-E^{-1})f(x) \quad \therefore \nabla = 1 - E^{-1}$$

2.8 式 (2.42) と式 (2.44) を2乗すると
$$\mu^2 = \frac{1}{4}(E + E^{-1} + 2), \quad \delta^2 = E + E^{-1} - 2$$
ここで，$4\mu^2 - \delta^2$ をとると，$4\mu^2 - \delta^2 = 4$
$$\therefore \mu = \left(1 + \frac{1}{4}\delta^2\right)^{1/2}$$

2.9 （1） $y(x+3h) - 3y(x+2h) + 3y(x+h) - y(x)$
（2） $y(x+2h) - 2y(x+h) + 2y(x) - 2y(x-h) + y(x-2h)$
（3） $\frac{1}{2}[y(x+h) - y(x-h)]$
（4） $\frac{1}{4}[y(x+3h) - 2y(x+h) + y(x-h)]$
（5） $y(x) - 3y(x-h) + 4y(x-2h) - 4y(x-3h) + 3y(x-4h) - y(x-5h)$
（6） $\frac{1}{4}[y(x+h) + 2y(x) + y(x-h)]$

2.10 式 (2.40) より $\quad D = \log_e(1+\Delta)/h$
これを展開すると
$$D = -\frac{1}{h}\sum_{r=1}^{\infty} \frac{(-\Delta)^r}{r}$$

2.11 式 (2.2) の左辺は，式 (2.40) より
$$\Delta^n f(x) = (E-1)^n f(x) = (-1)^n (1-E)^n f(x)$$
上式は，付録 A.8 の二項定理で n が自然数のときに相当するから
$$= (-1)^n \sum_{r=0}^{n} \binom{n}{r}(-1)^r E^r f(x)$$
ここで $E^r f(x)$ は式 (2.39) より $f(x+rh)$ となるので，
$$\Delta^n f(x) = \sum_{r=0}^{n} \binom{n}{r}(-1)^{n-r} f(x+rh)$$

第 3 章

3.1 （1） 式 (3.2) より，$L_0(2.11) = -0.048$, $L_1(2.11) = 0.864$,
$L_2(2.11) = 0.216$, $L_3(2.11) = -0.032$
$$\therefore f(2.11) \cong P(2.11) = 1.452$$
（2） （1）と同様に，$L_0(0.5) = -0.0156$ $L_1(0.5) = 0.4688$,
$L_2(0.5) = 0.6250$, $L_3(0.5) = -0.0781$

$$\therefore \quad f(0.5) \cong P(0.5) = 0.0000$$

3.2 (3.1.2 補間多項式の誤差を参照)

4個の分点を用いたラグランジュの補間公式は，関数 $f(x)$ を3次多項式 $P(x)$ で近似する．いま，$f(x)$ は区間 $I\ [x_0, x_3]$ で4回連続微分可能とする．ここで $f(x) - P(x)$ は，x_0, x_1, x_2, x_3 の各点で0であるから，C を定数とすると

$$f(x) - P(x) = C(x - x_0)(x - x_1)(x - x_2)(x - x_3) \quad (1)$$

である．そこで，つぎのような補助関数 $F(x)$

$$F(x) = f(x) - P(x) - C(x - x_0)(x - x_1)(x - x_2)(x - x_3) \quad (2)$$

を考える．$F(x)$ は x_0, x_1, x_2, x_3 の各点で0であり，しかも区間 I 上の任意の新しい補間点 x_4 で0となるように

$$C = \frac{f(x_4) - P(x_4)}{(x_4 - x_0)(x_4 - x_1)(x_4 - x_2)(x_4 - x_3)} \quad (3)$$

とする．したがって $F(x)$ は5個（x_0, x_1, x_2, x_3, x_4）の零点をもつ．ロールの定理を繰り返して適用することにより，$F^{(4)}(x)$ は少なくとも1個の零点をもち，この点を ξ とすると，$P(x)$ は3次の多項式であるから4階導関数は0となり，式（2）は，$0 = f^{(4)}(\xi) - C\,4!$ となる．したがって，$C = f^{(4)}(\xi)/4!$ となり，これを式（3）に代入して整理すると

$$f(x_4) - P(x_4) = \frac{f^{(4)}(\xi)}{4!} \cdot (x - x_0)(x - x_1)(x - x_2)(x - x_3)$$

上式の x_4 は区間 I 内の任意の点であるから，これを x とすると，4個の分点を用いたラグランジュの公式の誤差評価式は

$$f(x) - P(x) = \frac{f^{(4)}(\xi)}{4!}(x - x_0)(x - x_1)(x - x_2)(x - x_3)$$

3.3 問3.1（1）の誤差限界は，補間多項式の誤差（3.11）より

$$|f(x) - P(x)| = \frac{|f^{(n+1)}(\xi)|}{(n+1)!}\pi(x)$$

$n = 3$, $f(x) = \sqrt{x}$ より $\pi(2.11) = 2.16 \times 10^{-6}$ を用いて $E < 6.9 \times 10^{-9}$

3.4 ここで与えられた分点の数は3個であるから，$n = 2$ である．まず，ラグランジュの係数は，式（3.2）より

$$L_0(x) = 200\,x^2 - 850\,x + 903$$
$$L_1(x) = -400\,x^2 + 1680\,x - 1763$$
$$L_2(x) = 200\,x^2 - 830\,x + 861$$

つぎに，式（3.20），（3.21）より

$$h_0(x) = [1 - 2L_0{}'(x_0)\cdot(x - x_0)][L_0(x)]^2$$
$$= (60\,x - 122)(200\,x^2 - 850\,x + 903)^2$$

同様に

$$h_1(x) = (-400\,x^2 + 1680\,x - 1763)^2$$
$$h_2(x) = (-60\,x + 130)(200\,x^2 - 830\,x + 861)^2$$

また，

$$g_0(x) = (x-x_0)[L_0(x)]^2$$
$$= (x-2.05)(200x^2-850x+903)^2$$

同様に
$$g_1(x) = (x-2.10)(-400x^2+1680x-1763)^2$$
$$g_2(x) = (x-2.15)(200x^2-830x+861)^2$$

となる．したがって，式 (3.22) より
$$P(x) = \sum_{k=0}^{3} h_k(x)f(x_k) + \sum_{k=0}^{3} g_k(x)f'(x_k)$$

ここで，$f(x) = x^{1/2}$ であり，表 3.1 より
$$f(x_0) = 1.43178, \quad f(x_1) = 1.44914, \quad f(x_2) = 1.46629$$

である．また $f'(x) = \frac{1}{2}x^{-1/2}$ であり，
$$f'(x_0) = 0.34922, \quad f'(x_1) = 0.34503, \quad f'(x_2) = 0.34100$$

である．以上の結果より $P(x)$ は，
$$P(x) = 1.43178(60x-122)(200x^2-850x+903)^2$$
$$+ 1.44914(-400x^2+1680x-1763)^2$$
$$+ 1.46629(-60x+130)(200x^2-830x+861)^2$$
$$+ 0.349215(x-2.05)(200x^2-850x+903)^2$$
$$+ 0.345033(x-2.10)(-400x^2+1680x-1763)^2$$
$$+ 0.340997(x-2.15)(200x^2-830x+861)^2$$

となる．さらに，3 次の近似多項式 $P(x)$ によって，$\sqrt{2.17}$ を求めると
$$P(2.17) = 1.4730915 \cong 1.47309$$

となる．ここで，$\sqrt{2.17}$ の真値は 1.4730919 であり，近似値 1.4730915 が小数点以下 5 桁まで正確であることがわかる．

3.5 $R(x) = f(x) - P(x)$ とすると $n+1$ 個の点 $x_i (i=0,1,\cdots,n)$ で $R(x_i) = R'(x_i) = 0$ となることより $R(x) = C[\pi(x)]^2$ となる．

したがって，$F(x) = f(x) - P(x) - C[\pi(x)]^2$ のような関数を考える．そこで，新たな点 (補間点) x_m で $F(x_m) = 0$ となるように C を定めると $F(x)$ は
$$F(x_m) = 0, \quad F(x_i) = 0 \quad (i=0,1,\cdots,n)$$

のように $n+2$ 個の点で零となる．$F'(x)$ はロールの定理から，少なくとも $n+1$ 個の点 $\xi_i (i=0,1,\cdots,n)$ で $F'(\xi_i) = 0$ とならねばならない．また，最初の式より $n+1$ 個の点 $x_i (i=0,1,\cdots,n)$ で
$$F'(x_i) = 0$$

したがって，$F'(x)$ は少なくとも $2n+2$ 個の零点を持つ．こうして，ロールの定理を逐次適用すると，$F^{(2n+2)}(x)$ は少なくとも 1 個の零点を持つ．この点を ξ とすると
$$F^{(2n+2)}(\xi) = 0$$

したがって，$F(x)$ を $2n+2$ 回微分すると $P(x)$ はたかだか $2n+1$ 次の多項式であるから $P^{(2n+2)}(x) = 0$ より

$$F^{(2n+2)}(\xi) = f^{(2n+2)}(\xi) - C(2n+2)! = 0$$
$$\therefore C = \frac{f^{(2n+2)}(\xi)}{(2n+2)!}$$

したがって，上式より $R(x) = f(x) - P(x) = \dfrac{f^{(2n+2)}(\xi)}{(2n+2)!}[\pi(x)]^2$

3.6 スプラインの多項式

$S_0(x) = -0.904x^3 + 0.814x^2 - 1.305x + 1.609$
$S_1(x) = -0.478x^3 + 0.303x^2 - 1.101x + 1.581$
$S_2(x) = -0.182x^3 - 0.142x^2 - 0.878x + 1.544$
$S_3(x) = -2.794x^3 + 4.560x^2 - 3.700x + 2.110$
$S_4(x) = 4.359x^3 - 10.461x^2 + 6.815x - 0.345$

アキマの多項式

$P(0) = 1.266 - 1.045(x-0.300) - 0.308(x-0.300)^2 + 0.577(x-0.300)^3$
$P(1) = 1.159 - 1.089(x-0.400) - 0.380(x-0.400)^2 + 0.724(x-0.400)^3$
$P(2) = 1.047 - 1.144(x-0.500) - 0.774(x-0.500)^2 + 2.092(x-0.500)^3$
$P(3) = 0.927 - 1.236(x-0.600) - 0.953(x-0.600)^2 + 1.090(x-0.600)^3$
$P(4) = 0.795 - 1.394(x-0.700) - 1.379(x-0.700)^2 + 2.145(x-0.700)^3$

3.7 省略

3.8 省略

3.9 ネビーユの補間表

(1)

k	x_k	$P(k,0)$	$P(k,1)$	$P(k,2)$	$P(k,3)$
0	2.05	1.43178			
1	2.10	1.44914	1.45608		
2	2.15	1.46629	1.45600	1.45603	
3	2.20	1.48324	1.45612	1.45602	1.45602

補間結果 $P(2.12) = 1.45602$

(2)

k	x_k	$P(k,0)$	$P(k,1)$	$P(k,2)$	$P(k,3)$
0	0.30	1.26600			
1	0.40	1.15900	1.01990		
2	0.50	1.04700	1.01340	1.01243	
3	0.60	0.92700	1.01100	1.01184	1.01198

補間結果 $P(0.50) = 1.1012$

第 4 章

4.1 漸化式 (4.10) より，$n=5$ として

$$P_6 = \frac{1}{6}[11\, xP_5(x) - 5P_4(x)] = \frac{1}{16}(231\,x^6 - 315\,x^4 + 105\,x^2 - 5)$$

また，積分は

(1) $\quad \int_{-1}^{1} P_6(x)x^4 dx = \frac{1}{16}\{36-36-(-36+36)\} = 0$

(2) $\quad \int_{-1}^{1} P_6(x)x^6 dx = 0.01066$

以上のように，直交関係式 (4.9) が成り立つことがわかる．

4.2 (1) a_s は式 (4.11) より

$$a_0 = \frac{2 \cdot 0 + 1}{2}\int_{-1}^{1} x^{2n}P_0(x)dx = \frac{1}{2}\int_{-1}^{1} x^{2n}dx = \frac{1}{2}\left[\frac{x^{2n+1}}{2n+1}\right]_{-1}^{1} = \frac{1}{2n+1}$$

$$a_2 = \frac{2 \cdot 2 + 1}{2}\int_{-1}^{1} x^{2n}P_2(x)dx = \frac{5}{2}\int_{-1}^{1} x^{2n}\frac{1}{2}(3x^2-1)dx = \frac{10n}{(2n+3)(2n+1)}$$

$$a_4 = \frac{18n(2n-2)}{(2n+1)(2n+3)(2n+5)}$$

また，奇数次の係数はすべて 0 となる． $a_1 = a_3 = \cdots = 0$, したがって

$$x^{2n} = \frac{1}{2n+1}\left[P_0(x) + 5\frac{2n}{2n+3}P_2(x) + 9\frac{2n(2n-2)}{(2n+3)(2n+5)}P_4(x) + \cdots\right]$$

(2) 前と同じように $a_1 = a_3 = \cdots = a_{2n+1} = 0$ となる．

$$a_0 = \frac{2 \cdot 0 + 1}{2}\int_{-1}^{1}\sqrt{1-x^2}dx$$

$x = -\cos\theta$ と置くと

$$a_0 = \frac{1}{2}\int_0^{\pi}\sin^2\theta\, d\theta = \frac{1}{2}\int_0^{\pi}\frac{1-\cos 2\theta}{2}d\theta = \frac{\pi}{4}$$

同様に

$$a_2 = \frac{5}{4}\int_{-1}^{1}(3x^2-1)\sqrt{1-x^2}dx = -\frac{5}{32}\pi, \quad a_4 = \frac{81}{256}\pi$$

したがって

$$\sqrt{1-x^2} = \frac{1}{4}\pi P_0 - \frac{5}{32}\pi P_2 + \frac{81}{256}\pi P_4 + \cdots$$

4.3 重み関数を $e^{-\alpha x}$ とすると直交多項式は

$$\phi_n(x) = e^{\alpha x}\frac{d^n}{dx^n}(x^n e^{-\alpha x}) = L_n(\alpha x)$$

となる．直交条件式は

$$\int_0^{\infty} e^{-\alpha x}L_n(\alpha x)L_j(\alpha x) = 0 \quad (n \neq j)$$

上式と式 (4.6) より係数 a_r は

$$a_r = \frac{\alpha}{(r!)^2}\int_0^{\infty} e^{-\alpha x}f(x)L_r(\alpha x)dx$$

これより，$y(x) = \sum_{r=0}^{n} a_r L_r(\alpha x)$

4.4 重み関数を $e^{-\alpha^2 x^2}$ とする直交多項式は

$$\phi_n(x) = (-\alpha)^{-n}e^{\alpha^2 x^2}\frac{d^n}{dx^n}(e^{-\alpha^2 x^2}) = H_n(\alpha x)$$

直交条件式は
$$\int_{-\infty}^{\infty} e^{-\alpha^2 x^2} H_n(\alpha x) H_j(\alpha x) dx = 0 \qquad (n \neq j)$$
上式と式（4.6）より係数 a_r は
$$a_r = \frac{\alpha}{2^r r! \sqrt{\pi}} \int_{-\infty}^{\infty} e^{-\alpha^2 x^2} H_r(\alpha x) f(x) dx$$
となる．したがって
$$y(x) = \sum_{r=0}^{n} a_r H_r(\alpha x)$$

4.5 付録 B.3 の式（3）において，まず簡単のために
$$\Phi = \sum_{s=0}^{N} [\varDelta U_r(s, N)] q_{r-1}(s) = 0$$
を考える．2変数の積の差分を変形すると
$$V(x+h)\varDelta U(x) = \varDelta[U(x)V(x)] - U(x)\varDelta V(x)$$
これを Φ に適用すると
$$\Phi = \sum_{s=0}^{N} \varDelta[U_r(s,N)q_{r-1}(s)] - \sum_{s=0}^{N} U_r(s+1,N)\varDelta q_{r-1}(s)$$
一方，上式右辺第1項はつぎのように変形できるので
$$\sum_{s=0}^{N} \varDelta[U_r(s,N)q_{r-1}(s)] = [U_r(1,N)q_{r-1}(1) - U_r(0,N)q_{r-1}(0)]$$
$$+ [U_r(2,N)q_{r-1}(2) - U_r(1,N)q_{r-1}(1)] + \cdots$$
$$+ [U_r(N+1,N)q_{r-1}(N+1) - U_r(N,N)q_{r-1}(N)]$$
$$= U_r(N+1,N)q_{r-1}(N+1) - U_r(0,N)q_{r-1}(0) = \Big[U_r(s,N)q_{r-1}(s)\Big]_0^{N+1}$$
$$\Phi = \Big[U_r(s,N)q_{r-1}(s)\Big]_0^{N+1} - \sum_{s=0}^{N} U_r(s+1,N)\varDelta q_{r-1}(s)$$
同様の手順で
$$\sum_{s=0}^{N} [\varDelta^2 U_r(s,N)] q_{r-1}(s) = \Big[\{\varDelta U_r(s,N)\}q_{r-1}(s)\Big]_0^{N+1}$$
$$- \Big[U_r(s+1,N)\varDelta q_{r-1}(s)\Big]_0^{N+1} + \sum_{s=0}^{N} U_r(s+2,N)\varDelta^2 q_{r-1}(s)$$
したがって，一般に
$$\sum_{s=0}^{N} [\varDelta^r U_r(s,N)] q_{r-1}(s) = \Big[\{\varDelta^{r-1} U_r(s,N)\}q_{r-1}(s)\Big]_0^{N+1}$$
$$- \Big[\{\varDelta^{r-2} U_r(s+1,N)\}\varDelta q_{r-1}(s)\Big]_0^{N+1} + \cdots$$
$$+ (-1)^{r-1}\Big[U_r(s+r-1,N)\varDelta^{r-1} q_{r-1}(s)\Big]_0^{N+1}$$
$$+ (-1)^r \sum_{s=0}^{N} U_r(s+r,N)\varDelta^r q_{r-1}(s)$$
ところが $\varDelta^r q_{r-1}(s) = 0$ であるから，結局上式はつぎのように書くことができる．

$$\sum_{s=0}^{N}[\varDelta^r U_r(s,N)]q_{r-1}(s)$$
$$=\Bigl[\{\varDelta^{r-1}U_r(s,N)\}q_{r-1}(s)-\{\varDelta^{r-2}U_r(s+1,N)\}\varDelta q_{r-1}(s)$$
$$+\{\varDelta^{r-3}U_r(s+2,N)\}\varDelta^2 q_{r-1}(s)+\cdots$$
$$+(-1)^{r-1}U_r(s+r-1,N)\varDelta^{r-1}q_{r-1}(s)\Bigr]_0^{N+1}$$

4.6 式 (4.41) の上式における第2項は，式 (4.39)，(4.40) より
$$第2項=-2\sum_{r=0}^{n}a_r\sum_{t=-m}^{m}f(t)P_r(t,2m)=-2\sum_{r=0}^{n}a_r^2\alpha_r$$
また第3項は直交関係式 (4.37)，(4.40) より
$$第3項=\sum_{t=-m}^{m}\Bigl\{\sum_{r=0}^{m}a_r P_r(t\cdot2m)\Bigr\}^2=\sum_{t=-m}^{m}\sum_{r=0}^{n}a_r^2 P_r^2(t,2n)=\sum_{r=0}^{n}a_r^2\alpha_r$$
したがって第2項と第3項の和 S は
$$S=-2\sum_{r=0}^{n}a_r^2\alpha_r+\sum_{r=0}^{n}a_r^2\alpha_r=-\sum_{r=0}^{n}a_r^2\alpha_r$$
上式を用いると式 (4.41) が求まる．

4.7 例3と同様の手順で係数 a_r を計算するとつぎのようになる．

t	-2	-1	0	1	2	
P_4	1	-4	6	-4	1	$\alpha_1=70$
fP_4	3.02	-3.92	7.32	-8.64	2.61	$a_4=0.0056$

したがって，最小2乗近似によって求めた式はつぎのようになる．
$$y_4(t)=2.00P_0(t)+0.072P_1(t)+0.81P_2(t)-0.28P_3(t)+0.0056P_4(t)$$
また，与えられた5点のデータより，4次の補間公式を求めると
$$f(x)\cong0.0163x^4-0.231x^3+0.334x^2+0.820x+1.22$$
そこで，4次の最小2乗近似式を整理すると
$$y_4=0.0163x^4-0.233x^3+0.333x^2+0.829x+1.23$$
となる．計算誤差を考慮すればこの二つは同じ式とみなすことができるので，4次の最小2乗近似式は4次の補間公式となることが示された．

4.8

r	0	1	2	3
$\sum fP_r$	1.71	5.17	-0.69	-0.83
a_r	0.342	2.068	-0.197	-0.083

4.9

係数	a_0	a_1	a_2	a_3	a_4	a_5	a_6
(a)	-0.319	-2.049	2.001	0.335	0.040	-0.001	0.002
(b)	2.010	3.463	0.095	-0.235	-0.138	-0.068	-0.017

第 5 章

5.1 式 (5.3) より第2項までとると

$$f_0' = \frac{1}{h}\left[\Delta f_0 - \frac{1}{2}\Delta^2 f_0\right] = \frac{1}{h}\left[(f_1-f_0) - \frac{1}{2}(f_2-2f_1+f_0)\right]$$

$$= \frac{1}{2h}[-3f_0 + 4f_1 - f_2]$$

と式 (5.4) が求まり，第3項までとるとつぎのようにして式 (5.5) が求まる．

$$f_0' = \frac{1}{h}\left[\Delta f_0 - \frac{1}{2}\Delta^2 f_0 + \frac{1}{3}\Delta^3 f_0\right] = \frac{1}{6h}[-11f_0 + 18f_1 - 9f_2 + 2f_3]$$

5.2 式 (5.6) で $n=2$ と置くと

$$D^2 f(x)|_{x=x_0} = \frac{1}{h^2}[\Delta^2 f_0 - \Delta^3 f_0]$$

となり，$x=x_0$ での2階微分値は上式と表 3.1 を用いて

$$f''(x_0) = f_0'' = \frac{1}{h^2}[2f_0 - 5f_1 + 4f_2 - f_3]$$

のような4点公式が求まった．

5.3 (a) 式 (3.4) より

$$\frac{d}{dx}\pi_k(x) = \frac{d}{dx}\left\{\prod_{\substack{i=0 \\ \neq k}}^{n}(x-x_i)\right\} = \sum_{\substack{j=0 \\ \neq k}}^{n}\pi_{kj}(x)$$

(b) 前問の式をもう1回微分して

$$\frac{d^2}{dx^2}\pi_k(x) = \frac{d}{dx}\left(\sum_{\substack{j=0 \\ \neq k}}^{n}\pi_{kj}(x)\right) = \sum_{\substack{j=0 \\ \neq k}}^{n}\frac{d}{dx}(\pi_{kj}(x)) = \sum_{\substack{j=0 \\ \neq k}}^{n}\sum_{\substack{l=0 \\ \neq k,j}}^{n}\pi_{kjl}(x)$$

(c) $\pi_{kj}(x) = \prod_{\substack{l=0 \\ \neq k,j}}^{n}(x-x_l) = \pi_{jk}(x)$

5.4 分点4のラグランジュの補間多項式を微分すると

$$P'(x) = \sum_{k=0}^{3}\frac{f_k}{\pi_k(x_k)}\left\{\sum_{\substack{j=0 \\ \neq k}}^{3}\pi_{kj}(x)\right\}$$

ここに x_0 を代入すると，分点4の微分公式がつぎのように求まる．

$$P'(x_0) = \sum_{k=0}^{3}\frac{f_k}{\pi_k(x_k)}\left\{\sum_{\substack{j=0 \\ \neq k}}^{3}\pi_{pj}(x_0)\right\} = \frac{f_0}{\pi_0(x_0)}\left\{\sum_{j=1}^{3}\pi_{0j}(x_0)\right\} + \sum_{k=1}^{3}\frac{\pi_{k0}(x_0)}{\pi_k(x_k)}f_k$$

5.5 式 (5.12)，(5.10)，(5.17) より等間隔の微分公式は，

$$P'(x_m) = \frac{1}{h}\sum_{k=0}^{n}f(x_k)\left\{\sum_{\substack{j=0 \\ \neq k}}^{n}\frac{\pi_{kj}(m)}{\pi_k(k)}\right\}$$

で与えられる．ここで $\pi_{kj}(m)$ は $\pi_{kj}(m) = \prod_{\substack{i=0 \\ \neq k,j}}^{n}(m-i)$

であるから，これが値をもつのは，$k=m$ のときもしくは $j=m$ のときである．すなわち

i) $k=m$ のときは，$\pi_{kj}(m)=\pi_{mj}(m)$
　ii) $k\neq m$ かつ $j=m$ のときは，$\pi_{kj}(m)=\pi_{km}(m)$
　iii) その他のときは，$\pi_{kj}(m)=0$

よって，求める微分公式は $k=m$ のときと，$k\neq m$ のときを分けて考えて，

$$P'(x_m)=\frac{1}{h}\left[\sum_{\substack{k=0\\ \neq m}}^{n}f(x_k)\frac{\pi_{km}(m)}{\pi_k(k)}+f(x_m)\sum_{\substack{j=0\\ \neq m}}^{n}\frac{\pi_{mj}(m)}{\pi_m(m)}\right]$$

となる．

5.6 式 (5.4) より，$x_0=0.8$, $h=0.2$ として

$$f'(0.8)=\frac{1}{2\times 0.2}(-3\times 0.88811+4\times 1.17520-1.50946)$$

$$\cong 1.31753$$

5.7 式 (5.6) で $n=2$ として展開し，$\varDelta^4$ 項までとると

$$D^2\cong\frac{1}{h^2}\left(\varDelta^2-\varDelta^3+\frac{5}{3}\varDelta^4\right)$$

$$f''(x_0)=\frac{1}{3h^2}(11f_0-35f_1+42f_2-23f_3+5f_4)$$

5.8 $h=0.2$, $x_0=1.0$ として，前問で求めた式に値を代入すると

$$f''(1.0)=\frac{1}{0.12}(11\times 1.17520-35\times 1.50946$$
$$+42\times 1.90430-23\times 2.37557+5\times 2.94217)$$
$$=1.24533$$

5.9 表 5.3 より $x=2$ に対する差分商列を求めると

x	1.0	1.5	2.0	2.5
$f(x)$	8.00	13.75	21.00	29.75
$G(x)$	13.00	14.50		17.50

ここで，ラグランジュの補間公式は上の数値を用いて

$$P(x)=13.00\times\frac{(x-1.5)(x-2.5)}{(1.0-1.5)(1.0-2.5)}+14.50\times\frac{(x-1.0)(x-2.5)}{(1.5-1.0)(1.5-2.5)}$$

$$+17.50\times\frac{(x-1.0)(x-1.5)}{(2.5-1.0)(2.5-1.5)}$$

となる．ここに $x=2.0$ を代入すると $x=2$ での微分値が求まる．

$$P(2.0)=16.0,\quad f'(2.0)=16.0$$

5.10 $x=0.6$ を基準とした差分商列を作成すると

x	0.2	0.4	0.6	0.8	1.0
$f(x)$	0.20134	0.41075	0.63665	0.88811	1.17520
$G(x)$	1.08828	1.12950		1.25730	1.34638

となる．ここでラグランジュの補間を簡単にするため，$x=0.6$ に原点を移動して考えると，

x	-0.4	-0.2	0.2	0.4
$G(x)$	1.08828	1.12950	1.25730	1.34638

この表に対して $x=0$ の値をラグランジュの補間公式を適用して $x=0.6$ における微分値を求めると $P(0.0)\cong 1.18542$

5.11 $x=1.4$ を中心とした差分商列を作成すると,

x	0.8	1.0	1.2	1.4	1.6	1.8	2.0
$f(x)$	0.88811	1.17520	1.50946	1.90430	2.37557	2.94217	3.62686
$G(x)$	1.69365	1.82275	1.97420		2.35635	2.59468	2.87093

ここで，補間に便利となるよう $x=1.4$ を原点に移動し，アキマの方法を適用できるよう隣接分点の傾きを求める．

x	-0.6	-0.4	-0.2	0.2	0.4	0.6
$G(x)$	1.69365	1.82275	1.97420	2.35635	2.59468	2.87093
m(傾き)		0.64550	0.75725	0.95538	1.19165	1.38125

ここで，アキマの方法を用いて $x=-0.2$ の微分値を求めると

$$f'(-0.2)=\frac{|1.19165-0.95538|\times 0.75725+|0.75725-0.64550|\times 0.95538}{|1.19165-0.95538|+|0.75725-0.64550|}$$
$$=0.82087$$

同様に $x=0.2$ の微分値を求めると,

$$f'(0.2)=1.07611$$

上の二つの微分値を用いて区間 $[-0.2, 0.2]$ の区分補間多項式を作成すると,

$$P(x)=0.82087\times\frac{(0.2-x)^2(x+0.2)}{(0.2+0.2)^2}-1.07611\times\frac{(x+0.2)^2(0.2-x)}{(0.2+0.2)^2}$$
$$+1.97420\times\frac{(0.2-x)^2\{2\times(x+0.2)+(0.2+0.2)\}}{(0.2+0.2)^3}$$
$$+2.35635\times\frac{(x+0.2)^2\{2\times(0.2-x)+(0.2+0.2)\}}{(0.2+0.2)^3}$$

これに $x=0.0$ を代入すると

$$P(0.0)=0.04104-0.05331+0.98710+1.17818=2.15251$$

これより求める微分値は $f'(1.4)=2.15251$ となる．

5.12 $x=1.0$ を中心とした差分商列の表は

x	0.2	0.4	0.6	0.8	1.0	1.2	1.4	1.6	1.8	2.0
y	0.20134	0.41075	0.63665	0.88811	1.17520	1.50946	1.90430	2.37557	2.94217	3.62686
y'	1.21733	1.27408	1.34638	1.43545		1.67130	1.82275	2.00062	2.20871	2.45167

$x=1.0$ を原点に移し，補間の効率をあげるため並べ換え，これに逐次補間を適用すると

x	y'					
0.2	1.67130					
-0.2	1.43545	1.55338				
0.4	1.82275	1.51985	1.54220			
-0.4	1.34638	1.56299	1.54377	1.54299		
0.6	2.00062	1.50664	1.54170	1.54320	1.54307	
-0.6	1.27408	1.57200	1.54407	1.54295	1.54307	1.54307

収束したので，ここで打ち切る．したがって，微分値は，$f'(1.0)=1.54307$

5.13 式 (5.28), (5.29) より

$$G_m{}^2 = \frac{G_m{}^1(x_m)-G_m{}^1(x)}{x_m-x} = \frac{1}{x_m-x}\left\{\lim_{x\to x_m}\left(\frac{f(x_m)-f(x)}{x_m-x}\right) - \frac{f(x_m)-f(x)}{x_m-x}\right\}$$

$$= \frac{1}{(x_m-x)^2}\{f'(x_m)(x_m-x)-f(x_m)+f(x)\}$$

また，

$$\lim_{x\to x_m} G_m{}^2(x) = \lim_{x\to x_m} \frac{1}{(x-x_m)^2}\{f(x)-f(x_m)-(x-x_m)f'(x_m)\}$$

ここで，ロピタルの定理を用いると，

$$\lim_{x\to x_m} G_m{}^2(x) = \lim_{x\to x_m} \frac{f'(x)-f'(x_m)}{2(x-x_m)} = \frac{f''(x_m)}{2}$$

前と同じように

$$G_m{}^3(x) = \frac{1}{(x_m-x)}\left[\frac{f''(x_m)}{2} - \frac{1}{(x-x_m)^2}\{f(x)-f(x_m)-(x-x_m)f'(x_m)\}\right]$$

$$\lim_{x\to x_m} G_m{}^3(x) = \lim_{x\to x_m} \frac{1}{(x-x_m)^3}\left\{f(x)-f(x_m)-(x-x_m)f'(x_m)-\frac{(x-x_m)^2}{2}f''(x_m)\right\}$$

$$\lim_{x\to x_m} G_m{}^3(x) = \lim_{x\to x_m} \frac{f''(x)-f''(x_m)}{3\times 2(x-x_m)} = \frac{f'''(x_m)}{6}$$

以上類推すると

$$G_m{}^n(x) = \frac{1}{(x-x_m)^n}\left\{f(x) - \sum_{k=0}^{n-1}\frac{(x-x_m)^k}{k!}f^{(k)}(x_m)\right\}$$

また，上式にロピタルの定理を n 回適用することにより

$$\lim_{x\to x_m} G_m{}^n(x) = \frac{f^{(n)}(x_m)}{n!}$$

5.14 式 (5.35) とこれを変形した

$$f_{-1}=f(x-h)$$

$$f_{-1}=f_0-hf_0'+\frac{h^2}{2!}f_0''-\frac{h^3}{3!}f_0'''+\cdots$$

を用いて，f_0'' の項を消去すると

$$f_1-f_{-1}=2hf_0'+\frac{2h^3}{3!}f_0'''+\cdots$$

となる．ここで，間隔を $2h$ として f_2-f_{-2} を求めると，

$$f_2-f_{-2}=2(2h)f_0'+\frac{2(2h)^3}{3!}f_0'''+\cdots$$

また，f_0''' の項を消去すると

$$8f_1-8f_{-1}-f_2+f_{-2}=12hf_0'+\cdots$$

これより f_0' を求めると

$$f_0'=\frac{1}{12h}(f_{-2}-8f_{-1}+8f_1-f_2)+O(h^4)$$

第 6 章

6.1 （1） 台形公式

$$\int_{0.10}^{0.16} f(x)dx = \frac{h}{2}[f(0.10)+2f(0.11)+2f(0.12)+2f(0.13)+2f(0.14)$$
$$+2f(0.15)+f(0.16)]$$
$$=\frac{0.01}{2}[0.099668+0.219116+0.238854+0.258546+0.278184$$
$$+0.297770+0.158649]$$
$$=0.0077539 \cong 0.00775$$

（2） シンプソンの $\frac{1}{3}$ 則，$I=0.00775$

（3） シンプソンの $\frac{3}{8}$ 則，$I=0.00775$

6.2 シンプソンの $\frac{3}{8}$ 則

$$\int_{x_0}^{x_0+3h} f(x)dx \cong \int_{x_0}^{x_0+3h}\left[f_0+\frac{x-x_0}{h}\Delta f_0+\frac{1}{2}\frac{x-x_0}{h}\left(\frac{x-x_0}{h}-1\right)\Delta^2 f_0\right.$$
$$\left.+\frac{1}{6}\frac{x-x_0}{h}\left(\frac{x-x_0}{h}-1\right)\left(\frac{x-x_0}{h}-2\right)\Delta^3 f_0\right]dx$$

$z=x-x_0$ という変数変換を行う．

$$\int_0^{3h} f(z)dz \cong \int_0^{3h}\left[f_0+\frac{z}{h}\Delta f_0+\frac{1}{2}\frac{z}{h}\left(\frac{z}{h}-1\right)\Delta^2 f_0\right.$$
$$\left.+\frac{1}{6}\frac{z}{h}\left(\frac{z}{h}-1\right)\left(\frac{z}{h}-2\right)\Delta^3 f_0\right]dz$$
$$=\frac{3h}{8}[f_0+3f_1+3f_2+f_3]$$

6.3 式 (6.6) の 4 次の項までを積分すると

$$\int_0^4 f(x)dx \cong \left[xf(0)+\frac{x^2}{2}\Delta f(0)+\frac{1}{2}\left(\frac{x^3}{3}-\frac{x^2}{2}\right)\Delta^2 f(0)+\frac{1}{6}\left(\frac{x^4}{4}-\frac{3x^3}{3}+\frac{2x^2}{2}\right)\Delta^3 f(0)\right.$$
$$\left.+\frac{1}{24}\left(\frac{x^5}{5}-\frac{6}{4}x^4+\frac{11}{3}x^3-\frac{6}{2}x^2\right)\Delta^4 f(0)\right]_0^4$$
$$=4f(0)+8\Delta f(0)+\frac{20}{3}\Delta^2 f(0)+\frac{8}{3}\Delta^3 f(0)+\frac{1}{3}\cdot\frac{14}{15}\Delta^4 f(0)$$
$$=\frac{14}{45}f(0)+\frac{64}{45}f(1)+\frac{24}{45}f(2)+\frac{64}{45}f(3)+\frac{14}{45}f(4)$$

誤差評価式は，

$$O=\int_0^{4h} x^6 dx = \frac{16384}{7}h^2$$
$$F=\frac{h}{45}[64h^6+24(2h)^6+24(3h)^6+64(3h)^6+14(4h)^6]=\frac{7040}{3}h^7$$

$$R_N \leq \frac{1}{6!} f^{(6)}{}_{\max}\left(\frac{16384}{7} - \frac{7040}{3}\right) h^7 = -\frac{8}{945} h^7 f^{(6)}{}_{\max}$$

6.4 式 (6.8) の 1 次近似式は，$f_1 = f(x_1)$ として，

$$f(x) \cong f_1 + \frac{x - x_1}{h} \Delta f_1$$

上式を $[x_0, x_0 + 3h]$ まで積分するため，変数変換 $\frac{x - x_1}{h} = z$ を行うと

$$h \int_{-1}^{2} [f_1 + z \Delta f_1] \, dz = h \left\{ f_1([z]_{-1}^2) + \Delta f_1 \left[\frac{z^2}{2}\right]_{-1}^2 \right\} = \frac{3}{2} h (2 f_1 + \Delta f_1)$$

$\Delta f_1 = f_2 - f_1$ であるから

$$\int_{x_0}^{x_0+3h} f(x) \, dx \cong \frac{3h}{2} [f_1 + f_2] = \frac{3h}{2} [f(x_0 + h) + f(x_0 + 2h)]$$

6.5 （a） 台形公式， $\qquad I \cong 0.051725$

（b） シンプソンの $\frac{1}{3}$ 則， $\qquad I \cong 0.051728$

（c） 開いた形の 3 点積分公式， $I \cong 0.051728$

6.6 接続段数 $n = 10$ とすると，（a） $h = 0.6$，（b） $h = 0.1$，（c） $h = 0.1$
台形公式 （a） 0.78941，（b） 0.95565，（c） 0.78498
シンプソン （a） 0.78846，（b） 0.95661，（c） 0.78540

6.7 台形公式 （a） $f(x) = \frac{1}{x}$，$a = 5$，$b = 11$ であるから，台形公式の誤差

$$E = -\frac{1}{12} h^3 f''{}_{\max} \text{ より，} E = \left| -\frac{1}{12} h^3 \left[\max_{[5,11]} \left(\frac{2}{x^3}\right) \right] \right| = \frac{h^3}{750}$$

$E < 0.5 \times 10^{-8}$ より，$h^3 < 3.76 \times 10^{-6}$，$h < 0.0155$，$h = 0.01$

（b） $f(x) = \sqrt{1 - x^2}$，$a = -0.5$，$b = 0.5$ とすると

$$E = \left| -\frac{1}{12} h^3 \left[\max_{[-0.5, .5]} \left(\frac{1}{\sqrt{(1-x^2)^3}}\right) \right] \right| = 0.128 h^3$$

$h < 39.0 \times 10^{-9}$，$h = 0.003$

（c） $f(x) = \frac{1}{1 + x^2}$，$a = 0$，$b = 1$ とすると

$$E = \left| -\frac{1}{12} h^3 \left[\max_{[0,1]} \left\{ \frac{6x^2 - 2}{(1+x^2)^3} \right\} \right] \right| = \frac{1}{6} h^3$$

$h^3 < 3.0 \times 10^{-8}$，$h < 3.107 \times 10^{-3}$，$h = 0.003$

シンプソンの $\frac{1}{3}$ 則

（a） $f(x) = \frac{1}{x}$，$a = 5$，$b = 11$ であるから，シンプソンの $\frac{1}{3}$ 則の誤差

$$E = -\frac{1}{90} h^5 f^{(4)} \max_{[a,b]} \text{ より，} E = \left| -\frac{1}{90} h^5 \left[\max_{[5,11]} \left(\frac{24}{x^5}\right) \right] \right| = \frac{24}{3125 \times 90} h^5$$

問 題 解 答   231

$E<0.5\times 10^{-8}$ より，$h^5<5.859\times 10^{-5}$, $h=0.14$ あるいは 0.1

（b）$f(x)=\sqrt{1-x^2}$, $a=-0.5$, $b=0.5$ とすると

$$E=\left|-\frac{h^5}{90}\left[\max_{[-0.5,0.5]}\left(-\frac{3(4x^2+1)}{\sqrt{(1-x^2)^7}}\right)\right]\right|=0.1825h^5$$

$h^5<2.74\times 10^{-8}$, $h<3.1\times 10^{-2}$, $h=0.03$

（c）$f(x)=\dfrac{1}{1+x^2}$, $a=0$, $b=1$ より

$$E=\left|-\frac{h^5}{90}\left[\max_{[0,1]}\left\{\frac{24(5x^4-10x^2+1)}{(x^2+1)^5}\right\}\right]\right|=\frac{24}{90}h^5$$

$h^5<1.88\times 10^{-8}$, $h<0.0285$, $h=0.028$

6.8 $R_T=\left|-\dfrac{nh^3}{12}f''_{\max}\right|<0.5\times 10^{-4}$ より，$f''_{\max}$ は区間 $[0,\ 1]$ で約 8.2, $nh=1$ であるから，$h<0.008$ となる．

6.9 ニュートンの前進公式における n 次近似式の誤差 E_n は，間隔を h として

$$E_n=\frac{h^{n+1}}{(n+1)!}\frac{x-x_0}{h}\left(\frac{x-x_0}{h}-1\right)\left(\frac{x-x_0}{h}-2\right)\cdots\left(\frac{x-x_0}{h}-n\right)f^{(n+1)}(\xi)$$

と表される．したがって，1次近似式（$n=1$）における誤差は

$$E_1=\frac{h^2}{2!}\frac{x-x_0}{h}\left(\frac{x-x_0}{h}-1\right)f''(\xi)=\frac{1}{2!}(x-x_0)(x-x_0-h)f''(\xi)$$

上式を区間 $[x_0,\ x_0+h]$ で積分すると

$$R_T=\int_{x_0}^{x_0+h}E_1dx=\int_{x_0}^{x_0+h}\frac{1}{2!}(x-x_0)(x-x_0-h)f''(\xi)dx=-\frac{h^3}{12}f''(\xi)$$

区間 $[x_0,\ x_0+h]$ において $f''(\xi)$ の最大値を $f''(\xi)=f''_{\max}$ と置くと

$$R_T\leq\int_{x_0}^{x_0+h}E_1dx=\left|-\frac{h^3}{12}f''_{\max}\right|$$

6.10 （a）シンプソンの 3/8 則は，式（6.42）において $n=3$ の場合であるから

$$R_0\leq\frac{f^{(4)}_{\max}}{4!}\left[\frac{(3h)^5}{5}-\frac{99}{2}h^5\right]=-\frac{3h^5}{80}f^{(4)}_{\max}$$

以下（b），（c）は

（b）　$R\leq\dfrac{28}{90}h^5 f^{(4)}_{\max}$

（c）　$R\leq\dfrac{h^3}{3}f''_{\max}$

6.11 問題より $h=0.2$, $a=0$, $a+mh=1$ から $m=5$ また $f(x)=\dfrac{1}{x^2+2}$, $B_1=\dfrac{1}{30}$ とする．ここで $f(x)$ の1階微分から3階微分までは，

$$f(x)=\frac{1}{x^2+2},\ f'(x)=\frac{-2x}{(x^2+2)^2},\ f''(x)=\frac{6x^2-4}{(x^2+2)^3},\ f^{(3)}(x)=\frac{-24x^3+48x}{(x^2+2)^4}$$

であり，オイラー・マクローリンの積分公式より，補正項の第2項までとると

$$\int_0^1 f(x)dx \cong \frac{h}{2}\Big[f(0)+2\sum_{k=1}^{4}f(kh)+f(1)\Big]-\frac{1}{2}\cdot\frac{1}{6}\cdot(0.2)^2\{f'(1)-f'(0)\}$$
$$+\frac{1}{24}\cdot\frac{1}{30}\cdot(0.2)^4\{f^{(3)}(1)-f^{(3)}(0)\}$$

となる．$f'(x), f^{(3)}(x)$ の 0，1 での値を代入すると

$$f'(0)=0, \quad f'(1)=-\frac{2}{9}, \quad f^{(3)}(0)=0, \quad f^{(3)}(1)=\frac{24}{81}$$

となる．これより

$$\int_0^1\frac{dx}{x^2+2}\cong\frac{0.2}{2}[0.50000000+2\{0.49019608+0.4296296+0.42372881$$
$$+0.37878788\}+0.33333333]-\frac{(0.2)^2}{2\cdot 6}\Big\{-\frac{2}{9}-0\Big\}+\frac{(0.2)^4}{24\cdot 30}\Big\{\frac{24}{81}-0\Big\}$$
$$=0.435210$$

6.12 （a） $\sum_{r=0}^{n}\Big(r^2-\sin\frac{r\pi}{2}\Big)=\sum_{r=0}^{n}r^2-\sum_{r=0}^{n}\sin\frac{r\pi}{2}$

右辺第1項は，式 (6.33) より $\sum_{r=0}^{n}r^2=\frac{n}{6}(2n+1)(n+1)$

右辺第2項は， $\sum_{r=0}^{n}\sin\frac{r\pi}{2}=\mathrm{Im}\Big[\sum_{r=0}^{n}e^{i(\pi/2)r}\Big]$

であるから

$$\sum_{r=0}^{n}e^{i(\pi/2)r}=\frac{1-e^{\pi/2(n+1)i}}{1-e^{(\pi/2)i}}$$

したがって

$$\mathrm{Im}\Big[\sum_{r=0}^{n}e^{i(\pi/2)r}\Big]=\frac{\sin\frac{\pi}{2}+\sin\frac{\pi}{2}n-\sin\frac{\pi}{2}(n+1)}{2\Big(1-\cos\frac{\pi}{2}\Big)}$$
$$=\frac{1}{2}\Big[1+\sin\frac{\pi}{2}n-\sin\frac{\pi}{2}(n+1)\Big]$$

したがって

$$\sum_{r=0}^{n}\Big(r^2-\sin\frac{\pi}{2}r\Big)=\frac{n}{6}(2n+1)(n+1)-\frac{1}{2}\Big[1+\sin\frac{\pi}{2}n-\sin\frac{\pi}{2}(n+1)\Big]$$

（b） $\sum_{r=0}^{n}r^4=\frac{1}{30}n(n+1)(2n+1)(3n^2+3n-1)$

（c） $\sum_{r=0}^{n}(r-2)^3=\frac{1}{4}n(n-4)(n-1)(n^2-3n+8)$

6.13 （a） ラゲール・ガウスの積分公式と表6.5より，$f(x)=3.71+x, N=3$ として，与えられた積分 I は

$$I \cong 2.432247 + 1.949993 + 0.320695 + 0.007064 \cong 4.71000$$

（b） ルジャンドル・ガウスの積分公式，表6.4（$N=3$）を用いる．
まず，与式を変形して

$$\int_0^1 \frac{2y^2}{y^2+2} dy = \int_{-1}^{+1} \frac{y^2}{y^2+2} dy \cong 2 \times (0.094091 + 0.035631) \cong 0.25944$$

（c） ラゲール・ガウスの積分公式，表6.5（$N=3$）

$$I \cong 0.139537 + 0.002206 + 0.004555 + 0.000040 \cong 0.14634$$

（d） エルミート・ガウスの積分公式，表6.6（$N=4$）

$$I \cong 2 \times (-0.008668 + 0.226209) + 0.945309 \cong 1.38039$$

（e） エルミート・ガウスの積分公式，表6.6（$N=4$）

$$I \cong 2 \times (0.010077 + 0.073529) + 0.00000 \cong 0.16721$$

（f） ルジャンドル・ガウスの積分公式，表6.4（$N=4$）
積分区間を $[-1, +1]$ とするため変数変換 $x=2y$ を行なって

$$I \cong 2\int_{-1}^{+1} \frac{dy}{1+4y^2} \cong 2[0.568889 + 2 \times (0.055297 + 0.221608)] \cong 2.24540$$

（g） チェビシェフ・ガウスの積分公式，表6.7（$N=4$）

$$I \cong 0.628319 \times [2 \times (0.580823 + 0.832171) + 1.000000] \cong 2.40394$$

（h） ルジャンドル・ガウスの積分公式，表6.4（$N=4$）

$$I \cong 0.236927 \times (0.404065 + 2.474851) + 0.478629 \times (0.583641 + 1.713383) + 0.568889$$
$$= 2.350403$$

6.14 （a） $y-3=x$ と置いて変数変換を行うと与式は

$$I = 2\int_0^\infty \frac{e^{-x^2}}{x^2+1} dx$$

となるから，これにエルミート・ガウスの積分公式（6.68）と表6.6を用い，$N=3$ として計算すると

$$I \cong 2 \times (0.021830 + 0.631179) = 1.30102$$

（b） 与式を $I = \int_2^\infty \frac{e^{-x}}{x+1} dx - \int_6^\infty \frac{e^{-x}}{x+1} dx$ とし，積分区間が $[0, \infty)$ となるよう変数変換を行うと，

$$I = e^{-2}\int_0^\infty \frac{e^{-y}}{y+3} dy - e^{-6}\int_0^\infty \frac{e^{-y}}{y+7} dy$$

これより，（a）と同様に計算すると

$$I \cong 0.13534 \times 0.26191 - 0.00248 \times 0.12664 \cong 0.03513$$

6.15 （a） 0.28768，（b） 6.33333

6.16 （a），（b）とも積分の形は

$$\int_0^\infty \frac{e^{-x}}{x+a} dx \quad (a=定数)$$

となるから，ラゲール・ガウスの積分公式における $f(x)$ は $f(x)=1/(x+a)$ となる．
したがって，n 階微分を求めると

$$f^{(n)}(x)=\frac{(-1)^n}{n!(x+a)^{n+1}}$$

a は 1 より大きいから，上式の最大値は $|f^{(n)}{}_{\max}|=1/(n!a^{n+1})$．したがって，$a=1$ とし，解を 10 桁まで正確に求めるには

$$R=\frac{[(n+1)!]^2}{n!(2n+2)!} \leq 0.5\times 10^{-10}$$

$$\therefore\quad (2n+1)(2n)(2n-1)\cdots(n+3)(n+2) > 10^{10}$$

これより，$n>9$ となる．

6.17 まず全区間に台形公式を適用して

$$P_{0,0}=\frac{0.16}{2}[0.099668+0.254296]=0.0283171$$

つぎに $h_1=0.08$ とすると，$P_{1,0}=0.0284050$

したがって，式 (6.84) より $P_{1,1}=\dfrac{4P_{1,0}-P_{0,0}}{4-1}=0.0284344$

さらに $h_2=0.04$ として同様に，$P_{2,0}=0.0284269$

$$P_{2,1}=\frac{4P_{2,0}-P_{1,0}}{4-1}=0.0284342,\quad P_{2,2}=\frac{4^2P_{2,1}-P_{1,1}}{4^2-1}=0.0284342$$

第 m 次と $m+1$ 次の差を E とすると，$E=|P_{2,2}-P_{2,1}|\cong 10^{-8}$

要求される誤差を満足しているので，$I=0.0284$ となる．

6.18 条件より

$$R=\int_a^b f(x)dx - \sum_{k=1}^n a_k f(x_k) \qquad (1)$$

が $f(x)=x^m$ $(m=0,1,2,\cdots,n-1)$ のとき零となればよいから

$$\int_a^b x^m dx = \frac{1}{m+1}(b^{m+1}-a^{m+1}) = \sum_{k=1}^n a_k x_k^m \quad (m=0,1,2,\cdots,n-1) \qquad (2)$$

上の連立方程式より係数 a_k を求めればよい．

6.19 与えられた数値より，未定係数 a_1, a_2, a_3 としてつぎの方程式が成り立つ．

$$\begin{bmatrix} 1 & 1 & 1 \\ 1.2 & 1.6 & 1.7 \\ 1.44 & 2.56 & 2.89 \end{bmatrix} \begin{bmatrix} a_1 \\ a_2 \\ a_3 \end{bmatrix} = \begin{bmatrix} 1.7-1.2 \\ (2.89-1.44)/2 \\ (4.913-1.728)/3 \end{bmatrix}$$

この方程式を解くと，$a_1=0.146,\ a_2=0.521,\ a_3=-0.167$

$$\int_{1.2}^{1.7} f(x)dx \cong 0.146\times 2.61 + 0.521\times 2.01 - 0.167\times 1.85 = 1.12$$

6.20 ニュートン・コーツ形の積分公式はニュートンの前進公式に基づく公式で，分点が等間隔なので使いやすい．精度は $n+1$ 個の分点で n 次の多項式まで正確である．ガウ

ス形の積分公式はエルミートの補間公式に基づく公式で，分点は用いられる直交多項式の零点であるから，不等間隔なので使いずらい．しかし，精度は $n+1$ 個の分点で $2n+1$ 次の多項式まで正確になる．

第 7 章

7.1 ガウスの消去法を適用した時の最終段階はつぎのようになる．

（a）$\begin{bmatrix} 1 & -2 & 0 \\ 0 & 1 & 2 \\ 0 & 0 & 2 \end{bmatrix} \begin{bmatrix} x_1 \\ x_2 \\ x_3 \end{bmatrix} = \begin{bmatrix} -1 \\ 7 \\ 4 \end{bmatrix}$ 　　（b）$\begin{bmatrix} 2 & 1 & 1 \\ 0 & \frac{3}{2} & \frac{1}{2} \\ 0 & 0 & \frac{4}{3} \end{bmatrix} \begin{bmatrix} x_1 \\ x_2 \\ x_3 \end{bmatrix} = \begin{bmatrix} -1 \\ \frac{5}{2} \\ \frac{8}{3} \end{bmatrix}$

　　　$x_1=5,\ x_2=3,\ x_3=2$ 　　　　　　　　　　　　$x_1=-2,\ x_2=1,\ x_3=2$

（c）$\begin{bmatrix} 1 & 2 & -1 \\ 0 & 1 & 0 \\ 0 & 0 & 1 \end{bmatrix} \begin{bmatrix} x_1 \\ x_2 \\ x_3 \end{bmatrix} = \begin{bmatrix} -5 \\ 1 \\ 5 \end{bmatrix}$ 　　（d）$\begin{bmatrix} 1 & -1 & 0 \\ 0 & 1 & -1 \\ 0 & 0 & 1 \end{bmatrix} \begin{bmatrix} x_1 \\ x_2 \\ x_3 \end{bmatrix} = \begin{bmatrix} -2 \\ 1 \\ 2 \end{bmatrix}$

　　　$x_1=-2,\ x_2=1,\ x_3=5$ 　　　　　　　　　　　$x_1=1,\ x_2=3,\ x_3=2$

ガウス・ジョルダン法は省略する．

7.2 クラウト法による係数行列の分解は，それぞれ

（a）$\begin{bmatrix} 1 & -2 & 0 \\ -1 & 3 & 2 \\ 1 & -1 & 4 \end{bmatrix} = \begin{bmatrix} 1 & 0 & 0 \\ -1 & 1 & 0 \\ 1 & 1 & 2 \end{bmatrix} \begin{bmatrix} 1 & -2 & 0 \\ 0 & 1 & 2 \\ 0 & 0 & 1 \end{bmatrix}$

（c）$\begin{bmatrix} 1 & 2 & -1 \\ 1 & 3 & -1 \\ 2 & 7 & -1 \end{bmatrix} = \begin{bmatrix} 1 & 0 & 0 \\ 1 & 1 & 0 \\ 2 & 3 & 1 \end{bmatrix} \begin{bmatrix} 1 & 2 & -1 \\ 0 & 1 & 0 \\ 0 & 0 & 1 \end{bmatrix}$

となる．解は，問 7.1 を参照のこと．

7.3 コレスキー法による係数行列の分解はそれぞれ，

（b）$\begin{bmatrix} 2 & 1 & 1 \\ 1 & 2 & 1 \\ 1 & 1 & 2 \end{bmatrix} = \begin{bmatrix} \sqrt{2} & 0 & 0 \\ 1/\sqrt{2} & \sqrt{3}/\sqrt{2} & 0 \\ 1/\sqrt{2} & 1/\sqrt{6} & 2/\sqrt{3} \end{bmatrix} \begin{bmatrix} \sqrt{2} & 1/\sqrt{2} & 1/\sqrt{2} \\ 0 & \sqrt{3}/\sqrt{2} & 1/\sqrt{6} \\ 0 & 0 & 2/\sqrt{3} \end{bmatrix}$

（d）$\begin{bmatrix} 1 & -1 & 0 \\ -1 & 2 & -1 \\ 0 & -1 & 2 \end{bmatrix} = \begin{bmatrix} 1 & 0 & 0 \\ -1 & 1 & 0 \\ 0 & -1 & 1 \end{bmatrix} \begin{bmatrix} 1 & -1 & 0 \\ 0 & 1 & -1 \\ 0 & 0 & 1 \end{bmatrix}$

となる．解は，問 7.1 を参照のこと．

7.4 （a）$y_1=2,\ y_2=3,\ y_3=2$ 　　$x_1=7,\ x_2=-3,\ x_3=2$

　　　（b）$y_1=1,\ y_2=2,\ y_3=3$ 　　$x_1=13,\ x_2=-5,\ x_3=3$

　　　（c）$y_1=4,\ y_2=3,\ y_3=2$ 　　$x_1=1,\ x_2=1,\ x_3=1$

7.5 解は，$x_1=0.8,\ x_2=0.6,\ x_3=0.4,\ x_4=0.2$

7.6 問 7.2 の，係数行列の LU 分解を利用して，

(a) $\begin{bmatrix} 1 & -2 & 0 \\ -1 & 3 & 2 \\ 1 & -1 & 4 \end{bmatrix}^{-1} = \left\{ \begin{bmatrix} 1 & 0 & 0 \\ -1 & 1 & 0 \\ 1 & 1 & 2 \end{bmatrix} \begin{bmatrix} 1 & -2 & 0 \\ 0 & 1 & 2 \\ 0 & 0 & 1 \end{bmatrix} \right\}^{-1} = \begin{bmatrix} 1 & -2 & 0 \\ 0 & 1 & 2 \\ 0 & 0 & 1 \end{bmatrix}^{-1} \begin{bmatrix} 1 & 0 & 0 \\ -1 & 1 & 0 \\ 1 & 1 & 2 \end{bmatrix}^{-1}$

$= \begin{bmatrix} 1 & 2 & -4 \\ 0 & 1 & -2 \\ 0 & 0 & 1 \end{bmatrix} \begin{bmatrix} 1 & 0 & 0 \\ 1 & 1 & 0 \\ -1 & -\frac{1}{2} & \frac{1}{2} \end{bmatrix} = \begin{bmatrix} 7 & 4 & -2 \\ 3 & 2 & -1 \\ -1 & -\frac{1}{2} & \frac{1}{2} \end{bmatrix}$

(c) $\begin{bmatrix} 1 & 2 & -1 \\ 1 & 3 & -1 \\ 2 & 7 & -1 \end{bmatrix}^{-1} = \left\{ \begin{bmatrix} 1 & 0 & 0 \\ 1 & 1 & 0 \\ 2 & 3 & 1 \end{bmatrix} \begin{bmatrix} 1 & 2 & -1 \\ 0 & 1 & 0 \\ 0 & 0 & 1 \end{bmatrix} \right\}^{-1} = \begin{bmatrix} 1 & 2 & -1 \\ 0 & 1 & 0 \\ 0 & 0 & 1 \end{bmatrix}^{-1} \begin{bmatrix} 1 & 0 & 0 \\ 1 & 1 & 0 \\ 2 & 3 & 1 \end{bmatrix}^{-1}$

$= \begin{bmatrix} 1 & -2 & 1 \\ 0 & 1 & 0 \\ 0 & 0 & 1 \end{bmatrix} \begin{bmatrix} 1 & 0 & 0 \\ -1 & 1 & 0 \\ 1 & -3 & 1 \end{bmatrix} = \begin{bmatrix} 4 & -5 & 1 \\ -1 & 1 & 0 \\ 1 & -3 & 1 \end{bmatrix}$

となる.なお,ガウス・ジョルダン法は省略する.

7.7 問 7.3 の係数行列の $U^T U$ 分解を利用して,

(b) $\begin{bmatrix} 2 & 1 & 1 \\ 1 & 2 & 1 \\ 1 & 1 & 2 \end{bmatrix}^{-1} = \left\{ \begin{bmatrix} \sqrt{2} & 0 & 0 \\ 1/\sqrt{2} & \sqrt{3}/\sqrt{2} & 0 \\ 1/\sqrt{2} & 1/\sqrt{6} & 2/\sqrt{3} \end{bmatrix} \begin{bmatrix} \sqrt{2} & 1/\sqrt{2} & 1/\sqrt{2} \\ 0 & \sqrt{3}/\sqrt{2} & 1/\sqrt{6} \\ 0 & 0 & 2/\sqrt{3} \end{bmatrix} \right\}^{-1}$

$= \begin{bmatrix} \sqrt{2} & 1/\sqrt{2} & 1/\sqrt{2} \\ 0 & \sqrt{3}/\sqrt{2} & 1/\sqrt{6} \\ 0 & 0 & 2/\sqrt{3} \end{bmatrix}^{-1} \begin{bmatrix} \sqrt{2} & 0 & 0 \\ 1/\sqrt{2} & \sqrt{3}/\sqrt{2} & 0 \\ 1/\sqrt{2} & 1/\sqrt{6} & 2/\sqrt{3} \end{bmatrix}^{-1}$

$= \begin{bmatrix} 1/\sqrt{2} & -1/\sqrt{6} & -1/2\sqrt{3} \\ 0 & \sqrt{2}/\sqrt{3} & -1/2\sqrt{3} \\ 0 & 0 & \sqrt{3}/2 \end{bmatrix} \begin{bmatrix} 1/\sqrt{2} & 0 & 0 \\ -1/\sqrt{6} & \sqrt{2}/\sqrt{3} & 0 \\ -1/2\sqrt{3} & -1/2\sqrt{3} & \sqrt{3}/2 \end{bmatrix}$

$= \begin{bmatrix} 3/4 & -1/4 & -1/4 \\ -1/4 & 3/4 & -1/4 \\ -1/4 & -1/4 & 3/4 \end{bmatrix}$

(d) $\begin{bmatrix} 1 & -1 & 0 \\ -1 & 2 & -1 \\ 0 & -1 & 2 \end{bmatrix}^{-1} = \left\{ \begin{bmatrix} 1 & 0 & 0 \\ -1 & 1 & 0 \\ 0 & -1 & 1 \end{bmatrix} \begin{bmatrix} 1 & -1 & 0 \\ 0 & 1 & -1 \\ 0 & 0 & 1 \end{bmatrix} \right\}^{-1}$

$= \begin{bmatrix} 1 & -1 & 0 \\ 0 & 1 & -1 \\ 0 & 0 & 1 \end{bmatrix}^{-1} \begin{bmatrix} 1 & 0 & 0 \\ -1 & 1 & 0 \\ 0 & -1 & 1 \end{bmatrix}^{-1} = \begin{bmatrix} 1 & 1 & 1 \\ 0 & 1 & 1 \\ 0 & 0 & 1 \end{bmatrix} \begin{bmatrix} 1 & 0 & 0 \\ 1 & 1 & 0 \\ 1 & 1 & 1 \end{bmatrix}$

$= \begin{bmatrix} 3 & 2 & 1 \\ 2 & 2 & 1 \\ 1 & 1 & 1 \end{bmatrix}$

問 題 解 答　237

7.8
（a） 固有方程式 $\lambda^3-5\lambda^2-\lambda+5=0$, 　　　　固有値 $\lambda=-1, 1, 5$
（b） 固有方程式 $\lambda^3-\lambda^2-4\lambda+4=0$, 　　　　固有値 $\lambda=-2, 1, 2$
（c） 固有方程式 $\lambda^3-8\lambda^2+9\lambda+18=0$, 　　　固有値 $\lambda=-1, 3, 6$
（d） 固有方程式 $\lambda^3-4\lambda^2+\lambda+6=0$, 　　　　固有値 $\lambda=-1, 2, 3$
（e） 固有方程式 $\lambda^4-24\lambda^3+150\lambda^2-200\lambda-375=0$, 固有値 $\lambda=15, 5(2重根), -1$
（f） 固有方程式 $\lambda^4-18\lambda^3+97\lambda^2-180\lambda+100=0$, 固有値 $\lambda=10, 5, 2, 1$

7.9 行列は，つぎのような変化をする（太字はピボット）．

$$\begin{bmatrix} 5 & 4 & 1 & 1 \\ 4 & 5 & 1 & 1 \\ 1 & 1 & 4 & 2 \\ 1 & 1 & 2 & 4 \end{bmatrix} \Rightarrow \begin{bmatrix} 9 & 0 & \sqrt{2} & \sqrt{2} \\ 0 & 1 & 0 & 0 \\ \sqrt{2} & 0 & 4 & 2 \\ \sqrt{2} & 0 & 2 & 4 \end{bmatrix} \Rightarrow \begin{bmatrix} 9 & 0 & 2 & 0 \\ 0 & 1 & 0 & 0 \\ 2 & 0 & 6 & 0 \\ 0 & 0 & 0 & 2 \end{bmatrix} \Rightarrow \begin{bmatrix} 10 & 0 & 0 & 0 \\ 0 & 1 & 0 & 0 \\ 0 & 0 & 5 & 0 \\ 0 & 0 & 0 & 2 \end{bmatrix}$$

よって　固有値は，　$\lambda=10, 1, 5, 2$

7.10 固有値は，　$\lambda=5, 2, -1$

7.11 ギブンズ法による行列の変化はつぎのようになる（太字はピボット）．

$$\begin{bmatrix} -50 & 0 & 20 & -15 \\ 0 & -50 & \mathbf{15} & 20 \\ 0 & \mathbf{15} & -26 & 7 \\ -15 & 20 & 7 & -74 \end{bmatrix} \Rightarrow \begin{bmatrix} -50 & 20 & 0 & -15 \\ 20 & -26 & -15 & 7 \\ 0 & -15 & -50 & -20 \\ -15 & 7 & -20 & -74 \end{bmatrix} \Rightarrow \begin{bmatrix} -50 & 25 & 0 & 0 \\ 25 & -50 & 0 & 25 \\ 0 & 0 & -50 & \mathbf{-25} \\ 0 & 25 & \mathbf{-25} & -50 \end{bmatrix}$$

$$\Rightarrow \begin{bmatrix} -50 & 25 & 0 & 0 \\ 25 & -50 & 25 & 0 \\ 0 & 25 & -50 & 25 \\ 0 & 0 & 25 & -50 \end{bmatrix}$$

ハウスホルダー法による行列の変化はつぎのようになる．

$$\begin{bmatrix} -50 & 0 & 20 & -15 \\ 0 & -50 & 15 & 20 \\ 20 & 15 & -26 & 7 \\ -15 & 20 & 7 & -74 \end{bmatrix} \Rightarrow \begin{bmatrix} -50 & 25 & 0 & 0 \\ 25 & -50 & 15 & 20 \\ 0 & 15 & -26 & 7 \\ 0 & 20 & 7 & -74 \end{bmatrix} \Rightarrow \begin{bmatrix} -50 & 25 & 0 & 0 \\ 25 & -50 & 25 & 0 \\ 0 & 25 & -50 & 25 \\ 0 & 0 & 25 & -50 \end{bmatrix}$$

7.12 与えられた三重対角行列は，x_j, y_j, z_j を未知数としてつぎのように LU 分解できる．

$$\begin{bmatrix} b_1 & c_1 & & & \\ a_1 & b_2 & c_2 & & 0 \\ & a_2 & b_3 & c_3 & \\ & & \ddots & \ddots & \ddots \\ 0 & & a_{n-2} & b_{n-1} & c_{n-1} \\ & & & a_{n-1} & b_n \end{bmatrix} = \begin{bmatrix} 1 & & & & \\ x_1 & 1 & & & 0 \\ & x_2 & 1 & & \\ & & \ddots & \ddots & \\ 0 & & & x_{n-2} & 1 \\ & & & & x_{n-1} & 1 \end{bmatrix} \begin{bmatrix} y_1 & z_1 & & & \\ & y_2 & z_2 & & 0 \\ & & y_3 & z_3 & \\ & & & \ddots & \ddots \\ 0 & & & y_{n-1} & z_{n-1} \\ & & & & y_n \end{bmatrix}$$

$$= \begin{bmatrix} y_1 & z_1 & & & & & \\ x_1 y_1 & z_1 x_1 + y_2 & z_2 & & & & 0 \\ & x_2 y_2 & z_2 x_2 + y_3 & z_3 & & & \\ & & \ddots & \ddots & \ddots & & \\ & 0 & & x_{n-2} y_{n-2} & z_{n-2} x_{n-2} + y_{n-1} & z_{n-1} \\ & & & & x_{n-1} y_{n-1} & z_{n-1} x_{n-1} + y_n \end{bmatrix}$$

両辺を比較して

$$y_1 = b_1, \quad z_1 = c_1, \quad x_1 = a_1/y_1$$
$$y_2 = b_2 - c_1 a_1/y_1, \quad z_2 = c_2, \quad x_2 = a_2/y_2$$

同じように

$$y_j = b_j - c_{j-1} a_{j-1}/y_{j-1}, \quad z_j = c_j, \quad x_j = a_j/y_j$$

ここで $d_i = y_i$ と置くと,

$$d_1 = b_1, \quad d_{i+1} = b_{i+1} - c_i a_i/d_i$$

これより,問題で与えられた式を得る.

第 8 章

8.1 (a) 0.5671, (b) 1.1725

8.2 (a) $f(0)f(1) < 0$ より,区間 $(0,1)$ に根が存在する.線形逆補間法の場合,固定点を左端に置く.つまり $x_0 = 0$ とする. $x = 0.4263$

(b) $f(2)f(3) < 0$ より,区間 $(2,3)$ に根が存在する.固定点は左端に置く.
$$x = 2.2191$$

(c) $f(0)f(1) < 0$ より,区間 $(0,1)$ に根が存在する.固定点は左端に置く.
$$x = 0.5885$$

8.3 (a) 1.25873 (b) 1.17248

8.4 $\sqrt[n]{a} = x$ を n 乗して変形すると $f(x) = x^n - a = 0$ の根をニュートン・ラプソン法で求めればよい.

$$f'(x) = n x^{n-1}$$

より,式 (8.16) を用いて

$$x_{k+1} = x_k - \frac{f(x_k)}{f'(x_k)} = x_k - \frac{x_k^n - a}{n x_k^{n-1}} = \frac{1}{n}[(n-1)x_k + a x_k^{1-n}]$$

したがって

$$x_{k+1} = \frac{1}{n}[(n-1)x_k + a x_k^{1-n}] \quad (k = 0, 1, \cdots)$$

上の式を用いて

$$\sqrt{3} \cong 1.732051, \quad \sqrt[3]{3} \cong 1.442250$$

8.5
$$\begin{cases} -y + x^3 + 4x^2 - 3x + 6 = 0 & (1) \\ 2y - 8x^2 + 4x - 14 = 0 & (2) \end{cases}$$

式（1）を式（2）に代入し，x のみの方程式をつくる．すなわち
$$f(x)=2x^3-2x-2=0 \tag{3}$$
式（3）は唯一の実根を $1<x<2$ の間に持つことが概測でわかる．式（2）を式（8.13）を用いて解くと
$$x\cong 1.3247$$
これを式（2）に代入する（式（1）より丸め誤差を小さくおさえられる）と
$$y\cong 11.3701$$

8.6 （a） $x\cong 0.7718$, $y\cong 0.4196$
  （b） $x\cong 0.9351$, $y\cong 0.9980$

8.7 与式を $x=1$ で展開すると
$$x_1{}^3-4x_1+1=0,\quad y_1{}^3-400y_1+1000=0,\quad y\cong 2.5$$
以下同様にして $x\cong 1.254$

8.8 $F'(x)=3x^2-2x+8$ となり，6回の反復で
$$x=1.00000+3.00000i$$

8.9 （a） $p=-1.0000$, $q=-2.0000$, $b_0=1$, $b_1=-2$, $b_3=10$
と求まり
$$z^2-1.000z-2.000=0 \quad z=-1.000,\ 2.000$$
$$z^2-2.000z+10.000=0 \quad z=1.000\pm 3.000i$$
（b） $a_{1,1}=-20$, $a_{2,1}=60$, $a_{3,1}=-1$ となり，以下 $a_{3,K}$ まで行うと
$$|x_1|\cong 4.0422 \qquad x_1\cong -4.0422$$
$$|x_2|\cong 1.9109 \qquad x_2\cong 1.9109$$
$$|x_3|\cong 0.1295 \qquad x_3\cong 0.1295$$

8.10 （a） オイラー法を適用すると
$$-1,\ 2,\ 1\pm 3i$$
（b） カルダノ法を適用すると6桁まで正確に
$$1.911503,\ 0.129461,\ -4.040965$$

第 9 章

9.1 $h=0.1$ として式（9.2）を用いて hn の4次まで用いた次式
$$y_n\cong 1+hn+\frac{2}{3}h^2n^2+\frac{4}{27}h^3n^3+\frac{1}{54}h^4n^4$$
より，$y(1.0)\sim y(3.0)$ を計算すると表のようになる．

x	y_n	x	y_n	x	y_n
1.00000	1.00000	1.70000	2.08193	2.40000	4.18433
1.10000	1.10682	1.80000	2.31010	2.50000	4.59375
1.20000	1.22788	1.90000	2.56015	2.60000	5.03484
1.30000	1.36415	2.00000	2.83333	2.70000	5.50919
1.40000	1.51662	2.10000	3.13096	2.80000	6.01840
1.50000	1.68634	2.20000	3.45440	2.90000	6.56415
1.60000	1.87440	2.30000	3.80504	3.00000	7.14815

9.2 前問と同じようにして
$$y_n \cong 2(1-h^2 n^2) + h^4 n^4$$
より結果を求めるとつぎのようになる.

x	y_n	x	y_n
0.00000	2.00000	0.06000	1.99283
0.01000	1.99980	0.07000	1.99025
0.02000	1.99920	0.08000	1.98728
0.03000	1.99820	0.09000	1.98393
0.04000	1.99681	0.10000	1.98020
0.05000	1.99501		

9.3 仮定として $g_1 = x^3/3$ を考えると
$$g_2(x) = 0 + \int_0^x \left(x^2 + 2x \cdot \frac{x^3}{3}\right) dx = \frac{x^3}{3} + \frac{2}{15} x^5$$
$$g_3(x) = 0 + \int_0^x \left(x^2 + 2x \cdot \frac{x^3}{3} + 2x \cdot \frac{2}{15} x^5\right) dx = \frac{x^3}{3} + \frac{2}{3 \cdot 5} x^5 + \frac{4}{3 \cdot 5 \cdot 7} x^7$$
このようにして
$$g_n(x) = \frac{x^3}{3} + \frac{2}{15} x^5 + \frac{4}{105} x^7 + \frac{8}{945} x^9 + \frac{16}{10395} x^{11} + \cdots$$

9.4 式 (9.12) を用い, $h=0.2$, $x_0=1$, $y_0=1$ であるから
$$y_1 = 1 + 0.2 \times \{1 \times (1)^{1/3}\} = 1.2$$
以下 $x=2$, $n=5$ まで求めるとつぎの表のようになる.

x	1.20000	1.40000	1.60000	1.80000	2.0000
y	1.20000	1.45504	1.77232	2.15958	2.62491

9.5 オイラー法の反復公式 (9.12) を用いた結果, 間隔 $h=0.1$, 0.05, 0.001 における計算値および真値をつぎの表に示す.

x \ y	$h=0.1$	$h=0.05$	$h=0.01$	真　値
0.0	2.0	2.0	2.0	2.0
0.1	2.00000	1.99000	1.98214	1.98020
0.2	1.96000	1.94108	1.92660	1.92308
0.3	1.88317	1.85812	1.83937	1.83486
0.4	1.77678	1.74923	1.72897	1.72414
0.5	1.65050	1.62392	1.60457	1.60000
0.6	1.51429	1.49124	1.47454	1.47059
0.7	1.37671	1.35858	1.34540	1.34228
0.8	1.24404	1.23119	1.22176	1.21951
0.9	1.12023	1.11232	1.10640	1.10497
1.0	1.00728	1.00361	1.00071	1.00000

この結果，h が小さいほど真値に近くなっている．

9.6 y_n を3次までテイラー展開すると

$$y_n = y_{n-1} + h y_{n-1}' + \frac{h^3}{2} y_{n-1}'' + \frac{h^3}{6} y_{n-1}''' + O(h^4)$$

ここに，$O(h^4)$ は h^4 項以後を表す．

上式の y_{n-1} の各微係数は **9.1** で求めたものを用いて

$$y_n = y_{n-1} + h f_{n-1} + \frac{h^2}{2} (f_x + f \cdot f_y)_{n-1}$$

$$+ \frac{h^3}{6} [f_{xx} + 2f \cdot f_{xy} + f^2 f_{yy} + (f_x + f \cdot f_y) f_y]_{n-1} + O(h^4) \qquad (1)$$

ここに，$f_x = \partial f / \partial x$, $f_{xy} = \partial^2 f / \partial x \partial y$ とし，$(\ )_{n-1}$ は (x_{n-1}, y_{n-1}) における値を示すものとする．

また，一方 y_n を y_{n-1} と 3個の関数値で表すために

$$\left.\begin{aligned} y_n &= y_{n-1} + a k_1 + b k_2 + c k_3 \\ k_1 &= h f(x_{n-1}, y_{n-1}) \\ k_2 &= h f(x_{n-1} + ph, y_{n-1} + q k_1) \\ k_3 &= h f(x_{n-1} + rh, y_{n-1} + s k_1 + t k_2) \end{aligned}\right\} \qquad (2)$$

と置く．上式をテイラー展開して式（1）と比較し，未定係数を定めればよい．2変数関数 $f(x+\alpha, y+\beta)$ のテイラー展開，式（9.15）を用い，2次の公式と同じようにして，k_2, k_3 を求めると

$$k_2 = h f_{n-1} + h^2 [p (f_x)_{n-1} + q (f \cdot f_y)_{n-1}] + \frac{h^3}{2} [p^2 (f_{xx})_{n-1}$$
$$+ 2pq (f \cdot f_{xy})_{n-1} + q^2 (f^2 \cdot f_{yy})_{n-1}] + O(h^4) \qquad (3)$$

$$k_3 = h f_{n-1} + h^2 [r (f_x)_{n-1} + (s+t)(f \cdot f_y)_{n-1}] + \frac{h^3}{2} [2tp (f_x \cdot f_y)_{n-1}$$
$$+ tq (f \cdot f_y{}^2)_{n-1} + r^2 (f_{xx})_{n-1} + (s+t)^2 (f^2 \cdot f_{yy})_{n-1}$$

$$+2r(s+t)(f \cdot f_{xy})]+O(h^4) \qquad (4)$$

これらを式（2）の第1式に代入すると

$$y_n = y_{n-1} + (a+b+c)hf_{n-1}$$
$$+\frac{h^2}{2}[2(bp+cr)(f_x)_{n-1}+2\{bq+c(s+t)\}(f \cdot f_y)_{n-1}]$$
$$+\frac{h^3}{6}[3(bp^2+cr^2)(f_{xx})_{n-1}+6\{bpq+cr(s+t)\}(f \cdot f_{xy})_{n-1}$$
$$+3\{bq^2+c(s+t)^2\}(f^2 \cdot f_{yy})_{n-1}$$
$$+6cpt(f_x \cdot f_y)_{n-1}+6cqt(f \cdot f_y^2)_{n-1}]+O(h^4)$$

上式と式（1）を比較するとつぎの式を得る.

$$\left.\begin{aligned}&a+b+c=1\\&2(bp+cr)=1\\&2\{bq+c(s+t)\}=1\\&3(bp^2+cr^2)=1\\&3\{bq^2+c(s+t)^2\}=1\\&3\{bpq+cr(s+t)\}=1\\&6cpt=1\\&6cqt=1\end{aligned}\right\} \qquad (5)$$

これらは未知数8個に対して条件は6個となる．したがって，2個の未知数は任意に選ぶことができる．ルンゲ・クッタの3次の手続きではつぎの2個の条件

$$\left.\begin{aligned}a&=c\\p&=1/2\end{aligned}\right\} \qquad (6)$$

を加える．式（5），（6）により各係数の値が求まりつぎのようになる．

$$\left.\begin{aligned}a=c=1/6,\ b&=4/6\\p=q=1/2,\ r=1,\ s&=-1,\ t=2\end{aligned}\right\} \qquad (7)$$

これを式（2）に代入して，ルンゲ・クッタの3次の公式（9.26）が求まる．

9.7 省略

9.8 3次のルンゲ・クッタ公式（9.26）に $x_0=1, y_0=1, f(x,y)=xy^{1/3}, h=0.1$ を代入すると k_1, k_2, k_3 は

$$k_1=0.1 \times 1 \times 1^{1/3}=0.1,\quad k_2=0.1 \times 1.05 \times (1+0.05)^{1/3}=0.10672$$
$$k_3=0.1 \times 1.1 \times (1-0.1+2 \times 0.10672)^{1/3}=0.11401$$

これより $y_1=y(1.1)$ は

$$y(1.1)=1+\frac{1}{6}(0.1+4 \times 0.10672+0.11401)=1.10682$$

9.9 （a） 4次のルンゲ・クッタ法において $x_0=1,\ y_0=1,\ f(x,y)=xy^{1/3},\ h=0.1$ とすると $k_1 \sim k_4$ は

$$k_1=0.1, \quad k_2=0.10672, \quad k_3=0.10684, \quad k_4=0.11379$$

これより $y(1.1)=y_1$ は

$$y(1.1)=1+\frac{1}{6}(0.1+2\times0.10672+2\times0.10684+0.11379)=1.10682$$

（b）（a）と同じように $x_0=0, \ y_0=2, \ f(x,y)=-xy^2, \ h=0.1$ とすると

$$k_1=0.0, \quad k_2=-0.02, \quad k_3=-0.01980, \quad k_4=-0.03921$$

$y(0.1)=y_1$ は

$$y(0.1)=2+\frac{1}{6}(0-2\times0.02-2\times0.01980-0.03921)=1.98020$$

9.10 （a）与えられた値をもとにルンゲ・クッタ公式により初期値を求めると

$$y(1.2)=1.227879, \quad y(1.4)=1.516563, \quad y(1.6)=1.873979$$

となる．これよりミルン法を用いると

$$y(1.8)^P=y_4{}^P=2.308460, \quad y_4{}^{C_1}=2.308419, \quad C_1=4.13\times10^{-5}<\varepsilon$$
$$y(2.0)^P=y_5{}^P=2.828454, \quad y_5{}^{C_1}=2.828424, \quad C_1=2.96\times10^{-5}$$

したがって $y(1.8)=2.3084, \ y(2.0)=2.8284$

（b）（a）と同じようにして初期値を求めると

$$y(0.2)=1.923065, \quad y(0.4)=1.724105, \quad y(0.6)=1.470557$$
$$y(0.8)^P=y_4{}^P=1.230586, \quad y_4{}^{C_1}=1.218066, \quad C_1=1.25\times10^{-2}$$
$$y_4{}^{C_2}=1.219701, \quad C_2=1.64\times10^{-3}, \quad y_4{}^{C_3}=1.219489, \quad C_3=2.13\times10^{-4}$$
$$y_4{}^{C_4}=1.219516, \quad C_4=2.77\times10^{-5}<\varepsilon$$
$$y(1.0)^P=1.000383, \quad y_5{}^{C_1}=1.000064, \quad C_1=3.19\times10^{-4}$$
$$y_5{}^{C_2}=1.000106, \quad C_2=4.25\times10^{-5}$$

したがって $y(0.8)=1.2195, \ y(1.0)=1.0001$

9.11 前問の初期値と h を用いて計算した $y_n{}^C$ と $y_n{}^P$ から修正量を求めるのであるが，前問（a）は1回の計算で終了するから

$$A=\frac{90}{29}(2.308460-2.308419)\cong1.272\times10^{-4}$$

は用いられない．また，前問（b）は

$$y(0.8)^P=y_4{}^P=1.230586, \quad y_4{}^{C_1}=1.218066, \quad C_1=0.0125, \quad A=-0.0389$$
$$y_4{}^{m_1}=1.218498, \quad y_4{}^{C_2}=1.219645, \quad \cdots$$

このようにして，y_5 についても計算し $y(0.8)=1.2195, \ y(1.0)=1.0001$

9.12 （a）ルンゲ・クッタ法により求めた初期値は $y_1=y(1.2)=1.227879$,

$$y_2{}^P=1.741875, \quad y_2{}^{C_1}=1.524826, \quad C_1=0.217, \quad y_2{}^{C_2}=1.517517, \quad C_2=0.00731$$
$$y_2{}^{C_3}=1.517259, \quad C_3=2.58\times10^{-2}, \quad y_2{}^{C_4}=1.517250, \quad C_4=9.11\times10^{-4}<\varepsilon$$
$$y_3{}^P=2.160738, \quad y_3{}^{C_1}=1.884971, \quad C_1=0.276, \quad y_3{}^{C_2}=1.8757678, \quad \cdots$$
$$y_3{}^{C_4}=1.875435, \quad C_4=1.13\times10^{-3}, \quad y_4{}^{C_4}=2.310717, \quad y_5{}^{C_4}=2.831637$$

これより，$y(1.4)=1.5173, \ y(1.6)=1.8754, \ y(1.8)=2.3107, \ y(2.0)=2.8316$ とな

る．

(b) の結果は $y(0.2)=1.9231$, $y(0.4)=1.7294$, $y(0.6)=1.4786$, $y(0.8)=1.2270$ $y(1.0)=1.0054$ となって小数点以下2桁までしか合っていない．

9.13 式 (9.42) の導出はアダムス・バッシッシュフォースの方法 (改訂2版 式 (3.28))

$$y'(x)=f_{s+n-1}=f_{n-1}+\frac{s}{1!}\nabla f_{n-1}+\frac{s(s+1)}{2!}\nabla^2 f_{n-1}+\frac{s(s+1)(s+2)}{3!}\nabla^3 f_{n-1}$$
$$+\frac{s(s+1)(s+2)(s+3)}{4!}\nabla^4 f_{n-1}+\cdots$$

ここで $s=\dfrac{x-x_{n-1}}{h}$ と置き換えて $[x_{n-1}, x_n]$ まで積分すると

$$y_n=y_{n-1}+\int_{x_{n-1}}^{x_n}f(x)dx=y_{n-1}+h\int_0^1 f(s)ds$$
$$=y_{n-1}+h\int_0^1\left[1+\frac{s}{1!}\nabla+\frac{s(s+1)}{2!}\nabla^2+\frac{s(s+1)(s+2)}{3!}\nabla^3+\cdots\right]f_{n-1}ds$$
$$=y_{n-1}+h\left[1+\frac{1}{2}\nabla+\frac{5}{12}\nabla^2+\frac{3}{8}\nabla^3+\frac{251}{720}\nabla^4+\cdots\right]f_{n-1}$$

と式 (9.42) が求まる．同様にして $s=\dfrac{x-x_n}{h}$ と置き換え $[x_{n-1}, x_n]$ まで積分すると

$$y_n=y_{n-1}+\int_{x_{n-1}}^{x_n}f(x)dx=y_{n-1}+h\int_{-1}^0 f(s)ds$$
$$=y_{n-1}+h\int_{-1}^0\left[1+\frac{s}{1!}\nabla+\frac{s(s+1)}{2!}\nabla^2+\cdots\right]f_n ds$$
$$=y_{n-1}+h\left[1-\frac{1}{2}\nabla-\frac{1}{12}\nabla^2-\frac{1}{24}\nabla^3-\frac{19}{720}\nabla^4-\cdots\right]f_n$$

となり，式 (9.43) が求まる．

9.14 式 (9.42)，(9.43) で ∇^3 までで打ち切るとそれぞれ

$$y_n^P=y_{n-1}+\frac{h}{24}[55f_{n-1}-59f_{n-2}+37f_{n-3}-9f_{n-4}]$$
$$y_n^C=y_{n-1}+\frac{h}{24}[9f_n+19f_{n-1}-5f_{n-2}+f_{n-3}]$$

9.15 オイラー法で出発値を求めると $y(0.2)=0.980067$, $y(0.4)=0.921067$, $y(0.6)=0.825400$

これをもとにミルン法で解を求めると $y(0.8)=0.70$, $y(1.0)=0.54$ となる．

索　引

ア

アキマの方法 ……………………………27
悪条件（行列の）……………………124
アダムス・バッシュフォースの方法 …187
アバースの初期値 ………………………166

イ

移動演算子 ……………………………13, 51

ウ

打ち切り誤差 ……………………………2

エ

エイトケンの方法 ………………………30
　　――の Δ^2-加速法 ………………134
エルミートの多項式 ………………40, 88
　　――の補間法 …………………………21
　　――の補間多項式 …………………21
　　――の補間の誤差 …………………23
エルミート・ガウスの積分公式 ……88, 212
LU 分解法 ………………………………112
LR 法 ……………………………………119

オ

オイラー法（微分方程式）……………176
　　――（4次方程式の解法）…………152
オイラー・マクローリンの積分公式 …76
オイラー・マクローリンの総和公式 …78
応力スプライン関数 …………………200
オーバーライト ………………………111

カ

ガウスの消去法 ………………………100
ガウス形の積分公式 ……………………81
ガウス・ザイデル法 …………………109
ガウス・ジョルダン法 ………………101

逆行列の―― ……………………………110
拡大行列 ………………………………100, 110
上三角行列 ……………………………99, 103
　　――の逆行列 ………………………112
上三角方程式の解法 ……………………99
カルダノの方法 ………………………150
関数近似 …………………………………35
ガンマ関数 ………………………………39

キ

規格化行列 ……………………………127
擬似分散 ………………………………167
擬似偏差法 ……………………………167
ギブンズ法 ……………………………122
逆行列 …………………………………110, 112
級数の和（オイラー・マクローリン
　　の公式による）………………………78
QR 法 ……………………………………121
行列式 ……………………………………98
行列の悪条件 …………………………124
近似誤差 …………………………………2

ク

区分多項式 ………………………………24
組立除法 ………………………………155
クラウト法 ……………………………103
グラムの多項式 ………………………203
　　――による最小2乗近似 …………203
　　――　　のプログラム …………205
クラーメルの方法 ………………………98
グレェフェの方法 ……………………157
クロネッカーのデルタ …………………36

ケ

係数行列 …………………………………98
　　――を分解する法 ………………103
桁落ち ……………………………………3

コ

高階微分 …………………………52, 60
交代行列 ……………………………98
後退差分 ……………………………13
誤差の伝ぱん …………………………3
誤差評価（積分公式の）……………78
　　多項式による―― ………………80
　　テイラー級数による―― ………79
固有値 ……………………………114
固有ベクトル ……………………114
コレスキー法 ……………………106
根の概測 …………………………130
根の存在条件 …………………135, 195

サ

最小 2 乗近似 ……………………35, 205
　　エルミートの多項式による――……40
　　グラムの多項式による―― ……203
　　チェビシェフの多項式による――…41
　　直交多項式による―― ……………36
　　未定係数法による…………………48
　　ラゲールの多項式による――……39
　　離散的データの―― ………42, 201
　　ルジャンドルの多項式による――…37
差分演算子 …………………………12
差分商列 ……………………………57
　　――を用いた数値微分…………56
差分 …………………………………5
　n 階差分 …………………………6
差分法 ………………………………5
差分公式 ……………………………7
差分方程式 …………………………8
　　――の一般解 ……………………9

シ

下三角行列 ………………………103
修正量 ……………………………184
収束の条件 …………………138, 141

出発値の求め方 …………………184
消去法 ………………………………99
シンプソンの公式 …………………70
　　――の 1/3 則 ……………………70
　　――の 3/8 則 ……………………72

ス

数値微分 ……………………………51
スプライン関数 ……………………24
　　――による補間 …………………24
スペクトル条件数 ………………125
スミスの定理 ……………………167, 197

セ

正則 ………………………………125
正方行列 ……………………98, 114
絶対誤差 ……………………………3
漸近誤差定数 ……………………133
線形逆補間法 ……………………137
線形差分方程式 ……………………9
線形 2 階差分方程式 ………………11
　　――の一般解 …………………12
前進差分 ……………………………13

ソ

相対誤差 ……………………………3
双曲形偏微分方程式 ……………191
測定誤差 ……………………………1

タ

対角行列 ……………………………98
台形公式 ……………………………67
対称行列 ……………………………98
単位行列 ……………………………98

チ

チェビシェフの多項式 …………41, 89
チェビシェフ・ガウスの積分公式…88, 214
逐次 2 分法 ………………………135

索　引

　

逐次補間法 … 30
　エイトケンの方法 … 30
　ネビーユの方法 … 32
中間値の定理 … 195
中心差分 … 13
中点公式 … 74
中点-台形公式 … 187

テ

DK法 … 165, 203
テイラー法 … 171
テイラーの定理 … 196
テイラー級数 … 14, 79, 196
　──による誤差評価 … 79
デカルトの符号律 … 166, 197
デュランド・カーナー法 … 165, 203
転置行列 … 98

ト

特性根 … 11
特性方程式 … 11
トレース … 98

ニ

二項定理 … 66, 197
2点公式 … 74
入力誤差 … 1
ニュートンの前進公式 … 66
ニュートン・コーツ形の積分公式 … 65
ニュートン・ラプソン法 … 140
　──による近接根の求め方 … 144
　──による複素根の求め方 … 143
　──の変形 … 145

ネ

ネビーユの方法 … 32

ハ

ハウスホルダー法 … 123

　

ハミングの修正式 … 186
反復関数 … 131
反復法 … 107, 131
　k点── … 133
　行列の── … 107
　──の位数 … 132
　──の原理 … 131

ヒ

ピカールの解法 … 173
p条件数 … 125
非線形連立方程式 … 148
　──を解く反復公式 … 149
微分演算子 … 14, 51
ピボット … 123
開いた形の積分公式 … 73

フ

フィボナッチ数列 … 12
複合台形公式 … 68
フレーム法 … 114
分割法 … 146

ヘ

ベアストウ法 … 160
平均演算子 … 13
平方根法 … 106
平均値の定理 … 83
　微分法の── … 195
　積分法の第一── … 196
　積分法の第二── … 196
ベイリー法 … 147
べき級数展開 … 197
ヘッセンベルグ行列 … 121
偏微分方程式 … 188

ホ

ホイタッカー法 … 145
ホイン法 … 178

放物形偏微分方程式 ……………………188
補間公式を用いる微分…………………53
補間多項式 …………………………16,19
　　——の誤差………………………19
補助関数……………………………………19
ホーナーの方法 …………………………154

マ

丸め誤差 …………………………………3

ミ

未定係数法（差分方程式の）……………10
　　——による最小2乗近似……………48
　　——による数値積分…………………96
ミューラー法 ……………………………146
ミルン法 …………………………………183
　　——2階の微分方程式 ………………187

ヤ

ヤコビ法 ……………………………108,115
ヤコビの回転行列 ………………………116

ユ

ユニタリ行列 ……………………………121

ヨ

余因子 ……………………………………110
予測子-修正子法…………………………182

ラ

ラゲールの多項式 ……………………38,86

ラゲール・ガウスの積分公式………86,210
ラグランジュの補間法…………………16
　　——の補間公式 ……………16,53,200
　　——の補間係数………………………17
　　——の補間多項式 …………………16
ラプラス演算子の差分解法 ……………192

リ

離散化誤差 ………………………………2
離散的データの最小2乗近似………42,201
リチャードソンの補外 ………………61,90
　　——を用いた数値積分………………90
　　——を用いた数値微分………………61

ル

ルジャンドルの多項式 ………………36,83
ルジャンドル・ガウスの積分公式…84,208
ルンゲ・クッタ法 ………………………177
　　3次の—— ……………………………179
　　4次の—— ……………………………180
ルンゲ・クッタ・ギル法 ………………181

レ

列ベクトル…………………………………98
連立1次方程式……………………………97

ロ

ロドリゲスの公式…………………………37
ロールの定理…………………………19,195
ロンバーグ積分法…………………………90

著者略歴

長嶋 秀世（ながしま ひでよ）

1966年	工学院大学修士課程修了
	東京工業大学助手
1970年	工学院大学講師
1971年	電子通信学会米沢賞受賞
	工学博士
1974年	工学院大学助教授
1982年	工学院大学教授
現 在	工学院大学情報通信工学科教授
著 書	量子エレクトロニクス（丸善，共訳）
	マイコンによる数値計算法（昭晃堂）

数値計算法（改訂第3版）　　　　定価はカバーに表示

2000年3月31日　3版第1刷
2008年3月25日　新版第1刷

著　者　長　嶋　秀　世
発行者　朝　倉　邦　造
発行所　株式会社　朝　倉　書　店

東京都新宿区新小川町6-29
郵便番号　162-8707
電　話　03 (3260) 0141
FAX　03 (3260) 0180
http://www.asakura.co.jp

〈検印省略〉

© 2008〈無断複写・転載を禁ず〉　　　　協友社・渡辺製本

ISBN 978-4-254-11119-4　C 3041　　　Printed in Japan

前岡山大 加川幸雄・日大 霜山竜一著	数値計算を利用する立場からわかりやすい構成としたセメスター制対応のやさしい教科書。〔内容〕数値計算の誤差／微分と積分／補間と曲線のあてはめ／連立代数方程式の解法／常微分方程式と偏微分方程式の差分近似と連立方程式への変換
入門電気・電子工学シリーズ10	
入門数値解析	
22820-5 C3354　　　A5判 152頁 本体2600円	
奈良 久・早川美徳・阿部 亨著	特別な予備知識を前提とせずに理解できるように配慮した入門書。豊富な例と演習問題で理解がより深化。〔内容〕数値計算のための予備知識／非線形方程式の解を求める／連立一次方程式の解法／補間と関数近似／数値積分／常微分方程式の解法
電気・電子・情報工学基礎講座32	
数値計算法	
22732-1 C3354　　　A5判 160頁 本体3000円	
東大 宮下精二著	数値計算を用いて種々の問題を解くユーザーの立場から、いろいろな方法とそれらの注意点を解説する。〔内容〕計算機を使う／誤差／代数方程式／関数近似／高速フーリエ変換／関数推定／微分方程式／行列／量子力学における行列計算／乱数
応用数学基礎講座7	
数値計算	
11577-2 C3341　　　A5判 190頁 本体3600円	
水上孝一・市山寿男・野田松太郎・南原英生他著	コンピュータを用いた数値計算を学ぶための入門テキスト。〔内容〕問題解決に向けて／数値データの取り扱い／補間法／数値微分・数値積分／連立1次方程式／行列の固有値問題／非線形方程式の解法／常微分方程式／偏微分方程式／他
プログラミング入門シリーズ7	
コンピュータによる数値計算	
12577-1 C3341　　　A5判 232頁 本体3800円	
九大 香田 徹・九大 吉田啓二著	電気・電子系の学科で必須の電気回路を、初学年生のためにわかりやすく丁寧に解説。〔内容〕回路の変数と回路の法則／正弦波と複素数／交流回路と計算法／直列回路と共振回路／回路に関する諸定理／能動2ポート回路／3相交流回路／他
電気電子工学シリーズ2	
電気回路	
22897-7 C3354　　　A5判 290頁〔近 刊〕	
九大 都甲 潔著	電子物性の基礎から応用までを具体的に理解できるよう、わかりやすくていねいに解説した。〔内容〕量子力学の完成前夜／量子力学／統計力学／電気抵抗はなぜ生じるのか／金属・半導体・絶縁体／金属の強磁性／誘電体／格子振動／光物性
電気電子工学シリーズ4	
電子物性	
22899-1 C3354　　　A5判 164頁 本体2800円	
九大 宮尾正信・九大 佐道泰造著	集積回路の中心となるトランジスタの動作原理に焦点をあてて、やさしく、ていねいに解説した。〔内容〕半導体の特徴とエネルギーバンド構造／半導体のキャリアと電気伝導／バイポーラトランジスタ／MOS型電界効果トランジスタ／他
電気電子工学シリーズ5	
電子デバイス工学	
22900-4 C3354　　　A5判 120頁 本体2400円	
大分大 肥川宏臣著	ディジタル回路の基礎からHDLも含めた設計方法まで、わかりやすくていねいに解説した。〔内容〕論理関数の簡単化／VHDLの基礎／組合せ論理回路／フリップフロップとレジスタ／順序回路／ディジタル-アナログ変換／他
電気電子工学シリーズ9	
ディジタル電子回路	
22904-2 C3354　　　A5判 180頁 本体2900円	
長崎大 小山 純・長崎大 樋口 剛著	電気エネルギーは、クリーンで、比較的容易にしかも効率よく発生、輸送、制御できる。本書は、その基礎から応用までをわかりやすく解説した教科書。〔内容〕エネルギー変換概説／変圧器／直流機／同期機／誘導機／ドライブシステム
電気電子工学シリーズ12	
エネルギー変換工学	
22907-3 C3354　　　A5判 196頁 本体2900円	
九大 栁川一弘・九大 金谷晴一著	電気・電子・情報系の学科で必須の数学を、初学年生のためにわかりやすく、ていねいに解説した教科書。〔内容〕ベクトル解析の基礎／スカラー場とベクトル場の微分・積分／座標変換／フーリエ級数／複素フーリエ級数／フーリエ変換
電気電子工学シリーズ17	
ベクトル解析とフーリエ解析	
22912-7 C3354　　　A5判 180頁 本体2900円	

上記価格(税別)は2008年2月現在